福建农业气象灾害及其防御

主　编：陈家金
副主编：黄川容　孙朝锋　吴立　王加义

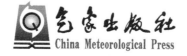
气象出版社
China Meteorological Press

内容简介

本书介绍了福建现代农业基本概况及其主要气象灾害,主要特色农业种类气象灾害的定义、灾害指标、主要危害、灾害个例及防御措施。全书共 8 章:福建现代农业基本概况;福建主要农业气象灾害;粮食作物主要气象灾害及其防御;经济作物主要气象灾害及其防御;水果主要气象灾害及其防御;中药材主要气象灾害及其防御;花卉主要气象灾害及其防御;水产主要气象灾害及其防御。

本书提供的福建农业气象灾害及其防御技术,可为从事农业生产管理、农业气象科研和业务服务人员、高校师生以及一线农业生产者提供参考。

图书在版编目(CIP)数据

福建农业气象灾害及其防御 / 陈家金主编. — 北京:气象出版社,2021.7
ISBN 978-7-5029-7461-9

Ⅰ.①福… Ⅱ.①陈… Ⅲ.①农业气象灾害-灾害防治-福建 Ⅳ.①S42

中国版本图书馆 CIP 数据核字(2021)第 109136 号

福建农业气象灾害及其防御

Fujian Nongye Qixiang Zaihai ji qi Fangyu

出版发行:气象出版社

地 址:北京市海淀区中关村南大街 46 号	邮政编码:100081	
电 话:010-68407112(总编室) 010-68408042(发行部)		
网 址:http://www.qxcbs.com	**E-mail**:qxcbs@cma.gov.cn	
责任编辑:张 媛	终 审:吴晓鹏	
责任校对:张硕杰	责任技编:赵相宁	
封面设计:地大彩印设计中心		
印 刷:北京中石油彩色印刷有限责任公司		
开 本:787 mm×1092 mm 1/16	印 张:14.75	
字 数:365 千字	彩 插:6	
版 次:2021 年 7 月第 1 版	印 次:2021 年 7 月第 1 次印刷	
定 价:95.00 元		

《福建农业气象灾害及其防御》

编 委 会

主　　编：陈家金

副 主 编：黄川容　　孙朝锋　　吴　立　　王加义

参编人员：李丽容　　肖秀珠　　林瑞坤　　林　雯　　杨　凯

　　　　　沈长华　　苏荣瑞　　李仁忠　　余会康　　施宗强

前　言

在全球气候变暖的大背景下,各类极端天气气候事件发生频率明显加大,我国农业生产面临更大的自然风险。气象灾害是自然灾害中最为严重的灾害,我国气象灾害损失占到自然灾害损失的 70％以上,而农业气象灾害是农业风险的重要来源,在各种农业灾害损失中,农业气象灾害占 60％以上。福建是我国气象灾害多发的地区,灾害种类多、分布广、频率高、强度大、损失重;常见的农业气象灾害有台风、暴雨洪涝、干旱、寒冻害、低温连阴雨和高温等,均对农业生产构成重大影响,是制约福建现代农业可持续发展的风险因素。农业气象灾害的发生无法避免,盲目的农业种植、养殖和减灾行动必然导致人力、物力和财力的大量浪费,只有对农业气象灾害发生发展规律、可能造成的影响有科学认识,才能避免防灾减灾行动的盲目性。

福建农业种类众多,主要种植种类包括水稻、甘薯和马铃薯等粮食作物,茶叶、蔬菜、烤烟、花生和油菜等经济作物,柑橘、香蕉、枇杷、龙眼、荔枝和百香果等水果,金线莲、铁皮石斛和太子参等中药材,兰花、水仙花和菊花等花卉;主要养殖类中的水产养殖包括鱼类、虾蟹类、贝类和藻类等。在种植和养殖过程中,生产者还存在对种植、养殖对象的气象灾害指标定义或概念不清晰,对其主要致灾因子不同等级指标阈值范围不明确,对其危害性认识不足,在农业气象灾害防御过程中,未能因地制宜依据灾害致灾风险精准施策,针对不同农业对象、不同强度的气象灾害采取相应的科学防御措施,因此,亟须提供不同种植、养殖对象在生长发育关键期的农业气象灾害指标和防灾减灾措施等实用技术,以便为农业生产者和管理者针对种植、养殖对象制定科学的防灾减灾对策,采取相应的防御措施;为避免或减轻气象灾害可能造成的损失提供气象技术支撑,提高农业应对气象灾害风险的管理能力;为福建现代农业防灾减灾、提质增效和乡村振兴发挥重要作用。

由于笔者水平有限,编写时间仓促,书中难免存在不足之处,敬请广大读者批评指正。

陈家金

2021 年 1 月于福州

目 录

第一章　福建现代农业基本概况

福建地处我国东南沿海,陆地介于 $23°32'\sim28°19'$N, $115°50'\sim120°43'$E,东西宽约 540 km,南北长约 550 km,跨中、南亚热带,东北与浙江毗邻,西北与江西交界,西南与广东接壤,东及东南滨海,与台湾隔海相望。全省陆地总面积为 12.1 万 km^2,境内多山,丘陵起伏,地势西北高、东南低,山地、丘陵和平原分别占 75%,15% 和 10%,素有"八山一水一分田"之称;海岸线长达 3324 km,居全国第 2 位,海域面积 13.6 万 km^2,比陆地略大。

"十三五"期间,福建现代农业重点推进闽西北绿色农业、闽东南高优农业、沿海蓝色农业 3 大产业带的建设,构筑了农业生产优化发展、适度发展和保护发展 3 个功能区,打造茶叶、蔬菜、水果、畜禽、水产、林竹和花卉苗木的 7 条特色现代农业全产业链,突出农业供给侧结构性改革,优化品种结构和区域布局,引导优势特色产业向适宜区域和产业园区集聚发展,高水平推进特色农产品优势区建设;突出"互联网＋现代农业"的新技术、新产业、新业态发展,突出新型农业经营主体培育,突出多种形式适度规模经营引领作用,突出农业生态环境治理与保护,突出农产品质量安全体系建设等;大力发展农村电子商务和物流体系,大力发展休闲农业和乡村旅游;大力发展品牌农业,实施产业兴村强县行动,支持发展"一村一品",培育发展安溪茶叶、平和蜜柚、古田食用菌、连江水产等一批特色产业产值超百亿的"一县一业";精准落实扶贫措施,把提高脱贫质量放在首位,建立稳定脱贫长效机制,做好实施乡村振兴战略与打好精准脱贫攻坚战的有机衔接;发展数字农业,推进物联网、大数据等现代信息技术在农业产加销各个环节的应用,逐步实现育种、栽培、灌溉、施肥、用药、采摘等生产环节的精准化、信息化管理,推动了福建现代农业的快速发展和提质增效。

福建省委、省政府《关于实施乡村振兴战略的实施意见》指出,至 2022 年,福建组织实施特色现代农业"五千工程",计划培育 1000 个以上省级以上农业产业化龙头企业;支持建设 1000 个优质农产品标准化示范基地;建成 1000 个农产品产地初加工中心;新增"三品一标"农产品 1000 个;培育"一村一品"特色农业产业示范村 1000 个,建成一批特色农业大镇,打造一批特色产业产值超百亿元农业产业强县。重点培育茶叶、畜禽、蔬菜、水果、水产、林竹、花卉苗木、食用菌、乡村旅游、乡村物流 10 个乡村特色产业。

第一节　种植业

福建种植业在抓好水稻、甘薯、马铃薯 3 大粮食作物生产,优化品种结构,提高单产水平的同时,大力发展茶叶、蔬菜、水果、食用菌、花卉苗木、烤烟、中药材等特色优势种植业,创建园艺作物标准园,优化品种结构,提高农产品品质。近年来,福建农业产业结构进一步优化,茶叶、蔬菜、水果、食用菌、花卉苗木、中药材、水产、笋竹、油茶、畜禽等重点特色农产品加快发展,区域布局更加合理,培育和壮大了重点特色农产品优势产区和优势产业带,初步形成了一批特色农业产业链,农业特色优势更加突显。

2018年福建省实现农林牧渔总产值4229.5亿元,其中农业产值1653.5亿元,林业产值389.0亿元。农作物播种面积162.1万 hm²,其中粮食作物面积83.4万 hm²,总产量498.6万 t[1];蔬菜、水果、茶叶、食用菌、中药材、畜禽、水产、林竹、花卉苗木、烟叶等重点特色农产品呈现良好发展势头;近年来,福建省设施农业迅速发展,截至2015年,全省设施农业面积达11.9万 hm²,建成105个千亩①以上温室大棚基地[2],大力发展设施蔬菜、水果、中药材、花卉苗木和食用菌等。表1.1列出了2018年福建主要粮食作物、经济作物、水果、花卉、中药材、食用菌的面积和产量数据[1]。

表1.1　2018年福建省主要农业种类面积与产量

类　别	作　物	面积(万 hm²)	产量(万 t)
粮食作物[a]	水　稻	62.0	398.3
	甘　薯	9.6	55.4
	马铃薯	4.7	19.7
经济作物	茶　叶	21.1	41.8
	蔬　菜	55.8	1366.7
	烟　叶[b]	4.9	10.7
	花　生	7.0	20.3
水　果	水　果	33.2	639.8
花　卉	花　卉	4.6	—
中药材	中药材	2.1	—
食用菌	食用菌	—	126.3

注:a.粮食作物除了表中列举3类主要作物外,还有小面积的杂粮、大豆等。
　　b.烟叶包括烤烟和晒烟,晒烟面积很小,书中不介绍。

第二节　养殖业

养殖业包括水产养殖和畜牧业养殖。福建是海洋大省,拥有3324 km 的海岸线,居全国第2位,海岸线漫长曲折,曲折率居全国首位;海域面积13.6万 km²,是福建的"半壁江山";沿岸海域生物资源种类多,数量大,具有经济价值的各类生物资源400多种,海珍品驰名中外。

近年来,福建不断优化水产养殖结构,重点发展鳗鲡、大黄鱼、石斑鱼、对虾、罗非鱼、蛤仔、牡蛎、鲍鱼、海带、紫菜、海参等名特优新和出口水产品养殖,初步形成了以优势主导品种养殖为主的发展格局,其中大黄鱼、鲍鱼、牡蛎、海带、紫菜和梭子蟹等品种养殖产量居全国首位,南美白对虾、石斑鱼、扇贝、蛏和花蛤等也是福建特色海产品。2018年全省渔业总产值达1318.2亿元,海水养殖中,养殖面积达16.2万 hm²,总产量达478.8万 t,其中鱼类总产量达39.1万

---

①　1亩=1/15 hm²,下同。

t、虾蟹类 20.2 万 t、贝类 302.8 万 t、藻类 111.8 万 t；淡水养殖中，养殖面积达 8.6 万 hm²，总产量达 80.1 万 t，其中鱼类总产量达 67.2 万 t、虾蟹类 7.9 万 t、贝类 3.0 万 t[1]。福建省海水养殖方式主要有海上网箱养殖、池塘养殖及工厂化养殖 3 种方式，通过建设标准化水产养殖池塘、工厂化养殖、塑胶渔排、深水网箱等设施养殖基地，推广健康生态养殖模式；积极拓展浅海湾外养殖、深水海域底播养殖；扩大淡水高优品种养殖规模。表 1.2 列出了 2018 年福建海水养殖及淡水养殖的面积和产量数据。

表 1.2　2018 年福建水产养殖面积及产量

类　　别	面积（万 hm²）	产量（万 t）
海水养殖	16.2	478.8
淡水养殖	8.6	80.1

福建畜牧业总体呈现平稳发展的态势。近年来，通过不断优化发展畜牧业，优化畜禽养殖布局，统筹兼顾环境承载能力、生猪保有量和消费需求，合理划分禁养区、限养区和可养区，对生猪养殖实行总量控制；继续扶持禽业发展，拓展肉鸡全产业链，加快蛋鸡设施化发展，提升水禽健康养殖水平；扶持牛羊兔鹅等草食畜禽养殖，提高奶业生产水平，建设一批标准化草食畜禽养殖基地；加强地方特色畜禽品种的保护、开发和利用，形成地方特色畜禽优势产区；推进畜禽养殖场标准化改造，发展生态环保养殖业，拓展壮大畜禽加工业，促进饲料工业转型升级，推进畜禽产业特色发展、规模发展、绿色发展。饲养的牲畜主要有猪、牛、羊，饲养的家禽主要有鸡、鸭、鹅、兔，其他饲养的种类还有蜜蜂、蚕等。2018 年福建出栏肉猪 1421.3 万头，肉用牛 17.9 万头，肉用羊 144.3 万只，肉用禽 95537.7 万只，肉用兔 937.8 万只；肉类总产量达 256.0 万 t，奶类产量 14.3 万 t，禽蛋产量 44.3 万 t，蜂蜜产量 1.6 万 t。

第二章 福建主要农业气象灾害

第一节 灾害时空分布

福建一年四季都有农业气象灾害。春雨季(3—4月)主要灾害有低温连阴雨、寒冻害和风雹;雨季(5—6月)主要是暴雨;夏季(7—9月)主要有台风、干旱、高温;秋季(10—11月)有干旱、寒害;冬季(12月至次年2月)主要是寒冻害。

一、时间变化特征

(一)农作物灾害

(1)受灾面积

图2.1为1978—2018年福建省农作物受灾面积时间变化图,农作物历年平均受灾面积为54.0万hm²,其中1990年、1994年、1998年、2003年农作物受灾较严重,受灾面积在100万hm²以上,以1994年受灾面积最大,达到124.2万hm²,1990年次之,达122.3万hm²;2010年之后农作物受灾面积总体偏少,尤以2017年、2018年受灾较轻,受灾面积在8万hm²以下。

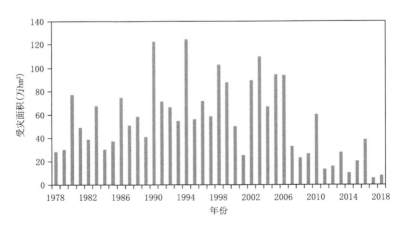

图2.1 1978—2018年福建省农作物受灾面积时间变化

(2)成灾面积

图2.2为1978—2018年福建省农作物成灾面积时间变化图,农作物历年平均成灾面积为24.7万hm²,其中1990年、1999年、2002年、2003年、2005年、2006年农作物成灾较重,成灾面积在40万hm²以上,以1999年成灾面积最大,达到58.0万hm²;1990年次之,成灾面积达

56.7万 hm²;1978年、1979年、2011年、2017年、2018年成灾较轻,成灾面积均在 5 万 hm²以下。

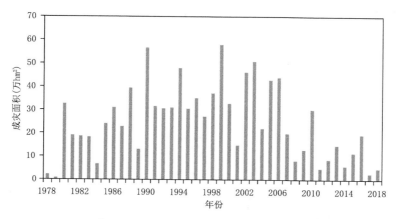

图 2.2　1978—2018 年福建省农作物成灾面积时间变化

（3）成灾受灾比

图 2.3 为 1978—2018 年福建省农作物成灾受灾对比图,农作物历年成灾面积占受灾面积比重[①]平均为 45.9%,多数年份成灾受灾比在 40%～60%,以 1988 年占比最大,达到 67.3%,1978 年、1979 年成灾受灾比最小,均在 10% 以下。

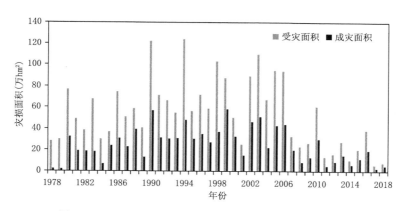

图 2.3　1978—2018 年福建省历年农作物成灾受灾对比

（4）单灾种灾损占总灾损比重

图 2.4 为 2001—2016 年福建省单灾种灾损面积占总灾损面积平均比重图,各类灾害的灾损面积比重均呈现受灾>成灾>绝收,从受灾面积占比来看,台风灾>旱灾>水灾>寒冻害>风雹灾;从成灾面积占比来看,台风灾>水灾>旱灾>寒冻害>风雹灾;从绝收面积占比来看,台风灾>水灾>旱灾>寒冻害>风雹灾,由此可见,福建主要气象灾害损失从大到小的顺序依次为台风、旱灾、水灾、寒冻害和风雹灾,其中台风受灾、成灾、绝收面积占总受灾面积比重分别为 34.3%、16.3%、3.8%;干旱受灾、成灾、绝收面积占总受灾面积比重分别达到 25.5%、

---

①　本书中的比重即百分比。

11.9%、2.0%；水灾受灾、成灾、绝收面积占总受灾面积比重分别为24.7%、13.0%、3.2%；寒冻害受灾、成灾、绝收面积占总受灾面积比重分别为12.5%、5.7%、1.6%；风雹灾受灾、成灾、绝收面积占总受灾面积比重分别为3.1%、1.0%、0.2%。

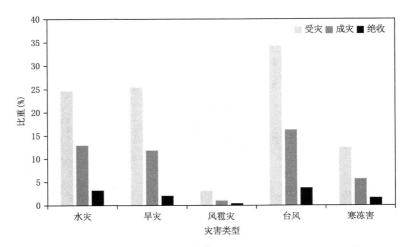

图2.4 2001—2016年福建省单灾种灾损面积占总灾损面积平均比重

（二）水灾

（1）受灾面积

图2.5为1978—2018年福建省前汛期暴雨导致的水灾受灾面积时间变化图，水灾平均受灾面积为20.2万hm²，1990年、1994年、1997年、1998年受灾严重，受灾面积在55万hm²以上，其中1994年受灾面积最大，达到95.0万hm²，其次是1990年，受灾面积达93.3万hm²；受灾面积较小的年份有1978年、1996年、2003年、2007年、2009年、2011年、2013年、2014年和2016年，受灾面积均在5万hm²以下，其中1996年没有受灾，2018年受灾面积只有0.8万hm²。

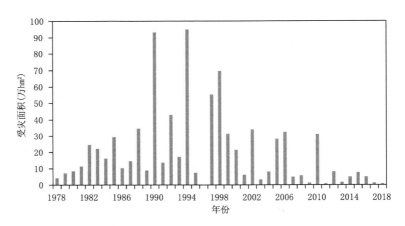

图2.5 1978—2018年福建省水灾受灾面积时间变化

（2）成灾面积

图2.6为1978—2018年福建省前汛期暴雨导致的水灾成灾面积时间变化图，水灾平均成

灾面积为 9.9 万 hm²，其中 1990 年、1994 年水灾成灾严重，成灾面积在 40 万 hm² 以上，以 1990 年成灾面积最大，达到 49.7 万 hm²，其次是 1994 年，成灾面积达 41.3 万 hm²；成灾面积较小的年份有 1978 年、1979 年、1996 年、2003 年、2009 年、2011 年、2013 年、2017 年、2018 年，成灾面积均在 2 万 hm² 以下，其中 1996 年没有成灾，2018 年成灾面积只有 0.3 万 hm²。

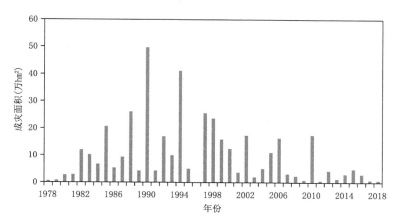

图 2.6　1978—2018 年福建省水灾成灾面积时间变化

（3）绝收面积

图 2.7 为 1978—2018 年福建省前汛期暴雨导致的水灾绝收面积时间变化图，水灾平均绝收面积为 1.9 万 hm²，其中 1990 年、1994 年、2000 年、2002 年、2006 年水灾绝收较严重，绝收面积在 5 万 hm² 以上，以 1990 年绝收面积最大，达到 13.3 万 hm²；1978—1981 年、1985 年、1996 年、2009 年、2017 年和 2018 年的前汛期暴雨影响轻，无绝收。

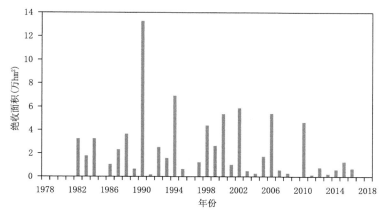

图 2.7　1978—2018 年福建省水灾绝收面积时间变化

（4）灾损占比

（彩）图 2.8 为 1978—2018 年福建省前汛期暴雨导致的水灾不同强度灾损占比图，成灾面积占受灾面积比重平均为 50%，以 1985 年、1988 年、2011 年、2013 年占比较大，均在 70% 以上；1978 年、1979 年占比最小，均在 15% 以下。绝收面积占受灾面积比重平均为 8.6%，以

1984 年、2000 年占比较大,均在 20% 以上;1978—1981 年、1985 年、1996 年、2009 年、2017 年、2018 年无绝收。

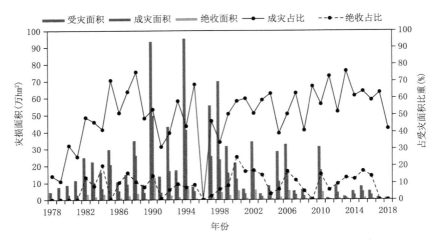

图 2.8   1978—2018 年福建省前汛期水灾不同强度灾损占比

(三)台风灾害

(1)受灾面积

图 2.9 为 2001—2016 年福建省台风灾害受灾面积时间变化图,台风灾害历年平均受灾面积为 15.9 万 hm²,其中 2005 年、2006 年台风受灾严重,受灾面积在 40 万 hm² 以上,以 2006 年受灾面积最大,达到 51.5 万 hm²,其次为 2005 年,受灾面积达 43.6 万 hm²;台风受灾面积较小的年份有 2008 年、2011 年、2012 年和 2014 年,受灾面积在 10 万 hm² 以下;2003 年无台风受灾。

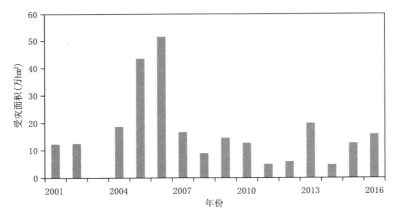

图 2.9   2001—2016 年福建省台风灾害受灾面积时间变化

(2)成灾面积

图 2.10 为 2001—2016 年福建省台风灾害成灾面积时间变化图,台风灾害历年平均成灾面积为 7.6 万 hm²,其中 2005 年、2006 年台风成灾严重,成灾面积在 20 万 hm² 以上,以 2006 年成灾面积最大,达到 25.2 万 hm²,其次为 2005 年,成灾面积达到 21.5 万 hm²;台风成灾面

积较小的年份有 2004 年、2008 年、2011 年、2012 年和 2014 年,成灾面积在 5 万 hm² 以下;
2003 年无台风成灾。

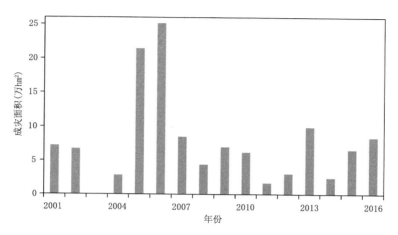

图 2.10　2001—2016 年福建省台风灾害成灾面积时间变化

(3)绝收面积

图 2.11 为 2001—2016 年福建省台风灾害绝收面积时间变化图,台风灾害历年平均绝收
面积为 1.8 万 hm²,其中 2005 年、2006 年台风灾害绝收严重,绝收面积在 5 万 hm² 以上,以
2006 年绝收面积最大,达到 7.4 万 hm²;台风灾害绝收面积较小的年份有 2004 年、2008 年、
2010—2012 年和 2014 年,绝收面积在 1 万 hm² 以下;2003 年无台风绝收。

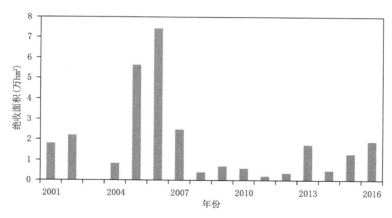

图 2.11　2001—2016 年福建省台风灾害绝收面积时间变化

(4)灾损占比

(彩)图 2.12 为 2001—2016 年福建省台风灾害不同强度灾损占比图,台风灾害成灾面积
占受灾面积比重平均为 44.6%,除 2003 年、2004 年、2011 年以外,其余年份的占比均在 50%
左右,以 2001 年最高,达到 58.5%,2003 年、2004 年、2011 年占比较小,分别为 0.0%、
15.0%、33.4%;绝收面积占受灾面积比重平均为 9.0%,均在 20% 以下,以 2002 年占比最大,
达到 17.5%,以 2003 年无绝收为最小。

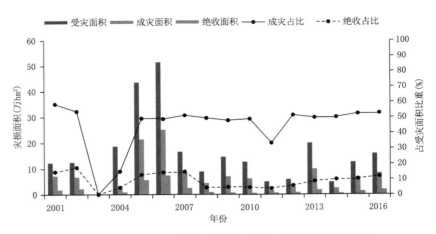

图 2.12　2001—2016 年福建省台风灾害不同强度灾损占比

（四）旱灾

（1）受灾面积

图 2.13 为 1978—2018 年福建省旱灾受灾面积时间变化图,旱灾历年平均受灾面积为 14.4 万 hm²,其中 1986 年、1991 年、2003 年旱灾受灾严重,受灾面积在 40 万 hm² 以上,以 2003 年受灾面积最大,达到 90.6 万 hm²,其次为 1991 年,受灾面积达 50.2 万 hm²;受灾面积较小的年份有 1985 年、1992 年、2008 年、2010 年、2014—2016 年,受灾面积均在 0.5 万 hm² 以下;2012 年无干旱受灾。

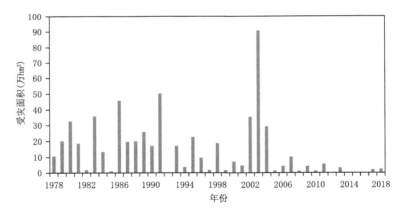

图 2.13　1978—2018 年福建省旱灾受灾面积时间变化

（2）成灾面积

图 2.14 为 1978—2018 年福建省旱灾成灾面积时间变化图,旱灾历年平均成灾面积为 5.3 万 hm²,其中 1986 年、1991 年、2003 年旱灾成灾严重,成灾面积均在 20 万 hm² 以上,以 2003 年成灾面积最大,达到 38.9 万 hm²,其次为 1991 年,成灾面积达 23.3 万 hm²;无成灾的年份有 1979 年、1984 年、1985 年、1992 年、2012 年、2014 年、2015 年和 2016 年。

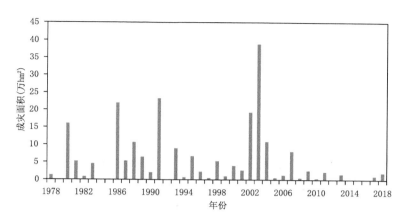

图 2.14　1978—2018 年福建省旱灾成灾面积时间变化

（3）绝收面积

图 2.15 为 1978—2018 年福建省旱灾绝收面积时间变化图,旱灾历年平均绝收面积为 0.9 万 hm²,其中 1986 年、2003 年旱灾绝收严重,绝收面积在 5 万 hm² 以上,以 2003 年绝收面积最大,达到 8.5 万 hm²;其余大部分年份绝收面积在 1 万 hm² 以下,其中 1979—1982 年、1984 年、1985 年、1990 年、1992 年、1994 年、1997 年、2001 年、2010 年、2012 年、2014—2016 年无绝收。

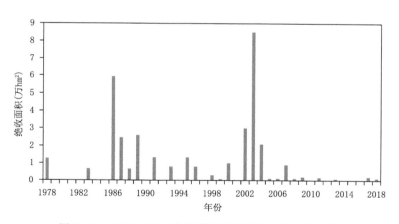

图 2.15　1978—2018 年福建省旱灾绝收面积时间变化

（4）灾损占比

（彩）图 2.16 为 1978—2018 年福建省旱灾不同强度灾损占比图,干旱成灾面积占受灾面积比重平均为 32.6%,以 2007 年、2018 年占比最大,均在 80% 以上,1979 年、1984 年、1985 年、1992 年、2012 年、2014—2016 年无干旱成灾;绝收面积占受灾面积比重平均为 4.4%,以 2008 年占比最大,达到 22.7%,其余年份占比均在 15% 以下。

（五）寒冻害

（1）受灾面积

图 2.17 为 1978—2018 年福建省寒冻害受灾面积时间变化图,寒冻害平均受灾面积为 5.7 万 hm²,其中 1992 年、1999 年寒冻害受灾严重,受灾面积在 20 万 hm² 以上,以 1999 年受

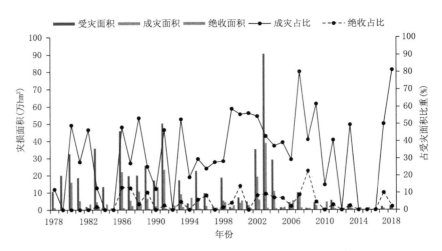

图 2.16　1978—2018 年福建省旱灾不同强度灾损占比

灾面积最大,达到 26.0 万 hm² ,其次为 1992 年,受灾面积达到 22.8 万 hm² 。受灾面积较小的年份有 1978 年、1979 年、1983—1985 年、1988 年、1997 年、2001 年、2007 年、2012—2015 年和 2017 年,受灾面积均在 1 万 hm² 以下,其中 1978 年、1979 年、1983 年、1984 年、1988 年、2001 年、2015 年和 2017 年未受灾。

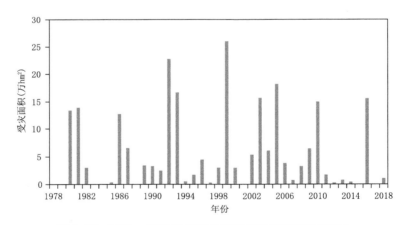

图 2.17　1978—2018 年福建省寒冻害受灾面积时间变化

(2)成灾面积

图 2.18 为 1978—2018 年福建省寒冻害成灾面积时间变化图,寒冻害平均成灾面积为 2.9 万 hm² ,其中,1992 年、1993 年、1999 年、2003 年寒冻害成灾严重,成灾面积均在 10 万 hm² 以上,以 1999 年成灾面积最大,达到 22.1 万 hm² ;成灾面积较小的年份有 1978—1979 年、1983—1984 年、1986 年、1988 年、2001 年、2012 年、2015 年和 2017 年,成灾面积均在 0.1 万 hm² 以下,其中 1978 年、1979 年、1983 年、1984 年、1986 年、1988 年、2001 年、2015 年和 2017 年未出现成灾。

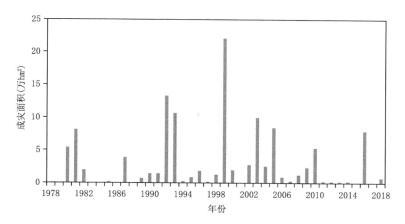

图 2.18　1978—2018 年福建省寒冻害成灾面积时间变化

（3）绝收面积

图 2.19 为 1978—2018 年福建省寒冻害绝收面积时间变化图,寒冻害历年平均绝收面积为 0.7 万 hm^2,1992 年、1996 年、1999 年、2003 年、2005 年、2010 年、2016 年寒冻害绝收严重,绝收面积在 2 万 hm^2 以上,以 1999 年绝收面积最大,达到 9.0 万 hm^2;其余年份绝收面积在 1 万 hm^2 以下,其中 1978—1986 年、1988 年、1991 年、1997—1998 年、2000—2001 年、2007 年、2011 年、2012 年、2014 年、2015 年、2017 年、2018 年未出现绝收。

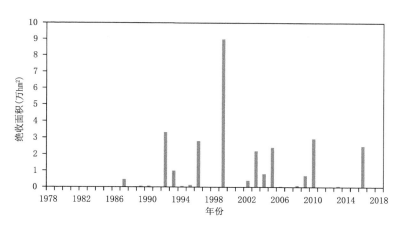

图 2.19　1978—2018 年福建省寒冻害绝收面积时间变化

（4）灾损占比

（彩）图 2.20 为 1978—2018 年福建省寒冻害不同强度灾损占比图,成灾面积占受灾面积比重平均为 39.6%,以 1999 年、2014 年占比较大,均在 80% 以上,1978 年、1979 年、1983—1984 年、1986 年、1988 年、2001 年、2015 年、2017 年无寒冻害成灾;绝收面积占受灾面积比重平均为 6.1%,以 1996 年、1999 年占比较大,其中 1996 年占比达到 62.2%,其余年份占比均在 20% 以下。

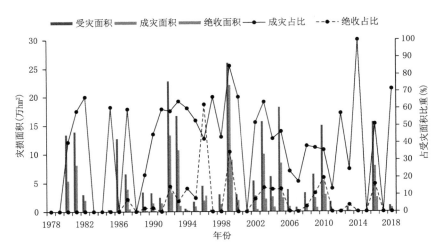

图 2.20 1978—2018 年福建省寒冻害不同强度灾损占比

（六）风雹灾

（1）受灾面积

图 2.21 为 2001—2016 年福建省风雹受灾面积时间变化图,风雹(雷雨大风＋冰雹)历年平均受灾面积为 1.5 万 hm²,2005 年、2008 年、2010 年风雹受灾较严重,受灾面积均在 3 万 hm²以上;2003 年、2009 年、2015 年受灾较轻,受灾面积均在 0.1 万 hm² 以下,其中 2003 年未出现风雹受灾。

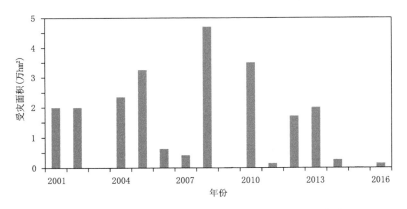

图 2.21 2001—2016 年福建省风雹受灾面积时间变化

（2）成灾面积

图 2.22 为 2001—2016 年福建省风雹成灾面积时间变化图,风雹历年平均成灾面积为 0.5 万 hm²,2001 年、2005 年、2010 年、2012 年、2013 年风雹成灾较严重,成灾面积在 1 万 hm²以上,以 2013 年成灾面积最大,达到 1.7 万 hm²;2002 年、2003 年、2007—2009 年未出现风雹成灾。

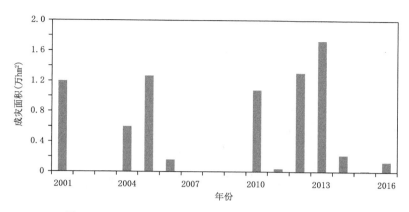

图 2.22　2001—2016 年福建省风雹成灾面积时间变化

（3）绝收面积

图 2.23 为 2001—2016 年福建省风雹绝收面积时间变化图，风雹历年平均绝收面积为 0.1 万 hm²，2001 年、2013 年风雹绝收严重，绝收面积在 0.3 万 hm² 以上，以 2013 年绝收面积最大，达到 0.4 万 hm²；其余大部分年份绝收面积在 0.1 万 hm² 以下，2002 年、2003 年、2007—2009 年、2015 年、2016 年未出现风雹绝收。

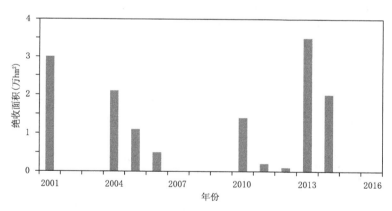

图 2.23　2001—2016 年福建省风雹绝收面积时间变化

（4）灾损占比

（彩）图 2.24 为 2001—2016 年福建省风雹不同强度灾损占比图，风雹成灾面积占受灾面积比重平均为 36.8%，以 2013 年、2014 年、2016 年占比较大，均在 80% 以上，以 2002 年、2003 年、2007—2009 年占比最小；绝收面积占受灾面积比重平均为 9.1%，以 2014 年占比最大，达到 74.1%，其余年份占比均在 20% 以下。

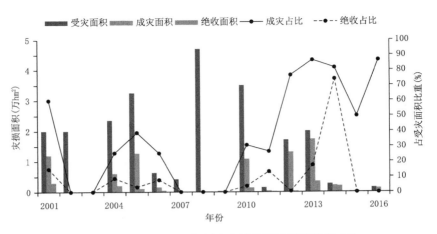

图 2.24　2001—2016 年福建省风雹不同强度灾损占比

二、空间分布特征

（一）寒冻害

综合考虑冬季寒冻害对福建农业影响及其灾损的主要对象（南亚热带果树、越冬作物）等，以极端最低气温（T_d）作为福建农业种类不同寒冻害的表征指标，分为轻度、中度、重度、严重 4 个等级（表 2.1），并对 1972—2011 年冬季（12 月至次年 1 月）不同强度寒冻害发生频次进行空间分析。

表 2.1　寒冻害等级指标　　　　　　　　　　　　　单位：℃

表征指标	轻度	中度	重度	严重
极端最低气温（T_d）	$0 \leqslant T_d < 5$	$-2 \leqslant T_d < 0$	$-4 \leqslant T_d < -2$	$T_d < -4$

（1）轻度寒冻害

轻度寒冻害年平均发生频次为 0.13~47.22 次，以东山县为最少，周宁县为最多。福清市以南的沿海县（市）的发生频次小于 10 次，福州市、宁德市的沿海县（市）、漳州市和泉州市的内陆县（市）、三明市的东南部县（市）、龙岩市的南部县（市）以及南平市辖区发生频次为 10~25 次，其他县（市）发生频次大于 25 次，其中建宁县、屏南县、周宁县、寿宁县和柘荣县发生频次大于 40 次，见（彩）图 2.25。

（2）中度寒冻害

中度寒冻害年平均发生频次为 0~14.38 次，云霄县、漳浦县、龙海区、厦门市、晋江市[①]、泉州市辖区以及平潭综合实验区无中度寒冻害，最大值出现在寿宁县。福州市区以南的其余沿海县（市）、漳州市和泉州市的部分内陆县（市）以及宁德市辖区发生频次小于 1 次，三明市的西部县（市）、南平市的西北部县（市）以及寿宁县、周宁县、屏南县和柘荣县发生频次大于 7.5 次，其余县（市）发生频次为 1~7.5 次，见（彩）图 2.26。

___

① 晋江市、石狮市和金门县由于面积比较小，在图中未标注，下同。

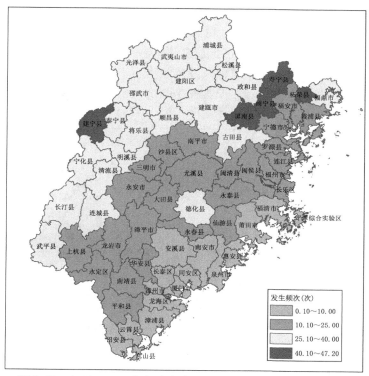

图 2.25 1972—2011 年福建省冬季轻度寒冻害年平均发生频次

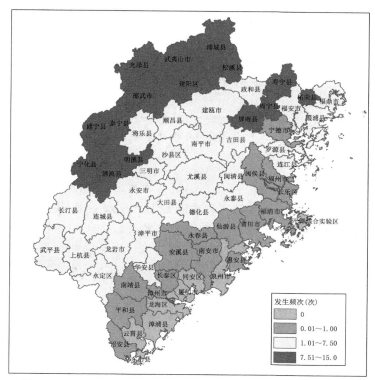

图 2.26 1972—2011 年福建省冬季中度寒冻害年平均发生频次

（3）重度寒冻害

重度寒冻害年平均发生频次为 0～8.98 次,宁德市辖区、福州市以南沿海县(市)无重度寒冻害,最大值出现在寿宁县。福州市、莆田市、泉州市和漳州市的内陆县(市)、龙岩市东南部、连江县以北的沿海大部县(市)和南平市辖区发生频次小于 1 次,宁化县、建宁县、泰宁县、光泽县、浦城县、屏南县、周宁县、寿宁县和柘荣县发生频次大于 5 次,其余县(市)发生频次为 1～5 次,见(彩)图 2.27。

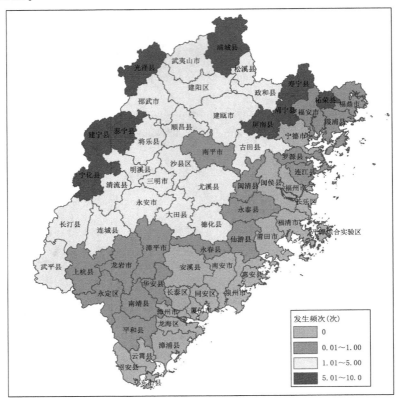

图 2.27　1972—2011 年福建省冬季重度寒冻害年平均发生频次

（4）严重寒冻害

严重寒冻害年平均发生频次为 0～5.33 次,其中漳州市、厦门市、莆田市,以及福州和泉州的大部分县(市)、龙岩市辖区、宁德市辖区和霞浦县无严重寒冻害,最大值出现在寿宁县。上杭县、永定区、漳平市、三明市辖区、南平市辖区、永泰县、闽清县、福安市和福鼎市发生频次小于 0.10 次,三明市的西部县(市)、南平市的西北部县(市)以及宁德市的寿宁县、周宁县、屏南县和柘荣县发生频次大于 1 次,其余县(市)发生频次为 0.11～1 次,见(彩)图 2.28。

（二）干旱

福建农业干旱主要有春旱、夏旱和秋冬旱。

根据农作物主要生长季连续无效降水天数,即日降水量<2 mm 的连旱日数(D_d)作为干旱表征指标,分为轻度、中度、重度、严重 4 个等级[3]（表 2.2）。将 1972—2011 年春旱、夏旱和秋冬旱的各级别发生频次进行累加,分析福建省轻度、中度、重度、严重干旱的年平均发生频次的空间分布。

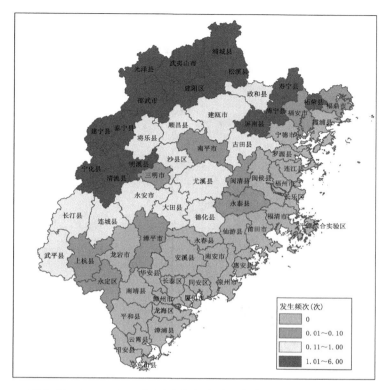

图 2.28　1972—2011 年福建省冬季严重寒冻害年平均发生频次

表 2.2　气象干旱等级指标

单位:d

干旱种类	不同干旱等级对应的日降水量<2 mm 连旱日数(D_d)			
	轻度	中度	重度	严重
春旱 (2 月 11 日至梅雨始)	$16 \leqslant D_d \leqslant 30$	$31 \leqslant D_d \leqslant 45$	$46 \leqslant D_d \leqslant 60$	$D_d \geqslant 61$
夏旱 (梅雨止至 10 月 10 日)	$16 \leqslant D_d \leqslant 25$	$26 \leqslant D_d \leqslant 35$	$36 \leqslant D_d \leqslant 45$	$D_d \geqslant 46$
秋冬旱 (10 月 11 日至次年 2 月 10 日)	$31 \leqslant D_d \leqslant 50$	$51 \leqslant D_d \leqslant 70$	$71 \leqslant D_d \leqslant 90$	$D_d \geqslant 91$

（1）轻度干旱

福建省轻度干旱年平均发生频次为 1～2.36 次,以屏南县为最小,东山县为最大。三明市北部县(市)、南平市大部县(市)和宁德市西部北部县(市)发生频次小于 1.5 次,其余县(市)发生频次大于 1.5 次,其中惠安县、泉州市辖区、晋江市、厦门市、漳州市辖区、漳浦县、云霄县和东山县发生频次大于 2 次,见(彩)图 2.29。

（2）中度干旱

福建省中度干旱年平均发生频次为 0.34～1.48 次,以邵武市为最小,惠安县为最大。泰宁县、邵武市、政和县和柘荣县发生频次小于 0.5 次,长乐区以南的沿海县(市)发生频次大于 1 次,其余县(市)发生频次为 0.5～1 次,见(彩)图 2.30。

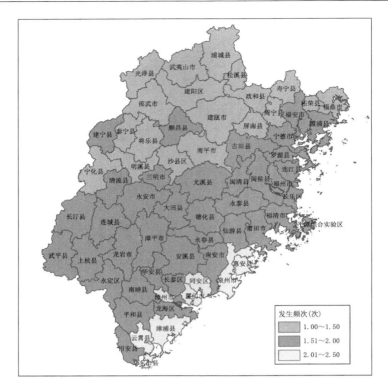

图 2.29　1972—2011 年福建省轻度干旱年平均发生频次

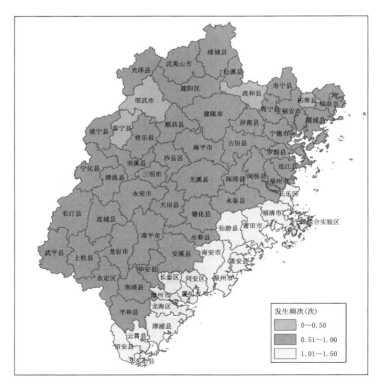

图 2.30　1972—2011 年福建省中度干旱年平均发生频次

（3）重度干旱

福建省重度干旱年平均发生频次为 0.04～0.86 次，以周宁县为最小，东山县为最大。漳州市、厦门市、泉州市、莆田市、福州市南部、龙岩市南部、三明市中北部（宁化县、明溪县、三明市辖区、建宁县、泰宁县、将乐县）、南平市部分县（市）（松溪县、政和县、顺昌县、邵武市、光泽县）、霞浦县发生频次大于 0.3 次，其中诏安县、东山县和龙海区发生频次大于 0.6 次；其余县（市）小于 0.3 次，主要分布在福建中北部地区，见（彩）图 2.31。

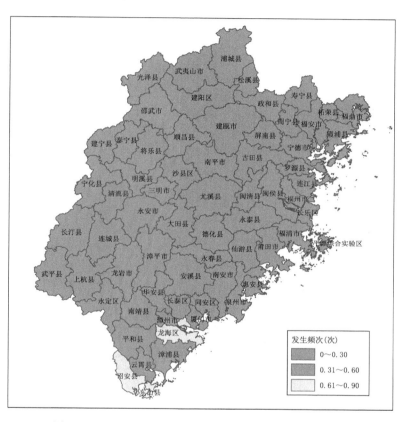

图 2.31　1972—2011 年福建省重度干旱年平均发生频次

（4）严重干旱

福建省严重干旱年平均发生频次为 0～0.88 次，以柘荣县为最小，无严重干旱发生，惠安县为最大。永春县、屏南县、宁德市辖区、周宁县、寿宁县和福鼎市发生频次小于 0.1 次，严重干旱区发生频次最高的区域分布在福清市至厦门市的沿海地区以及东山县，东山县、厦门市、晋江市、泉州市辖区、惠安县、莆田市辖区、福清市和平潭综合实验区发生频次大于 0.4 次，其余县（市）发生频次为 0.1～0.4 次，见（彩）图 2.32。

（三）涝害

根据福建省暴雨主要发生时期及对农业综合影响的强度，以农作物生长发育期间（1—12月）日降水量（R）（暴雨级别以上）作为不同洪涝灾害表征指标，分为轻度、中度、重度 3 个等级（表 2.3），分析 1972—2011 年福建省不同强度涝害年平均发生频次的空间分布。

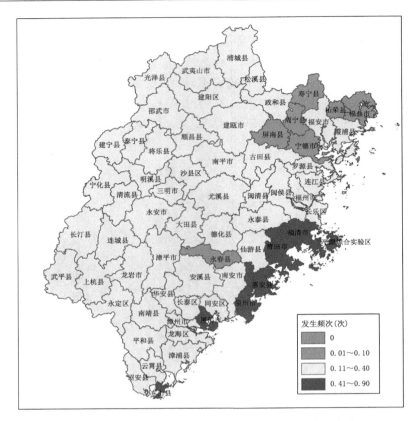

图 2.32　1972—2011 年福建省严重干旱年平均发生频次

表 2.3　涝害等级指标　　　　　　　　　　　　　　　　　　单位:mm

表征指标	轻度	中度	重度
日降水量(R)	$50<R\leqslant100$	$100<R\leqslant200$	$R>200$

（1）轻度涝害

福建省轻度涝害年平均发生频次为 2.32～5.27 次,以政和县为最小,云霄县为最大。南平市中东部县(市)以及沙县区、大田县、漳平市、厦门市、晋江市、惠安县、泉州市辖区、平潭综合实验区、福州市辖区以及霞浦县发生频次小于 3 次;南平市部分县(市)(浦城县、邵武市),三明市、龙岩市和福州市的大部县(市),宁德市部分县(市)(福鼎市、福安市、古田县、屏南县),莆田市辖区、安溪县、漳州市部分县(市)(华安县、漳州市辖区、龙海区和东山县)发生频次为 3～4 次;其余县(市)发生频次大于 4 次,以云霄县为最大,可见轻度涝害发生频次最多的区域在福建省东南角、东北角和西北角,见(彩)图 2.33。

（2）中度涝害

福建省中度涝害年平均发生频次为 0.22～1.49 次,以永安市为最小,宁德市辖区为最大。内陆大部县(市)发生频次小于 0.8 次,其中龙岩市中部县(市)、三明市东南部县(市),以及闽侯县、古田县、政和县发生频次小于 0.4 次;沿海大部县(市)发生频次大于 0.8 次,其中诏安县、云霄县、安溪县、南安市、福清市、宁德市辖区发生频次大于 1.2 次,见(彩)图 2.34。

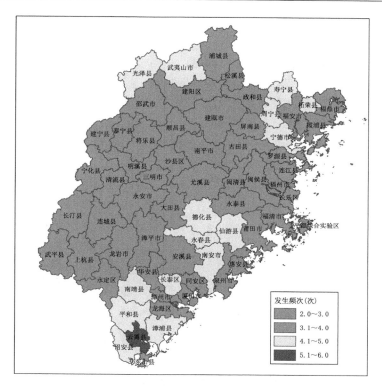

图 2.33　1972—2011 年福建省轻度涝害年平均发生频次

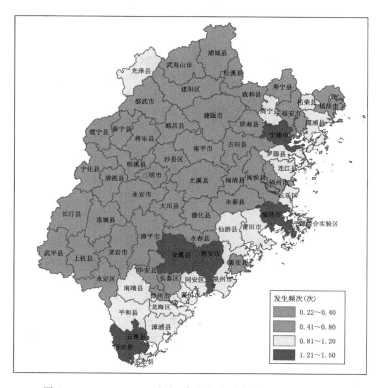

图 2.34　1972—2011 年福建省中度涝害年平均发生频次

（3）重度涝害

福建省重度涝害年平均发生频次为 0～0.46 次,龙岩市东部县(市)(永定区、漳平市、连城县、新罗区)、三明市东部县(市)(尤溪县、大田县、三明市辖区)、南平市大部县(市)(邵武市、建阳区、建瓯市、松溪县、政和县、延平区)、宁德市部分县(市)(屏南县、福安市、古田县)、福州市部分县(市)(永泰县、闽侯县、福州市辖区),以及永春县、德化县、华安县重度涝害发生频次为0,没有出现过重度涝害;诏安县、云霄县、东山县、龙海区、厦门市、南安市、惠安县、平潭综合实验区、罗源县、福鼎市、柘荣县发生频次大于 0.1 次,以柘荣县的 0.46 次为最多;其余县(市)发生频次为 0.01～0.1 次,见(彩)图 2.35。

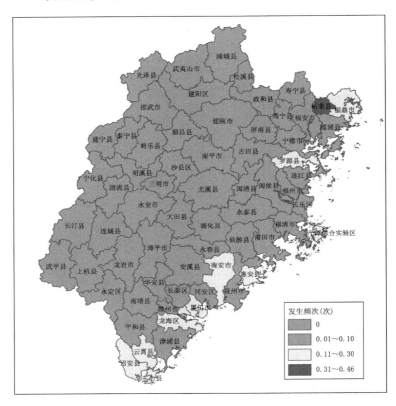

图 2.35　1972—2011 年福建省重度涝害年平均发生频次

（四）风害

福建省风害主要以台风大风、强对流天气的雷雨大风为主。综合考虑风力对农业生产的影响,尤以 8 级以上大风对农业的影响为大,通常会造成作物倒伏、折枝、落叶、落花落果等。

以农作物生长发育期间(1—12 月)日最大平均风速(V)作为风害表征指标,分为轻度、中度、重度、严重 4 个等级(表 2.4),分析 1972—2011 年不同强度风害年平均发生频次的空间分布。

表 2.4　风害等级指标　　　　　　　　　　　　　　　　　　单位:m/s

表征指标	轻度	中度	重度	严重
日最大平均风速(V)	10.8≤V≤17.1 (6～7级)	17.2≤V≤24.4 (8～9级)	24.5≤V≤32.6 (10～11级)	V≥32.7 (12级及以上)

（1）轻度风害

福建省轻度风害年平均发生频次为 0.17～70.95 次，东山县、厦门市、惠安县、平潭综合实验区大于 10 次，以东山县发生频次最大。浦城县、建瓯市、福州市辖区、泉州市辖区和晋江市发生频次为 5～10 次。莆田市以北沿海县（市）、鹫峰山区县（市）（寿宁县、周宁县、屏南县）、武夷山区部分县（市）（光泽县、泰宁县、建宁县、宁化县、建阳区）、漳州市部分县（市）（长泰县、华安县、漳浦县和诏安县）、龙岩市部分县（市）（长汀县、上杭县、永定区和漳平市）、永春县、永安市、三明市辖区发生频次为 1～5 次，其余县（市）发生频次小于 1 次，见（彩）图 2.36。

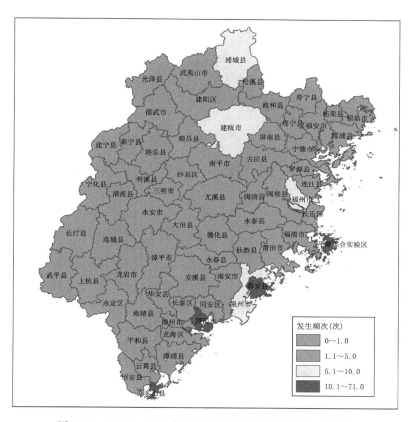

图 2.36　1972—2011 年福建省轻度风害年平均发生频次

（2）中度风害

福建省中度风害年平均发生频次为 0～12.34 次，东山县、惠安县、平潭综合实验区大于 1 次，以东山县发生频次为最大；诏安县、厦门市、晋江市、泉州市辖区、莆田市辖区、福州市大部分县（市）、霞浦县、福鼎市、永安市、建瓯市和建阳区为 0.1～1 次；其余大部分县（市）年平均发生频次在 0.1 次以下，其中部分县（市）甚至无中度风害发生，见（彩）图 2.37。

（3）重度风害

福建省重度风害年平均发生频次为 0～0.66 次，其中长泰区、厦门市、长乐区、柘荣县、福鼎市发生频次为 0.01～0.1 次，惠安县和平潭综合实验区发生频次为 0.1～0.3 次，东山县为 0.66 次，其余县（市）均无重度风害发生，见（彩）图 2.38。

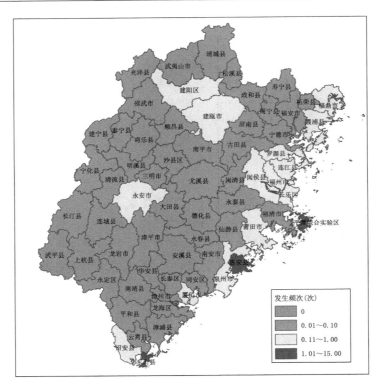

图 2.37　1972—2011 年福建省中度风害年平均发生频次

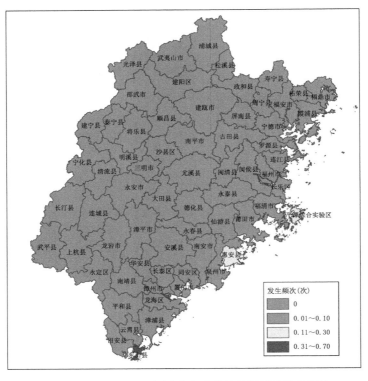

图 2.38　1972—2011 年福建省重度风害年平均发生频次

（4）严重风害

福建省严重风害年平均发生频次为 0～0.15 次,其中南靖县和永定区发生频次为 0.01～0.1 次,东山县为 0.15 次,其余县(市)均无严重风害发生,见(彩)图 2.39。

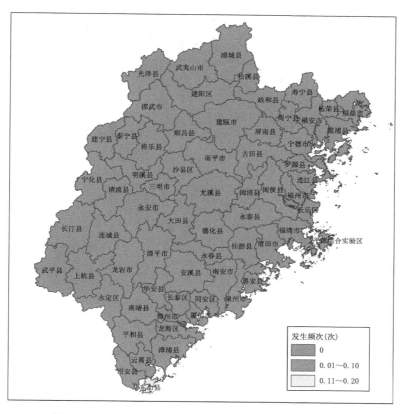

图 2.39　1972—2011 年福建省严重风害年平均发生频次

三、灾害综合风险

从福建省重大农业气象灾害综合风险区划图((彩)图 2.40)上可以看出,福建省重度以上农业气象灾害综合风险区主要分布在福建地域的 4 个角,即东南角、西北角、东北角和西南角;中度风险区主要分布在长乐区以南沿海县(市)、武夷山区和鹫峰山区;其余县(市)属于轻度灾害风险区。

（1）重度以上风险区

重度以上农业气象灾害综合风险区分布在福建的西北角(光泽县、武夷山市、建宁县、泰宁县)、东北角(柘荣县、福鼎市、寿宁县、罗源县)、东南角(福清市、平潭综合实验区、惠安县、泉州市辖区、厦门市、龙海区、漳浦县、云霄县、诏安县、东山)、西南角(武平县),其中柘荣县、东山县有严重风险。从该区域风险构成要素(致灾危险性、农业脆弱性、防灾减灾能力)来看,首先是对综合风险起决定性作用的致灾危险性高,但不同地域的主要致灾因子不同,北部和西部县(市)的高风险主要来自寒冻害、旱害和涝害,其中柘荣县以涝害风险居第 1 位,寒冻害风险次之,旱害和风害的风险小;东南部县(市)的高风险主要来自涝害、旱害和风害,而寒冻害的风险

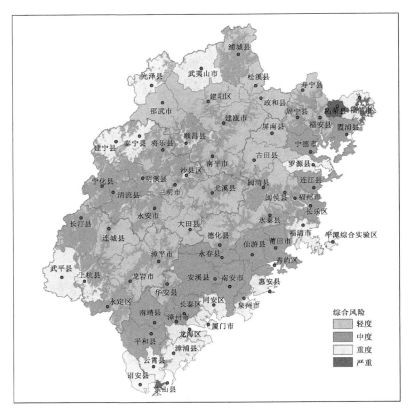

图 2.40　福建省重大农业气象灾害综合风险区划

相对较小,其中东山县的风害风险＞旱害风险＞涝害风险,无寒冻害风险,风害风险主要来自台风风害。其次是该区域农业脆弱性也较高,农作物种植面积较大,且对气象灾害的敏感性较强,尤其是东南沿海区域,是福建高优农业集中的区域,种植的南亚热带果树、花卉等更易受寒冻害、风害威胁,脆弱性大,一旦遇灾,发生减产概率和平均减产率都比较大,因此也加重灾害风险。最后是该区域的防灾减灾能力较低,用于农业防灾减灾的工程措施和投入能力处于中低程度。因此,高致灾危险性、较高农业脆弱性以及较低的防灾减灾能力导致了本区域的重大农业气象灾害综合风险高。

　　(2)中度风险区

　　中度农业气象灾害综合风险区分布在福建省中北部沿海地区、南部沿海内陆地区、西部地区(除重度风险地区外)。从该区域风险构成要素来看,致灾危险性属中度,区域内不同地域致灾因子对危险性的贡献或作用大小不同,西部和北部地域的致灾风险主要来自寒冻害、涝害和旱害,风害的危险性小,特别指出的是该地域虽然寒冻害危险性高,但冬季农业对象的耐寒性都比较高,因此,寒冻害的危险性作用减弱;而沿海地域的致灾风险主要来自涝害和旱害,寒冻害和风害的危险性相对较小,特别指出的是该地域是福建省南亚热带果树、花卉等高优农业的主要分布区域,若遇寒冻害,这些承灾体将遭受较大损失,所幸该地域中度以上寒冻害的发生概率小,总体来说,寒冻害对该地域农业造成的危险性相对较小,属轻度。从该区域的农业脆弱性来看,农业脆弱性较高或高,主要是由于这些县(市)一旦遇到气象灾害,农作物减产发生概率以及减产情况就会比较严重,同时该区域也是农作物种植面积比例大的区域,受气象灾害影响的暴露面大,风险也大。从该区域的防灾减灾能力来看,东南部沿海地域的防灾减灾能力较强,防涝、防旱和防寒冻的工程建设基础及投入防灾减灾的预期能力都比较高。因此,中等致灾危险性决定了该区域的重大农业气象灾害综合风险属中度,虽然该区域农业脆弱性较高或高,但由于对综合风险的影响权重相对较小,影响有限,同时较强的防灾减灾能力也略微减轻了该区域的农业气象灾害风险。

(3)轻度风险区

轻度农业气象灾害综合风险区主要分布在除东部沿海地区、西部地区以外,介于东部和西部之间并呈现东北至西南走向的中间地带区域。从该区域风险构成要素来看,致灾危险性低,属轻度灾害危险性区,涝害、旱害、寒冻害、风害的致灾风险均相对较低;从该区域的农业脆弱性来看,农业脆弱性较高或高;从该区域的防灾减灾能力来看,无论是排涝、防寒防冻能力还是农民的潜在投入能力均处于比较低的水平。因此,轻度致灾危险性决定了该区域的重大农业气象灾害综合风险属轻度。

第二节　台风

一、概念

天气预报中常有"热带低压""热带气旋""热带风暴""台风"之类的名词,其实它们并没有本质上的区别,只是强度不同。这些系统都能带来狂风暴雨,给农业生产带来严重灾害。

热带气旋是产生于热带海洋面上的空气涡旋,按逆时针方向旋转,中心气压最低,外围气压逐渐升高,外围气流旋转并向中心辐合,螺旋式向上运动,产生大量的云雨,水汽凝结释放出大量能量,使空气运动不断有能量补充。中心气压越低,风力越大,强度也越大。中心风力达6～7级时,称为热带低压,8～9级时,称为热带风暴,10～11级时,称为强热带风暴,12级及以上时,称为台风(表2.5)[3]。

表 2.5　热带气旋等级

热带气旋等级	中心最大平均风速(m/s)	风力(级)
热带低压	10.8～17.1	6～7
热带风暴	17.2～24.4	8～9
强热带风暴	24.5～32.6	10～11
台风	32.7～41.4	12～13
强台风	41.5～50.9	14～15
超强台风	≥51.0	≥16

二、主要危害

统计近百年来登陆或影响福建的台风数,登陆台风每年平均2个,影响台风每年平均5个。登陆或影响福建的台风主要集中在7—9月,最多的是8月,其次是7月,再次是9月;按旬际分布,主要集中在7月中旬至9月中旬。台风是福建重大灾害之一,其危害主要体现在大风和暴雨,瞬间极大风速普遍在12级以上,具有很强的破坏性,它会造成作物和果树等倒伏、折断或连根拔起；台风带来的暴雨会造成山洪暴发，江河水位猛涨，洪涝成灾，导致作物、果树、牲畜等被冲或受淹等；台风还会冲毁水产养殖设施、设施农业设施、农田水利设施等，造成巨大经济损失；台风带来的暴雨洪涝还会致使农田淹没等。

（1）对粮食作物的危害

7月是福建双季早稻灌浆成熟期，此期出现台风，尤其在7月上中旬出现，即早稻收割之前，会使即将成熟的早稻出现倒伏、受淹、秕粒大幅增加，子粒掉落，严重影响产量。8月福建中稻处于孕穗至抽穗开花期，双季晚稻处于返青分蘖期，早甘薯处于结薯期，晚甘薯处于扦插期或生长前期，台风会造成甘薯受涝，严重影响中稻抽穗开花，使得结实率下降。9月中稻进入灌浆成熟期，晚稻处于孕穗至抽穗开花期，甘薯处于块根膨大期，台风暴雨会造成中稻灌浆和双季晚稻抽穗扬花受到严重影响，空秕粒大幅增加，产量下降；并影响甘薯块根膨大。如1990年8月2日12号台风在福清市登陆，9月8日18号台风在晋江市登陆，使得当年全省中稻、双季晚稻、甘薯的单产大幅下降。10月双季晚稻处于灌浆乳熟期，甘薯处于膨大期，出现晚台风将使双季晚稻倒伏、受淹，空秕粒大幅增加，导致产量大幅下降，如1999年10月9日14号台风在龙海区登陆，大风及暴雨洪涝使闽东南地区晚稻损失惨重，同时造成甘薯块根受涝，影响生长发育。当然，在气候干旱的年份，台风带来的降水将缓解旱情，有利甘薯等旱作生长。从作物生长发育过程所处的关键时段来看，7月上中旬和8月中旬以后出现的台风分别对夏粮和秋粮影响最大。

（2）对经济作物的危害

夏季是福建喜温类蔬菜收获期和耐热类蔬菜的主要生长季节。7—9月高温条件下，低海拔地区的许多蔬菜不能生长，能种植的主要以耐热类叶类菜如空心菜、木耳菜为主，8月开始由于瓜类蔬菜采收近尾声，蔬菜供应进入秋淡季节；而7—8月却是山区反季节蔬菜的主要生长期，此期若出现台风袭击或影响，会导致菜地被淹，搭架栽培的瓜类及山区反季节茄科类蔬菜出现倒伏，甚至死亡，会进一步加剧福建蔬菜秋淡季节的蔬菜市场供应问题。

（3）对果树的危害

夏季是福建许多果树的果实膨大和成熟收获季节。7月福建荔枝已陆续成熟，进入采收期；7—9月福建龙眼处于果实发育膨大期，香蕉处于果实膨大和成熟期，芒果处于果实成熟采收期，葡萄、番木瓜等处于果实成熟期，台风袭击常导致荔枝、龙眼、葡萄等落叶落果，即使在台风来临前采收，也会因大量集中上市而导致价格下降，经济损失惨重；同时台风风力大，破坏严重时还会造成果树折枝、倒伏，甚至将大树连根拔起。

（4）对设施的危害

台风大风会造成农业设施严重毁损，尤其是造成福建沿海水产养殖的渔排、网箱受损或被打散、冲毁，导致养殖的鱼类、虾类、贝类等被冲跑或死亡；会造成塑料大棚薄膜被吹破，甚至造成大棚倒架，给种植的作物造成毁灭性的损害；此外台风还会造成水利设施等严重受损。

三、风害危险性分布

从福建省风害危险性区划图（（彩）图2.41）上可以看出，风害风险总体呈现沿海高、内陆低的特点，沿海区域风害总体呈现离海越近风险越高的趋势，内陆区域风害总体呈现海拔越高风险越高的趋势。轻度风害风险区主要分布在内陆中低海拔地区；中度风害风险区该主要分布在内陆较高海拔地域和沿海县（市）的西部区域；重度以上风害风险区主要分布在沿海县

（市）的东部近海区域和内陆高海拔地域。

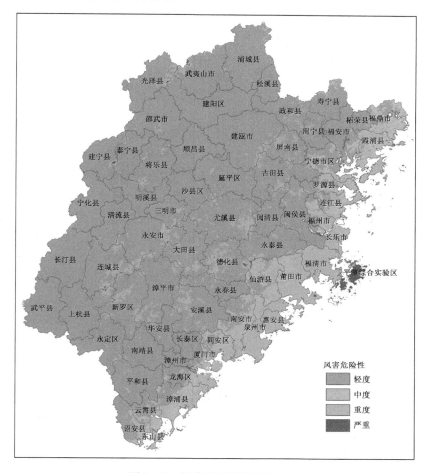

图 2.41　福建省风害危险性区划

第三节　暴雨

一、概念

暴雨指连续 12 h 降水量在 30 mm 以上,或连续 24 h 降水量在 50 mm 以上的降水。根据降水量的大小又可分为暴雨、大暴雨和特大暴雨,日降水量在 50.0～99.9 mm 时,称为暴雨;100.0～249.9 mm 时,称为大暴雨;250.0 mm 及以上时,称为特大暴雨(表 2.6)[3]。

表 2.6　暴雨等级

单位:mm

降水等级	24 h 降水量	12 h 降水量
暴雨	50.0～99.9	30.0～69.9
大暴雨	100.0～249.9	70.0～139.9
特大暴雨	≥250.0	≥140.0

福建是我国暴雨多发区之一,暴雨多且强度大,常引发洪涝灾害。福建各类型暴雨主要发生在雨季(5—6月)和夏季(7—9月),雨季为暴雨的第一高峰期;夏季为大暴雨和特大暴雨第一高峰期;秋冬季和春雨季的各类暴雨出现频率较小;暴雨的地理分布相对均衡,而大暴雨、特大暴雨的高发区在沿海地区。无论是雨季暴雨,还是台风暴雨,给农业生产造成严重损失的通常是大、特大暴雨。从雨季暴雨洪涝来看,较重的年份有1985年、1988年、1990年、1992年、1994年、1997年、1998年、2005年、2006年、2010年、2015年、2016年、2019年。

比较典型的如1998年6月8—25日,闽北经历了一次特大暴雨天气过程,出现了百年未遇的特大洪涝;12—23日闽北及闽东地区遭遇特大暴雨袭击,暴雨中心位于南平地区北部,降雨过程历时长、总量大,雨区分布广,其中12—25日武夷山坳头暴雨中心13 d降雨量达1603 mm,是闽北有史料记载以来最大的;暴雨使闽北各地水库爆满,江河水位骤升,闽江上游支流建溪、富屯溪相继发生多次超危险水位的洪水,闽江干流发生了新中国成立以来最大的洪峰;特大暴雨洪水的连续袭击给福建省造成了巨大损失,南平、福州、三明、宁德、龙岩、漳州6地(市)、42个县(市、区)受灾,全省农作物受灾65.8万 hm², 成灾21.3万 hm², 绝收3.6万 hm², 粮食减产2.6亿kg、水果减产18.0万t、水产品减产15.0万t,水毁耕地0.3万 hm²,因灾死亡畜禽100多万头(只);堤防决口2788处,毁坏1022 km,洪涝灾害造成全省农业直接损失50.4亿元。

二、主要危害

(1)对粮食作物的危害

前汛期是福建省粮食作物重要生长季节。5月全省双季早稻处于分蘖期,中稻处于秧苗期、移栽期,早甘薯5月中下旬开始扦插,此期出现暴雨,严重的会冲毁农田,淹没农作物,致使作物死亡等,稍轻的会影响分蘖期早稻的低节位分蘖早生快发,影响分蘖后期的烤田以控制无效分蘖,进而使得植株不够健壮和大分蘖数量不够,并最终影响产量。6月全省双季早稻处于孕穗至抽穗开花期,中稻处于分蘖期,早甘薯处于茎叶生长前期,部分晚甘薯如花生、大豆地套种的晚甘薯开始扦插,此期出现暴雨将会使早稻开花期出现"雨洗花"现象,影响正常开花授粉,使得空壳率提高,结实率下降,严重影响产量,如1994年6月13—21日,1998年6月8—25日全省出现大范围的暴雨和大暴雨天气,使得当年全省早稻单产大幅下降,同时暴雨对中稻分蘖,早甘薯茎叶生长也产生不利影响。

(2)对经济作物的危害

暴雨洪涝对福建烤烟、蔬菜等经济作物会造成受淹、甚至绝收的危害。5月十字花科蔬菜如大白菜、包菜、花菜供应已经结束,5—6月蔬菜主要以喜温耐热类的瓜豆类蔬菜如芋葫、菜豆、四季豆等和叶类菜如空心菜、木耳菜等为主,5月上旬、中旬全省蔬菜供应处于"春淡期",6月上旬、中旬受蔬菜转季影响会出现"六月缺"现象,因此,前汛期若出现暴雨洪涝,会使瓜豆类蔬菜和叶类菜受淹,甚至死亡,此外引发的高湿也会导致病虫害发生蔓延,加重蔬菜市场供应短缺问题。

(3)对果树的危害

暴雨洪涝会影响果树根系生长发育、开花授粉和果实膨大,尤其是对不耐渍涝的果树如香蕉、番木瓜等影响较大。5—9月福建大部分果树处于营养生长和生殖生长的关键期,如香蕉处于营养迅速生长期,蕉园积水会影响香蕉根系的呼吸,长时间积水甚至造成烂根死亡;龙眼处于开花期和幼果膨大期,暴雨主要对开花影响比较大,影响结果,当然长期受淹植株也会窒息死亡;番木瓜处于果实膨大和成熟采收期,果园积水容易导致烂根;而荔枝根群由于有相当强的耐水性,一般情况下不会发生水害。

三、涝害危险性分布

从福建省涝害危险性区划图((彩)图2.42)上可以看出,轻度涝害危险性区域主要分布在福建内陆地区;中度以上的涝害危险性区域主要分布沿海地区,鹫峰山区(周宁县、柘荣县),武夷山区(武夷山市、光泽县、建宁县、泰宁县)和武平县,其中柘荣县、福鼎市、云霄县、东山县有重度涝害危险性。

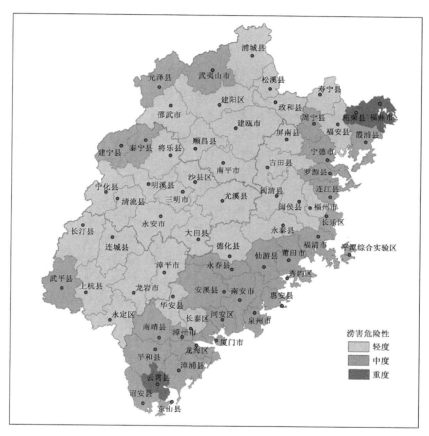

图2.42　福建省涝害危险性区划

第四节　干旱

一、干旱种类

干旱按受旱机制,可分为土壤干旱、大气干旱和生理干旱3类;按发生时间,可分为春旱、夏旱、秋旱和冬旱。

二、干旱概念

（1）土壤干旱：指长期无雨或少雨的情况下，又缺少灌溉条件，土壤中水分长期得不到补充，作物得不到正常的水分供应，而造成的作物体内水分亏缺危害，影响作物正常生长发育的现象，是最主要的干旱形式。

（2）大气干旱：指气温高、湿度小、作物蒸腾失水快，根部吸水供不应求，虽然土壤中有足够的水分也来不及吸收，造成水分失调以致受害。如夏日的中午就易发生大气干旱。

（3）生理干旱：指因为其他不利因素或农业技术措施不当而造成的体内水分失调，产生危害。如土壤温度过高或过低时，都会影响根系吸水，施用化肥过多，造成烧苗现象。

三、气象干旱

气象干旱是指某时段内，由于蒸发量和降水量的收支不平衡，水分支出大于水分收入而造成的水分短缺现象。气象干旱通常主要以降水的短缺作为指标。

中华人民共和国国家标准《气象干旱等级》（GB/T 20481—2006）是以 $10 \sim 20$ cm 土壤相对湿度（R）为指标，将干旱划分为无旱、轻旱、中旱、重旱和特旱 5 个等级，并评定了不同等级的干旱对农业和生态环境的影响程度（表 2.7）。

表 2.7　气象干旱等级指标　　　　　　　　　　　　　　　　　　　单位：%

等级	类型	土壤相对湿度	干旱程度的表现
1	无旱	$R > 60$	地表湿润或正常，无旱象
2	轻旱	$50 < R \leqslant 60$	地表蒸发量较小，近地表空气干燥
3	中旱	$40 < R \leqslant 50$	土壤表面干燥，地表植物叶片有萎蔫现象
4	重旱	$30 < R \leqslant 40$	地表植物萎蔫，叶片干枯，果实脱落
5	特旱	$R \leqslant 30$	基本无土壤蒸发，地表植物干枯、死亡

（1）无旱：特点为降水正常或较常年偏多，地表湿润，无旱象。

（2）轻旱：特点为降水较常年偏少，地表空气干燥，土壤出现水分轻度不足，对农作物有轻微影响。

（3）中旱：特点为降水持续较常年偏少，土壤表面干燥，土壤出现水分不足，地表植物叶片白天有萎蔫现象，对农作物和生态环境造成一定影响。

（4）重旱：特点为土壤出现水分持续严重不足，土壤出现较厚的干土层，植物萎蔫、叶片干枯，果实脱落，对农作物和生态环境造成较严重影响，对工业生产、人畜饮水产生一定影响。

（5）特旱：特点为土壤出现水分长时间严重不足，地表植物干枯、死亡，对农作物和生态环境造成严重影响，工业生产、人畜饮水产生较大影响。

福建省地方标准《气象干旱评价方法》以日降水量 < 2 mm 的连旱日数（D_r）为指标，按照春季、夏季和秋冬季的不同季节，分为小旱、中旱、大旱和特旱 4 个等级（表 2.8）。

表 2.8　福建气象干旱标准　　　　　　　　　　　　　　　　　　　单位:d

干旱种类	不同干旱标准对应的日降水量<2 mm 连旱日数(D_r)				解除标准
	小旱	中旱	大旱	特旱	
春旱 (2月11日至 梅雨始)	$16{\leqslant}D_r{\leqslant}30$	$31{\leqslant}D_r{\leqslant}45$	$46{\leqslant}D_r{\leqslant}60$	$D_r{\geqslant}61$	6 d 总雨量插秧前≥50 mm,插秧 后≥30 mm,干旱解除
夏旱 (梅雨止至 10月10日)	$16{\leqslant}D_r{\leqslant}25$	$26{\leqslant}D_r{\leqslant}35$	$36{\leqslant}D_r{\leqslant}45$	$D_r{\geqslant}46$	3 d 总雨量≥20 mm 小旱解除; ≥30 mm 中旱以上干旱解除
秋冬旱 (10月11日至次 年2月10日)	$31{\leqslant}D_r{\leqslant}50$	$51{\leqslant}D_r{\leqslant}70$	$71{\leqslant}D_r{\leqslant}90$	$D_r{\geqslant}91$	6 d 总雨量≥10 mm 小旱解除, ≥20 mm 中旱以上干旱解除

四、主要危害

干旱是福建主要农业气象灾害之一,出现频率高,活动季节长,成灾范围广,常给福建的农业生产造成巨大损失。福建干旱有春旱、夏旱、秋冬旱之分。从干旱次数来看,全省以夏旱为主,秋冬旱次之;从危害性来看,以夏旱为大,春旱次之,秋冬旱对农业生产影响较小;从地域上看,福建东南沿海是干旱高频严重区。福建比较严重的干旱年份有 1979 年、1980 年、1983 年、1986 年、1988 年、1989 年、1991 年、1995 年、2002 年、2003 年、2004 年、2018 年、2019 年;干旱造成作物、果树等水分供应的短缺,影响其正常生长发育,导致产量下降,严重时会造成作物死亡。

春旱对农业生产的影响主要体现在对春播、春收作物和果树等的影响上。春季是福建早稻播种、移栽,春花生、春大豆、喜温蔬菜的播种季节,是果树、林木的定植时期,是马铃薯等春收作物生长发育的关键时期,也是龙眼、荔枝、芒果、枇杷等开花或果实发育的重要季节,春旱将影响作物和果树的播种和生长发育,严重时造成作物死亡。

夏旱对福建农业的威胁最大。夏旱对农业生产的影响主要体现在对夏、秋收粮食作物、经济作物、果树和林业生产的影响上。夏季是早稻成熟、中晚稻、甘薯等生长发育的重要时期,是龙眼、荔枝、柑橘等果树的果实膨大期,夏旱尤其是夏秋连旱对夏、秋收粮食作物和果树的产量影响很大,严重时造成作物和果树枯萎死亡。

秋冬旱对福建农业生产的影响主要体现在秋冬种上,但福建秋冬种面积比较小,主要以蔬菜、马铃薯等为主。秋冬旱会造成秋冬种受阻,但由于种植面积小,且作物较为耐旱,因此,秋冬旱对福建全年农业生产的影响比较有限;但秋冬旱易造成森林火险气象等级偏高,容易导致森林火灾发生。

最为典型的干旱如 2003 年夏秋连旱,是福建 1939 年以来最严重的干旱,农业生产尤其是种植业损失严重,种植业当中影响最大的是夏、秋收作物及果树,中晚稻、甘薯、蔬菜、茶叶、果树等作物受灾严重。据统计,干旱造成全省农作物受灾面积 89.6 万 hm²,成灾面积 41.2 万 hm²,绝收面积 9.1 万 hm²,粮食减产 52.4 万 t。夏秋连旱对秋收粮食作物的生长发育影响很大,秋收粮食作物的平均单产较 2002 年下降了 150 kg/hm²,尤以中稻和秋收薯类作物单产下降最多;造成蔬菜、花生、茶叶等经济作物不同程度受旱;导致龙眼等水果幼果果皮烫伤、裂果,影响柑橘、龙眼、梨等果实生长发育,果树单产大幅下降;夏秋旱还导致森林火灾频发,全省因旱直接经济损失达 27.4 亿元。

五、干旱危险性分布

从福建省干旱危险性区划图((彩)图 2.43)上可以看出,轻度干旱危险性区域主要分布在鹫峰山区、武夷山区、玳瑁山区、戴云山区;中度干旱危险性区域主要分布在福建内陆的大部分区域;重度以上的干旱危险性区域主要分布在福建沿海地区及龙岩南部,其中平潭综合实验区和福清以南沿海地区有严重干旱危险。

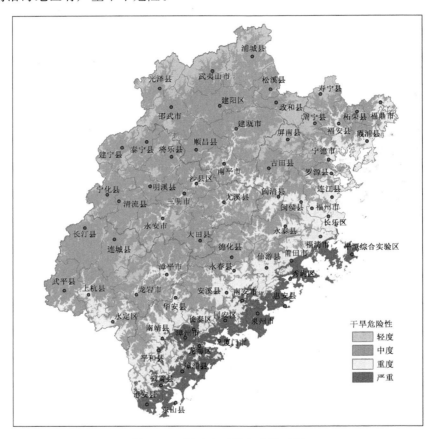

图 2.43　福建省干旱危险性区划

第五节　寒冻害

一、概念

(1)霜冻。它是指在晴朗无风的天气条件下,当最低气温下降至 3～4 ℃时,植物表面温度可降至 0 ℃以下造成植物体内冻结而产生的伤害。出现霜冻时,往往伴有白霜,也可不伴有白霜,不伴有白霜的霜冻称为"黑霜"或"杀霜"。与冻害不同的是霜冻常发生在作物活跃生长期间,而冻害是主要发生在作物越冬休眠或缓慢生长期间。

霜冻类型有辐射霜冻、平流霜冻和平流辐射霜冻。晴朗无风的夜晚,因辐射冷却形成的霜冻称为"辐射霜冻";冷空气入侵形成的霜冻称为"平流霜冻";两种过程综合作用下形成的霜冻称为"平流辐射霜冻"。按霜冻出现的季节,可分为春霜冻(晚霜冻)和秋霜冻(早霜冻)。

有时气温或地面温度并未降到 0 ℃ 以下,但只要植物表面温度降到 0 ℃ 以下,仍然可能造成伤害。一般在最低气温 4～5 ℃ 时植物表面就可能发生霜冻。有时空气和地表特别干燥,夜空特别晴朗,又完全静风,最低气温与地面最低气温相差很大,当最低气温降到 4 ℃ 以下时,地表附近的气温便会下降到 0 ℃ 以下,出现霜,且植物表面温度通常要比地表最低温度更低一些,因此有霜时,植物体的温度降到 0 ℃ 以下,就会造成霜冻害。

(2)冻害。它是指作物遇到 0 ℃ 以下强烈低温或剧烈变温引起的植株体冰冻而丧失一切生理能力,造成植株体部分枯萎或死亡的一种农业气象灾害。

(3)寒冻害。它是指强冷空气造成某一地区剧烈降温,当气温降到某一植物生物学下限温度以下时,给植株造成伤害的一种农业气象灾害。

1978 年以来,福建比较严重的寒冻害年份有 1980 年、1981 年、1986 年、1992 年、1993 年、1999 年、2003 年、2005 年、2010 年、2016 年和 2021 年;造成寒冻害的原因主要与寒潮的强度和持续时间有关;近年来,随着福建现代高优农业经济的发展以及农业种植结构的调整,经济作物比重越来越大,寒冻害造成的损失也越来越大。

二、主要危害

寒冻害是福建主要农业气象灾害之一,主要有越冬期寒冻害和春季寒冻害。冬季寒冻害主要威胁果树、花卉和蔬菜等作物,威胁冬季温室大棚栽培的喜温类蔬菜、中药材、花卉等作物,寒潮越强,尤其是危害到南亚热带区域较不耐寒的经济作物和果树时,它所造成的农业经济损失也越大;而春季寒冻害主要危害果树、蔬菜、茶叶、烤烟等作物,尤其对刚萌发的嫩芽、嫩梢、花蕾、叶片和幼果等危害极大。

比较典型的冬季冻害如 1999 年 12 月下旬的冻害过程,全省 80% 的县(市)极端最低气温降至 0 ℃ 以下,大部分县(市)出现霜冻或结冰,南部地区过程降温幅度比北部更为剧烈,影响到南部地区的冻害所造成经济损失超过以往任何一次寒潮危害。据不完全统计,全省农作物受冻害面积在 600 万亩以上,其中经济作物受冻 503 万亩左右,经济作物当中果树面积占 311 万亩,柑橘、龙眼、荔枝受害面积达 50% 以上,香蕉受害面积达 95% 左右;蔬菜受冻 164 万亩,甘蔗 21.5 万亩,花卉 2.8 万亩,其他 3.7 万亩,冻死或绝收的作物面积超过 100 万亩,造成的直接经济损失在 70 亿元以上。

比较典型的春季寒冻害如 2010 年 3 月 6—10 日,受北方强冷空气影响,全省各地气温明显下降,除沿海地区的部分县(市)外,其余大部分县(市)日最低气温降温幅度达 8～11 ℃,闽西地区的部分县(市)降温超过 12 ℃。西部、北部地区极端最低气温达 −3～0 ℃(高海拔山区达 −5～−3 ℃);中部地区和南部的内陆地区达 0～2 ℃;其余地区为 2～4 ℃,极端最低气温出现在 3 月 10—11 日,全省大部分县(市)出现霜或霜冻,西部、北部高海拔地区有结冰,给处于春梢萌芽期的柑橘等果树类,萌芽期的茶叶等造成较为严重的寒冻害。

三、寒冻害危险性分布

从福建省寒冻害危险性区划图((彩)图2.44)上可以看出,轻度寒冻害危险性区域主要分布在福清以南沿海地区;中度寒冻害危险性区域分布在福州至宁德的沿海地区,漳州、厦门、泉州及莆田4市的内陆地区,龙岩南部地区;重度以上的寒冻害危险性区域分布在福建内陆的大部分地区,其中鹫峰山区、武夷山区、戴云山区和玳瑁山区有严重风险。

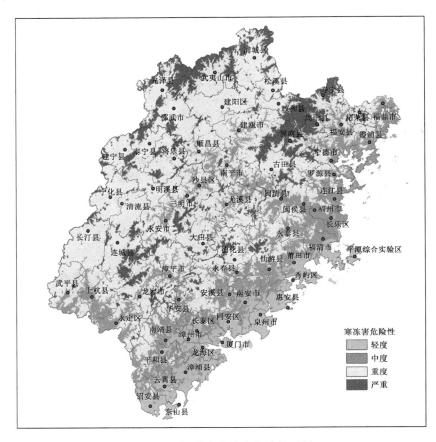

图2.44 福建省寒冻害危险性区划

第六节 低温连阴雨

一、概念

低温连阴雨是指连续阴雨≥3 d并伴随低温、寡照的天气现象。低温连阴雨主要出现在春季,对早稻播种育秧、春季作物播种育苗及生长发育造成不利影响。如早稻播种育秧期间,若出现持续3 d以上日平均气温低于12 ℃、过程平均日照时数少于3 h的低温阴雨天气,就会对早稻播种出苗和秧苗生长造成不同程度的危害,严重时造成烂种烂秧。

二、主要危害

春季低温连阴雨常导致早稻烂种烂秧,导致蔬菜、马铃薯等作物因水分过多而形成渍害,影响处于果实发育期的果实膨大,连阴雨还影响茶叶、烤烟和越冬作物的生长发育及采收,并加剧病虫害的发生蔓延,影响作物产量和品质。如 2012 年 1 月至 3 月中旬前期,福建出现异常的持续低温连阴雨寡照天气,大部时段持续低温连阴雨过程,影响马铃薯、越冬甘薯、耐寒类蔬菜等越冬作物光合作用,导致作物生长缓慢,长势较弱,并影响早稻播种及秧苗生长,导致播种进度偏慢,秧苗长势较弱,少部分秧田出现腐生性病害;喜温类蔬菜生长发育迟缓,长势较差,并引发蔬菜病害发生蔓延;影响枇杷、香蕉等果实发育。

第七节　高温

一、概念

气象学上将日最高气温达到或超过 35 ℃时称为高温天气,主要出现在夏季。但从农业生产对象考虑,不同作物、作物不同生长发育阶段都有其不同的高温影响指标,只有当高温超过其生物学上限温度时才会造成危害,如水稻灌浆成熟期出现连续 3 d 以上≥35 ℃的高温天气就会造成高温逼熟;半耐寒类蔬菜在高温超过 30 ℃时生长就受阻,喜温类蔬菜在高温超过 40 ℃时生长几乎停止,耐热类瓜豆类蔬菜在 30 ℃左右同化作用最强,40 ℃高温仍能生长;柑橘类盛花期连续 3 d 高温超过 33 ℃会造成伤花,果实膨大期日最高气温超过 35 ℃,就会致使果实表面温度超过 45 ℃,而引起日灼伤害。

二、主要危害

持续高温天气对大多数农作物生长发育不利,高温会使作物叶绿素失去活性,影响光合作用,降低光合速率,影响作物产量;持续高温还常伴随干旱一同出现,高温与干旱的叠加效应常导致土壤缺墒,造成作物无法播种,或造成作物萎蔫、枯萎甚至死亡,高温烈日还会灼伤作物叶片和果实,容易形成旱热害。如 2003 年夏季福建省出现历史罕见的高温天气,高温范围广、气温高和时间长。全省共有 54 个县(市)极端最高气温超过 38 ℃,其中有 31 个县(市)极端最高气温超过 40 ℃,5 个县达到或超过 42 ℃,其中闽清县出现高温时间最长,共有 43 d 最高气温超过 38 ℃,其中超过 40 ℃的天数长达 14 d,造成福建秋收粮食作物、果树、蔬菜等严重受灾,部分绝收,产量大幅下降。

第八节　冰雹

一、概念

冰雹是雷雨云中水汽凝华和水滴冻结相结合的产物,是由积雨云中强烈对流作用而引起的中、小尺度天气现象,具有局地性强、季节性明显、来势急、持续时间短的特点。

冰雹是福建省重要的灾害性天气之一,虽然发生范围小,时间短促,但来势猛烈、强度大,并有"雹走老路""雹走一条线,专打山边边"的规律和特点,常伴随狂风、暴雨,给局部地区农业生产造成严重损失。福建冰雹主要出现在春季和夏季,以 3—4 月最多,7—8 月次之;从空间分布来看,中北部地区多于南部地区,山区多于平原,内陆多于沿海,高海拔地带是福建冰雹的高频区,多雹区位于武夷山脉、鹫峰山脉和戴云山脉的区域,少雹区位于沿海一线,沿海半岛及岛屿地带冰雹罕见。

二、主要危害

冰雹是以砸坏、砸伤为主的气象灾害,尤其对春季烤烟、蔬菜等经济作物危害极大,还会造成温室大棚等农业设施受损;冰雹危害程度与冰雹大小、数量、密度和降雹持续时间有关,还与出现时间有关。福建冰雹发生概率较小,受灾范围也小,但一旦遇到雹灾,对烤烟、蔬菜等作物危害极大。冰雹灾害常伴随大风、雷电、暴雨同时出现,多灾种叠加效应,容易造成作物叶片机械损伤,打烂作物叶片,打断植株,植株倒伏,从而导致作物减产甚至绝收,降低品质。如 2010 年 3 月 5 日,福建省南平市和三明市出现大范围的强冰雹和雷雨大风天气过程,造成部分蔬菜、烤烟、茶叶和果树等严重受灾,风雹灾害共造成农作物受灾面积达 1.4 万 hm^2,直接经济损失 4.7 亿元。

第九节　灾害防御

一、灾害风险规避

避灾重于防灾救灾。福建地形复杂,小气候差异明显,因此,各地应开展具体农业种类的气象灾害风险区划与评估,选择在轻度或中度灾害风险区种植,以规避灾害风险,避免在重度以上风险区种植,并辅以相应的防灾减灾措施,如采取温室大棚等保护地栽培,来规避或减轻寒冻害威胁;通过加强农田水利设施建设减轻暴雨洪涝和干旱的危害;通过营造防风林带等减轻台风危害等。

二、灾害风险临近预防

(一)灾害风险预警

制定出福建各农业种类的气象灾害临界指标,气象部门预计可能达到农业灾害风险预警指标,立即发布具体农业对象的气象灾害风险预警,告知风险等级和影响区域分布,以提醒农业部门、农业企业、专业合作社、种植大户及广大农业生产者提前做好灾害风险防范,以避免或减轻气象灾害对农业生产的影响。

(二)灾害风险应急防范

根据不同种类的农业气象灾害,在灾害风险来临前,开展应急防范,降低气象灾害造成的损失。

(1)寒冻害

【灌水法】　霜冻前对作物种植园地进行灌水,改善土壤热特性(湿润的土壤,因导热性更好,深层的热量更容易上传),减轻霜冻危害。

【涂白法】　以石灰水加少量食盐涂抹树干,树干被涂白后,阳光被反射掉,树干在白天和夜间的温度相差不大,不易冻裂;对树干起保护作用,也可减轻冻害。

【培土法】　霜冻发生前进行1次培土,加厚土层,培土可使作物和树体根系相对加深,增加土温,减轻或避免低温对根系伤害。

【覆盖法】　采用稻草、薄膜等对作物、果树、茶叶等进行蓬面覆盖;用地膜覆盖树盘,起保温、保湿、保护根系的作用,以此来防寒防冻;有条件的地方在寒冻害来临前,搭建简易性的大棚;塑料大棚可采取加盖草帘、双层薄膜覆盖、在棚内加搭小拱棚或覆盖地膜、稻草等措施,增加棚内作物生长环境温度,预防或减轻作物寒冻害。

【熏烟法】　以谷壳、木屑等熏烧来增加园地气温,起防寒防冻作用;熏烟在气温下降到作物、果树等受寒冻害的临界温度时点燃,并控制浓烟,使烟雾覆盖在园地内的空间,每亩果园5～6堆为宜,待次日太阳出来后停止。

【包扎法】　树体采用稻草或草绳缠绕主干、主枝进行包扎,以防寒防冻。

【喷药法】　寒冻害来临前,对农作物和果树叶面喷施植物龙、植物动力2003等生长调节防寒剂(果树防冻剂);喷施磷酸二氢钾、钙、镁、锌等,增强植株抗逆性,减轻寒冻害。

【施肥法】　增施热性磷钾肥,提高作物和果树自身抗寒能力。

【套袋法】　对处于果实发育期的采用套袋保护果实。

【喷水法】　在霜形成的凌晨,用清水喷射植株,冲洗霜粒,减少霜粒对叶片造成的危害。

(2)涝害

【工程排涝】　加强江河堤岸、水库的整固和排险工作,配备排涝机电设备,注意强降水过程的防洪排涝,防止或减轻强降水给农业生产造成的不利影响。水库、池塘水位较高的,应根据暴雨强度预报,强降水来临前适当排水、降低水位,以防漫塘、漫库。

【田间排水】　做好作物田间的排水工作,暴雨来临前及时疏通水道、开沟引水,以便排水通畅,降低水田、鱼塘等水位,尤其是低洼地带的田间更应采取开沟排水措施,防止作物受淹。

【及时采收】　可能受淹区,尤其是低洼地带,已成熟可采收的作物应及时采收,避免受淹造成损失。

【避开播种】　在预计可能发生暴雨灾害性天气过程时,应避免进行作物播种和移栽等田间作业。

【灾后恢复】　对于受淹的作物,应进行分类指导恢复生产,受淹较轻的应及时做好扶苗、洗苗工作,已经绝收的应及时清理死苗,并进行补种或改种。

(3)旱害

【蓄水节水】　加强水利设施建设,加大人力、物力的抗旱物资的投入和抗旱设施的维修维护,加强水库、池塘蓄水和节水工作,以及做好抽水灌溉,有条件的地方要采取滴灌、喷灌等节水灌溉。

【科学灌溉】　科学安排灌溉时间,努力做到既节约用水,又保证农业灌溉用水需要。在灌溉方式上,大力推广节水灌溉技术,采取喷灌、滴灌、小畦灌溉、管道输水等灌溉技术,减少水资源浪费。

【挖掘水资源】　利用增雨有利时机,及时开展人工增雨作业,以及通过挖水井等,增加抗旱用水。

【遮阳网遮盖】　旱作采用遮阳网遮盖栽培,减少强光直接照射,降低作物生长环境的局部温度,辅以水分灌溉,最好是喷灌,并在早(晚)时间段灌溉,避开高温期灌(浇)水,以降低高温干旱对旱作生长发育造成的不利影响。

【树盘覆盖保墒】 采取树盘覆盖稻草、地膜等措施,有条件的可采取全园覆盖稻草、芦苇等,减少土壤水分蒸发,保持土壤湿润,减轻干旱威胁。

【增施有机肥】 增施有机肥可降低生产单位产量用水量,在旱作地上施足有机肥,可降低用水量 50%~60%,在有机肥不足的地方,可大力推行秸秆还田技术,提高土壤抗旱能力。合理施用化肥,也是提高土壤水分利用率的有效措施。深耕深松,加厚活土层,增加透水性,可加大土壤蓄水能力,减少地面径流,更多地储蓄和利用自然降水;加厚活土层又可促进作物根系发育,提高土壤水分利用率。

【应用抗旱剂】 作物叶面喷洒抗旱剂,喷洒 1 次可持效 10 余天,具有"有旱抗旱保产、无旱节水增产"的作用。

【选择耐旱作物品种】 种植较为耐旱的作物品种,提高抗旱能力。

(4)风害

【抢收】 已成熟或基本成熟的作物、果实,可上市的水产养殖类,要赶在大风(台风、雷雨大风)到来之前进行抢收,减少损失。

【加固】 果树和高秆作物,采取"插杆"加固、设置风障等措施,防止大面积倒伏折断;水产养殖要对网箱、鱼排等进行加固,以免遇大风袭击遭受巨大损失;塑料大棚等农业设施要进行加固。

【规避】 出海渔船及时回港避风;农耕人员避免野外作业。

【灾后自救】 受大风(台风、雷雨大风)袭击而成灾的,要查清灾情,分类指导,落实灾后补救措施。及时扶苗、洗苗,适当追肥,促进作物恢复生长;受冲受压造成缺株断垄的大田农作物,要及时查苗、补苗,力争补齐苗,少损失;因灾倒伏、树枝折断的果园,必须及时进行清园、扶正、树冠修整、培土增肥;不可挽回的作物应及时清理,进行改种、补种。

第三章　粮食作物主要气象灾害及其防御

第一节　水稻

一、早稻

(一)概况

早稻是福建主要粮食作物,有早熟、中熟、迟熟 3 大类品种,一般把从播种到成熟需 120 d 以下的叫早熟品种;120～130 d 的为中熟品种;130 d 以上的叫迟熟品种;2018 年全省早稻种植面积达 10.6 万 hm^2,占全省水稻面积的 17.0%,产量达 67.1 万 t,占全省稻谷总产量的 16.8%;早稻种植面积从大到小的地市是龙岩市＞漳州市＞泉州市＞莆田市＞福州市＞三明市＞南平市＞厦门市＞宁德市,种植面积最大的县(市)是南安市[1]。

福建早稻播种期南部地区在 2 月下旬至 3 月上旬,中北部地区在 3 月中下旬;4 月中下旬移栽,5 月处于分蘖期,6 月上中旬处于孕穗期,6 月中下旬处于抽穗开花期,7 月处于灌浆成熟期。

(二)主要气象灾害

1. 倒春寒

(1)概念

倒春寒是早稻播种育秧期的主要气象灾害。它是指春季天气开始变暖,气温逐渐回升,然而由于冷空气活动仍较活跃,使回暖后的气温又急剧下降,当气温降到 12 ℃以下且连续 3 d 以上,并伴有连阴雨天气时,不利早稻播种或引起烂种烂秧的天气。

(2)危害指标

在福建,倒春寒的标准规定如下:

北部(南平、三明、宁德、福州、莆田、龙岩西北部、泉州西北部)3 月下旬日平均气温连续 5 d 以上≤12 ℃,或 4 月上旬日平均气温连续 4 d 以上≤12 ℃,均称倒春寒。若 3 月下旬或 4 月上旬有两次为期 3 d≤12 ℃降温,其间隔≤2 d,也称倒春寒。

南部(北部以外的其他地区)3 月中下旬日平均气温连续 4 d 以上≤12 ℃,或 4 月上旬日平均气温连续 3 d 以上≤12 ℃,均称倒春寒。

(3)主要危害

倒春寒会导致早稻播种育苗期的烂种烂秧,轻则影响秧苗的正常生长,常造成僵苗不发,严重时引起烂种烂秧,尤其是秧苗处于 2 叶 1 心的"断乳期"时,抗寒力下降,遇倒春寒极易引起烂秧。福建"倒春寒"灾害呈现北多南少，北重南轻的基本特点，不仅浪费人力物力，更主要的是延误农时，使早稻不能按时移栽，不仅关系到早稻的丰歉，也会对晚稻生产带来一定的影响。

（4）灾害个例

1991 年 3 月 26 日起，全省大部气温骤降，48 h 最大降温为 3～12 ℃，过程降温 10～16 ℃，极端最低气温－1～10 ℃，闽北及闽西 5 地（市）连续 6～12 d 日平均气温≤12 ℃，除漳州市外，全省均有倒春寒，此次倒春寒具有时间长、范围广、降温快、气温低的特点，导致全省早稻烂种 120 万 kg。

1992 年 3 月 17—31 日，福建大部地区出现严重倒春寒天气，南平市、宁德市和三明市西北部日平均气温连续低于 12 ℃的天数达 10～15 d，其余地市大部为 3～7 d，导致全省早稻烂种达 252.2 万 kg。

1996 年 3 月 18 日—4 月 15 日，福建出现了 3 个时段的倒春寒天气，为严重的倒春寒年，次数之多，范围之广，持续时间之长，都是少见的。3 月 18 日起，除漳州市外，全省出现低温阴雨天气，21—30 日，南平、三明、宁德 3 地（市）及龙岩和福州 2 市局部县（市）达倒春寒标准，日平均气温≤12 ℃连续日数达 6～10 d，部分地区早稻出现烂秧现象；4 月 1 日，大部地区日平均气温再次降至 12 ℃以下，除漳州市外，皆出现为期 4～8 d 范围最广、影响最大的严重倒春寒过程；4 月 12—15 日中北部地区 13 个县（市）再次出现 4～7 d 的日平均气温连续≤12 ℃的倒春寒过程，早稻烂种烂秧数量增加，秧苗素质差，对其生长发育极为不利。

2011 年 3 月下旬，宁德、三明、福州和龙岩 4 地（市）的多个县（市）出现"倒春寒"天气，日平均气温≤12 ℃的持续日数达 5～11 d，其中霞浦县、古田县、连江县和罗源县的持续天数创 1961 年以来历史新纪录，对中北部地区早稻等播种及秧苗生长十分不利，秧苗素质差。

（5）防御措施

1）确定适宜的播种期。早稻播种期安排要考虑气温高低和气温的波动性，闽南地区一般以稳定通过 12 ℃为参考指标，而闽北、闽西地区一般以稳定通过 10 ℃为主要参考指标，并根据当地的常年播期，结合收听天气预报，选择冷头浸种催芽，冷尾暖头抢晴播种。

2）认真选种、浸种。早稻种子选择除考虑高产、优质、抗寒性外，还要严格选种、晒种和进行种子消毒，以提高秧苗抗寒力，减少烂种烂秧。

3）大力推广塑料拱棚育秧和旱育秧。由于旱秧在干旱环境中生长，苗体内束缚水含量高，自由水含量低，具有较好的抗冷性，一般气温稳定通过 8 ℃就可以播种了，因此，可采用早稻旱育秧技术，以有效抵御倒春寒。

4）加强保温措施，合理灌水。强冷空气来临前，注意秧地要盖好塑料薄膜，湿润育秧要灌水上畦进行保温，低温过后不应立即排干水，以防生理失水造成死苗。

5）合理用肥。秧苗前期追肥，要增施磷、钾肥等热性肥料，少用氮肥，以提高秧苗抗寒力，防御烂秧，也可喷施多效唑等增温化学制剂来御寒。

6）若发生烂秧，可用敌克松 1000 倍液喷治，喷药时排干秧田水，用药后 1 周内不灌水上畦，能有效防止死苗，恢复生长。若发生严重烂秧，则要另建秧田，及时快速浸种催芽补播，以免耽误农时。

2."五月寒"

（1）概念

"五月寒"是指 5 月下旬至 6 月中旬福建早稻孕穗期间，出现连续 3 d 以上日平均气温低于 20 ℃,使水稻花器发育不良,花粉败育,在早稻未抽穗前就丧失生育能力,导致空壳率增加,最终影响早稻产量的一种灾害。

（2）危害指标

早稻孕穗期间连续 3 d 以上日平均气温低于 20 ℃,就会造成早稻花器发育不良,花粉败育。

（3）主要危害

"五月寒"会造成早稻花器发育不良,花粉败育,导致早稻在未抽穗前就丧失生育能力,空壳率增加。

（4）灾害个例

1981 年 5 月 20—23 日、5 月 30 日至 6 月 5 日,罗源县出现两次日平均气温≤20 ℃的"五月寒"天气过程,严重危及早稻孕穗,导致早稻减产,损失严重。

2011 年 5 月 23—26 日,闽西北地区出现区域性"五月寒"天气,建宁县、泰宁县、将乐县、宁化县、清流县和明溪县 6 个县连续 3 d 以上出现日平均气温≤20 ℃的低温过程,影响闽西北地区早稻正常孕穗,黄叶症生理病害严重,导致三明市早稻空壳率增加,产量降低。

（5）防御措施

1）确定当地早稻品种的安全孕穗期,再往前推算确定具体早稻品种的播种期,结合培育壮秧、适时插秧等措施,是防避"五月寒"的关键。

2）培育壮秧,适时插秧,缩短早稻低温危害时间。

3）早稻若遇"五月寒",应采取以水调温的应急措施,分阶段管水:①适温阶段,以露田增温通气为主,采取露田与浅水勤灌相结合的办法,特别是绿肥施用量大的稻田,更要注意多露田,增温调肥,通气排毒;②降温阶段,气温明显低于水温,田间应深水灌溉以保温;③低温波动阶段,应勤灌浅灌,在气温较高的时候,抢时露田通气,提高泥温;④升温阶段,要迅速露田通气,促进根系的生长。

4）"五月寒"来临前,早稻叶面喷施保温剂。

5）增施热性速效肥料,特别要增施磷肥,以减轻早稻"五月寒"危害。

3. 高温

（1）危害指标

早稻抽穗开花至灌浆乳熟期,出现持续 3 d 以上日最高气温大于 35 ℃的天气,会影响早稻开花授粉和灌浆成熟。

（2）主要危害

1）早稻抽穗开花期遇高温,会导致花粉管尖端破裂,受精不良,形成大量空粒、秕粒,随着温度的升高和持续时间的延长,高温危害越重。

2）早稻灌浆乳熟期遇高温天气,会造成根系早衰,叶片功能下降,缩短成熟过程,即造成"高温逼熟"现象,降低光合率,缩短灌浆时间,降低灌浆速率,导致早稻非正常成熟,秕粒增加,千粒重下降,影响产量。

（3）灾害个例

2003 年 7 月,福建各地持续高温天气,高温范围广、持续时间长,全省月最高气温在 36.7～42.4 ℃,全省共有 54 个县（市）极端最高气温超过 38 ℃,其中有 31 个县（市）极端最高气温超过 40 ℃,5 个县达到或超过 42 ℃,影响早稻灌浆成熟,造成早稻"高温逼熟"。

2012 年 7 月,福建出现两次高温天气过程,分别是 7 月 2—5 日和 7 月 7—15 日,2—15 日全省性高温日数高达 13 d,宁德市辖区、沙县区、连江县、福州市辖区日最高气温突破或持平 1961 年以来同期历史最高纪录,罗源县日最高气温≥37 ℃连续天数达 6 d,高温天气过程造成部分早稻"高温逼熟"。

2017 年 7 月,福建出现两次持续性高温过程,其中 7 月 11—16 日高温过程持续 6 d,高温区域主要分布在福建中部地区的河谷盆地,其中闽清县极端最高气温达 38.8 ℃;7 月 19—29 日高温过程持续 11 d,高温站数多达 49 个,38 ℃以上高温区域主要分布在福建中部和西北部地区,其中福安市和闽清县的极端最高气温达 40.4 ℃,长时间的高温天气过程对早稻灌浆成熟不利。

(4)防御措施

1)灌水降温。为减轻早稻高温危害,在早稻抽穗开花和灌浆期,田间应增加灌水深度,或采取浅水勤灌,日灌夜排的方法,以改善田间小气候,降低稻田温度,增加田间湿度,减轻高温影响。

2)选种耐高温品种。耐热性较强的早稻品种可有效减轻高温热害带来的不利影响。

3)根外喷肥。高温季节,在早晚时段适时喷施叶面肥,达到补肥、保叶、增湿的多重功效,增强水稻植株对高温的抗性,以减轻早稻高温危害。

4. 洪涝

(1)危害指标

早稻减数分裂期及孕穗期淹水 2 d 以上,就会出现畸形穗和畸形花,其受害程度随淹水时间和深度的增加而加重;抽穗期水淹,会大幅减少氧气供应,致使根系早衰,甚至死亡,若淹没时间不长,淹没深度不高,特别是水没有没顶,则影响不大。

(2)主要危害

福建早稻洪涝灾害主要发生在 5—7 月,5—6 月是雨季暴雨、7 月主要是台风暴雨引发的洪涝灾害。暴雨常造成早稻田受淹,分蘖期受淹,可使早稻主茎穗粒数减少;孕穗期受涝,会使部分稻穗死亡,孕穗期淹没 2 d 以上,就会导致后期出现畸形穗和畸形花;抽穗期水淹,会减少田间氧气供应,致使根系早衰,甚至死亡;受害程度随淹水时间和深度的增加而加重,洪涝严重时甚至冲毁稻田。

(3)灾害个例

1998 年 6 月 8—25 日,福建经历了一次特大暴雨天气过程,出现了百年未遇的特大洪涝。6 月 12—23 日,闽北及闽东地区遭遇特大暴雨袭击,暴雨中心位于南平市北部,全省大部地区过程降水量≥100 mm,≥300 mm 的有 28 个县(市),≥500 mm 的有 11 个县(市),以武夷山市 1034 mm 为最大,光泽县 1002 mm 次之。暴雨造成闽北各地江河水位骤升,建溪、富屯溪相继发生多次超危险水位的洪水,南平市 23 日最高水位达 79.51 m,超危险水位 6.51 m,光泽、邵武、顺昌、建瓯、延平等县(市、区)的城关均超危险水位 5 m 以上;暴雨致使南平市、宁德市、三明市以及福州市沿江大部地区早稻严重受灾。

2005 年 6 月 17—23 日,福建北部地区出现大范围的暴雨洪涝灾害,导致该区域早稻被淹或受损;同时此期早稻正处于抽穗开花期,暴雨过程还导致早稻出现"雨洗花"的情况,未被淹的早稻空壳率提高,产量下降。

2008 年 6 月 12—13 日,福建中南部地区出现暴雨到大暴雨,部分县(市)出现特大暴雨。

48 个县(市)过程雨量>50 mm,其中 20 个县(市)>100 mm,9 个县(市)>200 mm,其中云霄、诏安、龙海、漳浦 4 个县过程雨量超过 300 mm,以云霄县 479.6 mm 为最大;暴雨导致漳州、泉州、厦门、莆田、龙岩 5 市部分早稻受淹。

2010 年 6 月 13—27 日,福建出现连续性暴雨天气过程,全省所有县(市)过程降水量均大于 100 mm,59 个县(市、区)的 737 个乡(镇)超过 250 mm,其中内陆地区 25 县(市、区)155 个乡(镇)超过 500 mm,此时正值早稻抽穗开花期,连续性暴雨造成福建早稻大面积受灾,部分绝收,损失严重。

2015 年 7 月 20—22 日,福建中南部地区出现暴雨到大暴雨,局部突发特大暴雨,11 个县(市)37 个站累积降水量≥250 mm,云霄县本站达 294.6 mm。暴雨过程短时雨强大,连城县 22 日的日雨量达 225.1 mm,刷新本站最大日降水量历史纪录,县城及 7 个乡(镇)大面积进水受淹;23 日东山县日雨量达 199.9 mm,刷新本站 7 月历史同期纪录,暴雨导致中南部地区部分未收割的早稻受淹甚至绝收。

(4)防御措施

1)暴雨来临前,做好早稻田水道疏通,检查稻田排水系统,降低稻田水位。

2)暴雨来临前,及时抢收已成熟的早稻。

3)暴雨过后,及时做好早稻田间排涝,防止水淹。

4)受灾早稻应及时做好扶苗、洗苗,已经绝收的改种其他作物。

5. 台风

(1)危害指标

台风带来的大风及暴雨常造成早稻倒伏、受淹或被冲毁。通常 8 级以上大风就会造成水稻倒伏,日降水量超过 100 mm 以上就会造成不同程度的稻田涝害,且暴雨强度越大,持续时间越长,受灾越严重。

(2)主要危害

早稻台风危害主要发生在灌浆成熟期(7 月)。台风带来的大风和暴雨,轻则伤害早稻叶片,影响光合产物的生成和运输,造成秕粒多,千粒重下降;重则造成早稻倒伏、掉粒、受淹,甚至绝收,在水淹时间较长的情况下,谷粒容易霉烂,甚至发芽。

(3)灾害个例

2005 年 7 月 19 日,5 号台风"海棠"在连江县黄歧登陆。受其影响,中北部沿海 25 个县(市)出现 8~12 级阵风,18—20 日福州、宁德两市共有 14 个县(市)过程雨量超过 100 mm,3 个县(市)过程雨量超过 300 mm,柘荣县和福鼎市超过 500 mm,导致中北部地区处于成熟期的早稻受灾,出现早稻倒伏、掉粒、发芽,部分绝收。

2006 年 7 月 14 日,4 号强热带风暴"碧利斯"在霞浦县北壁镇登陆。受其影响,13—17 日全省普降暴雨,沿海地区的大部分县(市)出现大暴雨至特大暴雨;7 月 25 日 5 号台风"格美"在晋江市围头登陆,受其影响,25—27 日福建中北部沿海出现 9~10 级阵风,中南部沿海出现 7~9 级阵风,沿海地区和南部地区出现暴雨,南部部分县(市)出现大暴雨天气。7 月连续 2 个台风带来的大风和暴雨,加上此时正值福建早稻灌浆成熟期,台风导致受影响地区部分早稻被淹、倒伏、掉粒或发芽,造成早稻严重受灾或绝收。

2013 年 7 月 13 日,7 号台风"苏力"在连江县黄岐半岛沿海登陆。受其影响,中北部沿海最大风速达 8~12 级,阵风 10~14 级,全省 51 个县(市)过程雨量≥100 mm,以上杭县

226.0 mm 为最大;7 月 18 日,8 号热带风暴"西马仑"在漳浦县沿海登陆,受其影响,中南部沿海最大风速达 6~7 级,全省 15 个县(市)过程雨量≥100 mm,以龙海区 246.8 mm 为最大。7 月连续 2 个台风的登陆影响,导致福建沿海地区部分早稻受淹、倒伏,给成熟期早稻造成严重受灾。

2016 年 7 月 9 日,1 号台风"尼伯特"在泉州市石狮沿海登陆。受其影响,中北部沿海出现 8 级以上大风,其中中部沿海风力达 10~11 级;全省大部分县(市)出现大雨到大暴雨,61 个县(市、区)447 个乡(镇)过程雨量超过 100 mm,以莆田市城厢区常太镇 419.0 mm 为最大。台风暴雨造成福州市、莆田市出现大面积涝害,导致中部沿海地区处于灌浆成熟期的早稻严重受灾。

2018 年 7 月 11 日,8 号台风"玛莉亚"在连江县沿海登陆,登陆时近中心最大风力 14 级,为 1949 年以来 7 月首登福建最强的台风。受其影响,中北部沿海出现大风 11~13 级,阵风 14~17 级,霞浦县三沙镇极大风速达 59.3 m/s,罗源县城区达 56.1 m/s,罗源、宁德、连江等 9 个县(市)城区极大风速突破有气象记录以来 7 月极值,罗源县和宁德城区破历史极值;福鼎市、柘荣县、建宁县过程降水量超过 100 mm,以福鼎市的 140.9 mm 最大。"玛莉亚"台风的主要危害是大风,强风造成中北部沿海部分县(市)处于灌浆成熟期的早稻出现倒伏。

(4)防御措施

1)台风来临前,做好早稻田间水道疏通,降低田间水位,暴雨过后及时排涝,防止水淹。

2)成熟的早稻,要赶在台风到来之前进行抢收,减少损失。

3)台风灾后,迅速开展生产自救,及时做好稻田清沟排水、早稻洗苗和扎把扶正工作,防止穗部密闭腐烂;已经被淹死或被不可挽回的早稻,应及时清理改种。

6. 干旱

(1)危害指标

春季持续 30 d 以上无降水,就会对早稻移栽和秧苗生长造成不利影响,春旱持续时间越长,危害越严重。

(2)主要危害

春旱严重时会导致早稻无水溶田插秧,影响春插进度;并导致稻田出现龟裂,影响秧苗生长发育,严重时造成已移栽的大田早稻秧苗出现枯萎死亡。

(3)灾害个例

2002 年 2 月中旬至 5 月上旬,福建中南部地区,尤其是沿海地区出现严重春旱;漳州市、厦门市、泉州市和龙岩南部部分县(市)降水量较历年同期平均降水量偏少 7~9 成,莆田市、福州市的部分县(市)降水量较历年同期平均降水量偏少 6 成左右。春旱导致中南部地区水库蓄水量急剧减少,在春旱高峰期(5 月上旬),全省 102 座大中型水库有 80% 的水库蓄水量不到正常蓄水量的一半,322 座小型水库干枯,南部沿海部分河流接近断流,导致福建中南部地区部分双季早稻因春旱而无水溶田插秧,部分已插的稻田,因春旱出现龟裂、秧苗枯萎死亡的现象,早稻种植面积比上年减少,部分早稻田只得闲置或改种其他作物。

(4)防御措施

1)干旱时应充分挖掘水源,引水灌溉,保证稻田基本水分需求。

2)加强稻田水利、灌溉设施基础建设,保证早稻用水。

3)抓住有利天气开展人工增雨作业,增加水源。

二、中稻

（一）概况

中稻是福建主要粮食作物,2018年中稻种植面积达26.3万hm²,占全省水稻面积的42.4％,产量达172.0万t,占全省水稻总产量的43.2％[1];中稻主要分布在福建中北部地区,种植面积从大到小的排序是南平市＞宁德市＞三明市＞龙岩市＞福州市＞泉州市＞莆田市＞漳州市,种植面积最大的是浦城县。

福建中稻播种期通常在4月下旬,移栽期在5月下旬,分蘖期在6月,幼穗分化期在7月上中旬,孕穗期在7月下旬,抽穗开花期在8月上中旬,灌浆期在8月下旬至9月中旬,成熟收割期在9月下旬至10月上旬。

（二）主要气象灾害

1.台风

（1）危害指标

中稻生殖生长期遇8级以上台风大风,就会造成中稻叶片损伤、植株倒伏;台风暴雨过程会造成中稻田受淹或被冲毁,暴雨强度越大,持续时间越长,受灾越严重。

（2）主要危害

中稻台风危害主要发生在幼穗分化期至成熟期（7月至10月上旬）,尤其是抽穗开花以后的台风影响尤为严重,台风带来的大风和暴雨,轻则造成中稻叶片损伤,影响光合作用,若出现在抽穗开花期,还会造成"雨洗花",重则造成中稻倒伏、受淹或绝收,影响中稻产量。

（3）灾害个例

2002年8月5日,12号强热带风暴"北冕"在广东省汕尾市登陆。受其外围云系和减弱后的低压云系影响,4—9日福建中南部沿海县（市）出现8～10级阵风,普降暴雨到大暴雨,局部县（市）出现特大暴雨,中南部及沿海地区雨量比常年同期偏多1～7倍,全省有41个县（市）过程降水量超过100 mm,22个县（市）降水量超过200 mm,16个县（市）超过300 mm,7个县（市）超过400 mm,云霄县达620 mm。暴雨及多雨日天气使正处于抽穗开花期的中稻受到严重影响,造成中稻"雨洗花",开花授粉受到严重影响,空壳率大为提高,同时造成部分中稻受淹。

2005年9月1日,13号强台风"泰利"在莆田市平海镇登陆。受其影响,9月1—2日中北部沿海大部分县（市）和其余各地（市）的局部县（市）先后出现8～12级大风,沿海地区普降大到暴雨,部分地区出现特大暴雨,造成部分中稻受灾或绝收。

2006年8月10日,8号超强台风"桑美"在闽浙交界处沿海登陆,登陆时近中心最大风力达17级,是新中国成立以来登陆和影响大陆强度最强的一个台风。受其影响,宁德市部分县（市）出现10～14级大风,同时受"桑美"台风和闽东北山地地形的共同影响,普降暴雨和特大暴雨,暴雨中心在福鼎市和柘荣县一带,柘荣、福鼎2个县（市）雨量超过250 mm,造成宁德市和南平市的部分中稻田受淹或被冲毁,部分中稻绝收。

2007年8月19日,9号台风"圣帕"在惠安县登陆。受其影响,沿海大部分县（市）和其余局部县（市）出现暴雨至大暴雨,18—23日福建沿海及南部内陆的40个县（市）过程雨量超过100 mm,其中,中北部沿海有15个县（市）超过200 mm,8个县（市）超过300 mm,以宁德市450.9 mm为最大;致使影响区域部分中稻倒伏或受淹,同时多雨天气还不利于中稻抽穗开花。

2013年8月22日,12号台风"潭美"在福清市登陆。受其影响,福建中北部沿海出现10～14级的大风,55个县(市、区)过程雨量≥100 mm,沿海部分县(市)过程降雨量达250～400 mm,造成中北部沿海部分中稻受淹、倒伏。

2015年8月8日,13号台风"苏迪罗"在莆田市秀屿区沿海登陆。受其影响,8—10日福建中北部大部分县(市)出现10级以上大风,沿海有37个站风力达14级以上,沿海内陆风力也达11～12级;中北部地区出现暴雨到大暴雨,部分乡(镇)出现特大暴雨,10个县(市)36个站过程降水量超过500 mm,福州市、周宁县日雨量突破历史极值,造成宁德市、福州市的部分中稻受淹,处于抽穗开花期的中稻遭受"雨洗花",中稻受灾严重。

2016年9月15日,第14号台风"莫兰蒂"在厦门市翔安区沿海登陆,登陆时中心附近最大风力15级(48 m/s,强台风级),14—15日全省大部分县(市)出现暴雨或大暴雨,局部特大暴雨;此时正值福建中稻成熟收获期,强台风带来的大风和暴雨,造成华安县、南靖县、柘荣县、连城县等部分中稻受淹、倒伏或出现机械损伤,受灾严重。

(4)防御措施

1)台风来临前,做好稻田水道疏通,暴雨过后及时排涝,防止水淹。

2)通过培育壮秧、控制无效分蘖、增施磷钾肥等措施,提高稻株抗倒伏能力。

3)成熟的中稻,要赶在台风到来之前进行抢收,减少损失。

4)台风灾后,及时做好中稻扶苗、洗苗工作,加强稻田排水工作,已经被淹死或不可挽回的中稻,应及时清理改种。

2. 干旱

(1)危害指标

夏季出现持续25 d以上的无降水,就会对中稻生长发育造成不同程度危害,干旱持续时间越长,危害越严重,甚至会造成稻田干枯,稻株死亡。

(2)主要危害

中稻干旱危害来自夏旱,但由于福建中稻区主要分布在内陆山区,通常水源条件较好,除非极端干旱情况下,造成水库干枯、溪河断流,才会对中稻造成危害。夏季,福建中稻正处于生殖生长期,若出现夏旱,轻则会导致幼穗分化期颖花的大量败育和不孕,造成中稻抽穗开花和灌浆受阻;严重时会造成稻田龟裂,稻株枯死。

(3)灾害个例

2003年由于福建雨季(5—6月)降水偏少,7月开始大部分地区出现持续晴热高温天气,致使水库蓄水量锐减,此时正值中稻幼穗分化期,是生理需水最多的时期,干旱导致部分中稻田缺水或干裂,引起颖花大量败育和不孕,部分田块稻株死亡。8月上旬中稻的主产区(中北部地区)旱情仍在持续,对受旱中稻生长发育十分不利,到9月底,南平市、三明市的部分县(市)旱情仍在持续,中稻生殖生长受到严重影响,干旱导致2003年福建中稻产量大幅下降。

2018年福建出现春夏连旱,干旱过程始于3月下旬,结束于8月下旬,造成北部地区如浦城县、邵武市等地中稻田受旱,部分稻田龟裂,6—8月正值中稻分蘖、幼穗分化和抽穗开花期,干旱对中稻生长发育造成不同程度的不利影响。

(4)防御措施

1)遇旱时,稻田及时引水灌溉,保证中稻基本水分需求。

2)加强稻田水利、灌溉设施基础建设,保证中稻用水。

三、晚稻

(一)概况

晚稻是福建主要粮食作物,2018 年晚稻种植面积达 25.1 万 hm²,占全省稻谷面积的 40.6%,产量达 159.3 万 t,占全省稻谷总产量的 40.0%[1]。晚稻种植面积从大到小的排序是三明市>龙岩市>南平市>泉州市>漳州市>福州市>莆田市>宁德市,种植面积最大的县(区)是建阳区。

福建双季晚稻播种期中北部地区在 6 月中下旬,南部地区在 7 月中旬;移栽期中北部地区在 7 月下旬,南部地区在 8 月上旬;分蘖期中北部地区在 8 月上中旬,南部地区在 8 月中下旬;孕穗期中北部地区在 9 月上中旬,南部地区在 9 月下旬;抽穗开花期中北部地区在 9 月中下旬,南部地区在 10 月上旬;灌浆期中北部地区在 10 月上中旬,南部地区在 10 月中下旬,成熟收割期中北部地区在 10 月下旬至 11 月上旬,南部地区在 11 月上中旬。

(二)主要气象灾害

1. 秋寒

(1)概念

秋寒,华南地区称为寒露风,就是指在寒露前后,双季晚稻处于抽穗扬花阶段,此时较强冷空气南下,带来干冷或湿冷并伴有较大偏北风天气,影响晚稻正常抽穗开花的一种气象灾害。

(2)危害指标

寒露风是影响晚稻抽穗开花的一种气象灾害,危害指标因品种、地点和气候条件等而异,一般将不耐寒的杂交稻品种受害指标定为日平均气温低于 23 ℃,耐寒的粳稻品种受害指标定为日平均气温低于 20 ℃,即晚稻在抽穗开花期如遇到连续 3 d 以上日平均气温低于 23 ℃(或 20 ℃)的天气,则危害晚稻抽穗和开花授粉;达到这两种标准的寒露风习惯上分别称为"23 型"寒露风和"20 型"寒露风。

(3)主要危害

晚稻抽穗遇上寒露风,抽穗速度变慢,甚至抽不上来,出现包颈现象,影响晚稻开花受精结实;开花期遇到寒露风,会导致晚稻开花延迟,出现"闭花忍耐"现象,当低温持续 3 d 以上时,则大量开花,但不能正常受精,形成大量空粒,严重时达 50% 以上,甚至绝收;灌浆期遇寒露风,则灌浆速度减慢甚至停止。寒露风实质上是秋季低温对晚稻抽穗开花期造成的障碍型冷害,可使晚稻空壳率大量增加,千粒重降低,严重时造成大部不实,出现"穗翘头",以至颗粒无收。

(4)灾害个例

1986 年福建秋寒来得早,降温幅度大,气温低且持续时间长,对晚稻影响大,南平、三明、宁德和福州 4 个市受秋寒危害最重,晚稻总产减少 5000 万 kg 以上,全省晚稻单产 240 kg/亩,比 1985 年减少 60 kg/亩,闽南地区晚稻危害较轻,但仍明显减产。

2003 年 9 月下旬,福建各地出现明显降温,除东南部地区和沿海大部地区外,有 39 个县(市)先后出现"23 型"秋寒,秋寒持续天数为 3~6 d,影响双季晚稻抽穗开花。

2006 年 9 月上旬末至中旬初,南平市北部、三明市西北部和龙岩市北部出现"20 型"秋寒,属异常偏早,对晚稻幼穗分化和少部分处于抽穗开花的晚稻有不利影响;9月15日后,南平市、三明市和龙岩市北部的大部地区又出现了日平均气温连续3 d以上≤23 ℃的秋寒天气,尤其是南平市北部部分县市的低温时间持续长,对双季晚稻抽穗开花构成不同程度的危害。

2011年9月19—25日,福建西部和中北部大部县(市)出现日平均气温≤23 ℃的寒露风天气,其中南平市北部、三明市西部、龙岩市北部出现连续3 d日平均气温≤20 ℃的寒露风天气,对晚稻抽穗开花不利,影响晚稻开花授粉。

2012年9月13—24日,福建西部、北部地区的大部分县(市)出现寒露风天气,南平市、三明市和宁德市的部分县(市)≤23 ℃的持续日数达到8~12 d,对晚稻抽穗开花不利,影响晚稻开花授粉。

2015年9月11—23日,福建北部地区出现"23型"寒露风天气,出现时间较常年偏早,且持续时间长,部分县(市)秋寒持续时间长达11 d,造成北部地区部分晚稻抽穗开花受阻,部分晚稻出现麻壳、空壳,产量损失较为严重。

(5)防御措施

1)根据晚稻品种的生育期和当地安全齐穗期,确定适宜播种期、插秧期,以避过"寒露风"危害。

2)采种抗寒性强或早熟的晚稻品种,培育壮秧,并加强田间管理,增强稻株抗御低温的能力,减轻或避过"寒露风"危害。

3)寒露风出现时,晚稻采取有效的防寒应急措施。①深灌水,或日排夜灌,冷空气入侵前,水温比气温高,水温降得慢,灌水可保温,使土壤和株间温度相对较高,以减轻寒露风危害;②喷洒化学保温剂,使稻田水面形成薄膜,以防止水分蒸发,达到保温目的。

4)喷施叶面肥和根外追肥,增施磷钾肥,弥补寒露风侵袭后根部吸收养分的不足,使稻株及时得到养分,提高抗寒能力。

2. 台风

(1)危害指标

晚稻生长发育期遇8级以上台风大风,就会造成叶片损伤、植株倒伏;台风暴雨过程,尤其是出现大暴雨以上天气过程,会造成晚稻田受淹或被冲毁。

(2)主要危害

福建晚稻台风危害主要发生在移栽至灌浆期间(7月下旬至10月上旬),台风带来的大风和暴雨,轻则伤害晚稻叶片,影响光合作用,重则造成晚稻受淹、倒伏,甚至绝收。

(3)灾害个例

2005年10月2日,19号台风"龙王"在福建省晋江市围头登陆,登陆时最大风力达12级。受其影响,福建沿海10月1—4日连续4 d出现大风,福州市沿海出现8~12级大风;强降水集中在福州市,特大暴雨中心出现在长乐区、福州市辖区、罗源县和闽侯县等地,大风和暴雨造成福建沿海地区双季晚稻倒伏、稻田被淹,部分绝收。

2010年10月23日,13号超强台风"鲇鱼"在漳浦县六鳌镇沿海再次登陆。该台风是1949年以来登陆福建最晚的台风,也是1949年以来登陆福建强度最强的秋季台风,具有路径曲折、强度强、维持久、雨区集中、风力强等特点。受"鲇鱼"台风影响,福建中南部沿海大部分县(市)出现10级以上强风;23—24日中南部沿海地区出现较大范围的暴雨至大暴雨天气,导致漳州市处于成熟期的晚稻受灾。

2015 年 9 月 29 日,21 号台风"杜鹃"在莆田市秀屿区登陆。受其影响,29 日白天至 30 日上午,中北部沿海出现 10～12 级阵风,沿海地区普降暴雨到大暴雨。台风"杜鹃"带来的大风和暴雨,致使福建中北部地区部分晚稻受淹,植株倒伏,并造成处于抽穗开花期的晚稻遭受"雨洗禾花",晚稻开花授粉和结实受到明显不利影响。

2016 年 9 月 15 日,14 号超强台风"莫兰蒂"在厦门市翔安区登陆。受其影响,9 月 14—15 日福建出现暴雨到大暴雨,局部特大暴雨;沿海各县(市)出现 8 级以上大风,76 个站风力达到 12 级以上;统计 14 日 08 时至 16 日 08 时累计雨量,共有 62 个县(市、区)的 413 个乡(镇)雨量超过 100 mm,22 个县(市、区)的 58 个乡(镇)雨量超过 250 mm,南安、永春和霞浦 3 个县(市)的 6 个乡(镇)雨量超过 400 mm;狂风暴雨给沿海地区,尤其对闽南地区晚稻开花授粉等造成严重影响,并导致部分晚稻田受淹。

(4)防御措施

1)台风来临前,做好稻田水道疏通,暴雨过后及时排涝,防止水淹。

2)台风来临前,抢收已经成熟的晚稻。

3)台风灾后,迅速开展生产自救,及时做好晚稻扶苗洗苗和田间清沟排水,已经被淹死或被不可挽回的晚稻,应及时清理改种或补种。

3. 暴雨洪涝

(1)危害指标

晚稻涝害主要是由台风暴雨引发的,少数由非台风系统引起的持续性强降水过程造成的。通常日降水量超过 100 mm 的大暴雨就会引起晚稻田受淹或被冲毁,暴雨强度越大,过程时间越长,稻田淹水程度与时间就越长,对晚稻危害越严重。

(2)主要危害

暴雨常造成晚稻受淹,晚稻分蘖期受淹,可使主茎穗粒数减少;孕穗期受涝,会使部分稻穗死亡,孕穗期淹没 2 d 以上,晚稻就会出现畸形穗和畸形花;抽穗期受淹,会大幅减少氧气供应,致使晚稻根系早衰,甚至死亡。晚稻受害程度随淹水时间和深度的增加而加重,洪涝严重时甚至冲毁稻田。

(3)灾害个例

2014 年 8 月 8—20 日,福建出现罕见非台风引起的持续性强降水过程,降水持续时间长、影响范围广、局地雨强大,全省共有 18 个县(市)过程雨量≥250 mm,大部分县(市)过程雨量较历史同期偏多 5 成以上,沿海及内陆部分县(市)雨量偏多 2 倍以上,三明市等内陆地区出现洪涝灾害,导致部分晚稻田被淹。

(4)防御措施

1)暴雨来临前,做好稻田水道疏通,检查稻田排水系统,降低稻田水位。

2)暴雨过后,稻田及时排涝,防止水淹。

3)受淹晚稻应及时进行田间排涝和扶苗、洗苗,以减轻灾害造成的损失。

4. 高温

(1)危害指标

晚稻生长发育期出现持续 3 d 以上日最高气温高于 35 ℃的天气,就会造成晚稻生长发育不良。

（2）主要危害

高温对晚稻的影响主要发生在营养生长期，会造成育秧期高温烧苗或营养生长不良；少数年份晚稻生殖生长期也会出现高温危害。

（3）灾害个例

2003 年 6 月 28 日福建省雨季结束后，大部分县（市）出现持续性高温少雨天气，高温时间长、范围大、强度高，全省共有 54 个县（市）极端最高气温超过 38 ℃，其中有 31 个县（市）极端最高气温超过 40 ℃，5 个县极端最高气温达到或超过 42 ℃；高温时间最长的是闽清县，共有 43 d 最高气温超过 38 ℃，其中超过 40 ℃的天数长达 14 d。高温叠加干旱影响，对缺乏灌溉条件的晚稻影响大，导致双季晚稻平均单产比 2002 年下降。

2017 年 10 月 1—3 日，福建出现历史同期少见的高温天气，1—3 日共 34 个县（市）最高气温创当地 10 月历史同期纪录，其中 2 日有 7 个县（市）极端最高气温≥37 ℃。如诏安县 9 月下旬至 10 月上旬出现历史罕见的高温天气，此时正值晚稻抽穗扬花期和灌浆期，高温造成了部分种植区域的晚稻出现白穗、空壳等不结实现象，导致晚稻减产。

（4）防御措施

1）晚稻育秧期，要加强田间水分管理，防止高温积水烧苗，当秧田畦面过干龟裂时，才灌"跑马水"促进齐苗。

2）晚稻生长发育期间，遇高温可对晚稻田实行早晨灌清凉水，白天灌深水，傍晚灌跑马水的方法，以减轻高温影响。

第二节　甘薯

一、概况

甘薯又称番薯、红薯、地瓜等，是我国主要粮食作物之一。福建是我国最早种植甘薯的地区，有着 400 多年的种植历史。甘薯是福建省第 2 大粮食作物，2018 年全省甘薯播种面积 9.6 万 hm²，总产量 55.4 万 t，占福建粮食总产量的 11.1%[1]。

福建甘薯主要有早甘薯和晚甘薯，此外还有少量越冬甘薯，甘薯种植面积从大到小的地市分布顺序是福州市＞泉州市＞宁德市＞三明市＞南平市＞莆田市＞龙岩市＞漳州市＞平潭综合实验区＞厦门市，早甘薯主要分布在福清市以北的沿海丘陵地及内陆地区，晚甘薯主要分布在福清市以南的沿海地区，产量比早薯低些。甘薯播种面积最大的为福清市，2018 年面积达 12.7 万亩，其他依次为莆田市辖区、惠安县、安溪县、永泰县、连城县、建瓯市、平潭综合实验区等。

甘薯栽培种类按季节分有早薯、晚薯、越冬薯，其中晚薯包括花生薯、豆头薯、稻头薯。早甘薯扦插期通常在 4—5 月，春大豆和春花生套插甘薯的扦插期通常在 5 月下旬至 6 月上旬，豆头薯（前作春大豆）扦插期通常在 6 月中下旬，花生薯（前作春花生）和稻头薯（前作早稻）扦插期在 7 月下旬至 8 月上旬，越冬甘薯扦插期在 10 月下旬至 12 月上旬；早甘薯的收获期在 8—11 月，晚甘薯的收获期在 11—12 月，越冬甘薯收获期在次年 4 月。

二、主要气象灾害

(一)干旱

1. 危害指标

甘薯根系发达,较耐旱,但当土壤相对湿度低于 50％时,会影响甘薯发根长苗和茎叶生长。

2. 主要危害

干旱会导致甘薯叶片萎蔫、变黄甚至脱落等状况,最终造成结薯较慢、薯块较小、产量低等不良后果。薯块形成期遇干旱,会造成叶片蒸腾失水,使叶片落黄快,不利光合作用和养分运转,引起脱肥早衰,影响块根膨大速度;此外干旱会造成土壤龟裂,薯块外露,容易引起甘薯象甲虫大量产卵危害。

3. 灾害个例

2003 年 7 月,福建出现晴热少雨的高温干旱天气,对早甘薯生长发育十分不利,干旱造成薯地土壤龟裂,白天高温时段甘薯叶片基本处于萎蔫状态,落黄严重,严重影响甘薯光合作用和养分的运转,植株出现早衰,并影响块根膨大;8 月下旬至 9 月中旬全省又持续温高雨少的天气,入秋以后继续维持温高雨少的天气,土壤水分不足,对甘薯生长发育十分不利,加剧了甘薯叶片落黄,早衰严重,影响了甘薯膨大,部分甘薯植株枯死,导致全省甘薯大幅减产。

2007 年 7 月,福建持续高温晴热天气,降水量显著偏少至异常偏少,较常年同期偏少 7 成左右,其中长乐区、平潭综合实验区、厦门市、晋江市降水偏少 1 倍以上,持续晴热少雨天气导致沿海部分县(市)出现不同程度干旱,对缺乏灌溉条件的早甘薯等生长发育十分不利,导致甘薯发育不良,出现萎蔫、枯萎甚至枯死现象,并影响部分晚甘薯扦插。

2017 年 8 月下旬至 11 月中旬,福建出现持续温高雨少天气,干旱基本覆盖全省范围,13 个县(市)达到气象重旱,2 个县(市)特旱,20 多个县(市)出现农业旱情,厦门市、平潭综合实验区、三明市、龙岩市和南平市等部分乡(镇)供水受到一定程度影响,对甘薯茎叶生长发育和薯块膨大十分不利。

2019 年 7 月中旬至 10 月中旬,福建大部分县(市)出现夏秋冬气象干旱,逾半数县(市)连旱日数超过 46 d,其中惠安县、南平市辖区和松溪县连旱日数超过 100 d,影响甘薯茎叶生长和薯块膨大。

4. 防御措施

(1)晚甘薯栽插期遇夏秋旱,可进行小水浇灌,随灌随排,促进甘薯早发根、早发苗。

(2)薯块形成期遇干旱,应注意加强田间灌溉,一般每隔 10 d 灌水 1 次,直至旱情解除为止,灌水深度为垄高的 1/3。

(二)高温

1. 危害指标

气温超过 35 ℃时,甘薯幼苗期幼芽就会受害,根系生长受到不利影响,生长发育受到抑制,茎叶生长受阻,并影响甘薯光合作用和薯块膨大。

2. 主要危害

高温主要影响早、晚甘薯的茎叶生长和薯块膨大。夏季正值早甘薯薯块膨大期,晚甘薯进入扦插成活期或茎叶生长前期,温度过高对早甘薯光合作用十分不利,高温会导致甘薯叶片气孔关闭,甘薯植株萎蔫,影响光合作用正常进行,进而导致光合产物减少,影响薯块膨大;同时部分晚甘薯处于扦插后的生长前期,高温不利甘薯插后地下部生根和地上部早生快发,而且会导致小象鼻虫危害较重发生;如果持续晴热高温天气,将会出现夏旱,高温干旱的叠加效应会严重影响甘薯生长发育,加剧茎叶早衰,影响甘薯产量。

3. 灾害个例

2013 年福建雨季结束(6 月 14 日)至 7 月底,共出现 5 次高温过程。8 月上旬至 8 月中旬前期,全省大部延续晴热高温天气,其中 8 日福州、三明、南平和宁德 4 市部分和厦门、泉州 2市局部共 27 个县(市)最高气温超过 38 ℃,其中有 10 个县(市)最高气温超过 39 ℃,福州市辖区和福安市两地最高气温突破 40 ℃,以福州最高气温 40.6 ℃为最高,持续晴热高温天气,导致甘薯植株出现萎蔫现象,对茎叶光合生长和薯块膨大不利,并影响部分地区秋甘薯扦插。

4. 防御措施

(1)高温时段,在早、晚时间段进行喷灌等田间灌溉,降低薯地田间温度。

(2)薯地采取中耕松土措施,起到降低土壤温度、保墒等效应。

(3)甘薯追施叶面肥,在清晨或傍晚进行叶面喷施;适量加大兑水量,以增加植株水分,以利降温增湿,同时给叶片提供必需的水分和养分,促进甘薯增强生长势,增强抗高温能力。

(三)洪涝

1. 危害指标

土壤相对湿度≥80%时,薯型变为细长,产量降低。通常日降水量≥100 mm 或连续 2 d以上日降水量≥50 mm,低平田块种植的甘薯会受淹,若薯地积水 2 d 以上,薯块会腐烂发臭。

2. 主要危害

(1)甘薯蔓伸长期如遇涝害,会影响薯苗根系生长和薯蔓旺长。

(2)甘薯结薯后受淹,影响块根呼吸,对产量影响很大,薯块淹 2～3 d 就失去生命力,发生硬心或腐烂;薯块膨大时,虽临时过水,甘薯叶片也会变紫脱落,薯块不能正常发育,淀粉含量低、水分多、味不甜,或烂或有臭味;薯地积水 2 d 以上,薯块会腐烂发臭。

(3)涝害严重时会导致甘薯种植田块受淹、被冲毁甚至绝收。

3. 灾害个例

2006 年 7 月至 8 月上旬,受 0604 号强热带风暴"碧利斯"、0605 号台风"格美"和 0608 号超强台风"桑美"的严重影响,福建沿海部分甘薯受淹或被毁。

2013 年 8 月 22 日,第 12 号台风"潭美"在福清市沿海登陆,登陆时中心附近最大风力 12级,福建中部地区及中北部沿海地区出现暴雨到大暴雨,局部出现特大暴雨,造成部分甘薯受淹。

2015 年 7 月 17—24 日,福建出现持续性强降水过程,全省普降暴雨到大暴雨,局部突发特大暴雨,暴雨过程短时雨强大、极端性强,其中,22 日连城县日雨量达 225.1 mm,刷新本站历史纪录,县城及 7 个乡(镇)大面积进水受淹,局地山洪暴发,导致甘薯严重受淹,部分绝收。

4. 防御措施

(1)做好甘薯园地选择,避免在低洼地带种植,以免经常遭受涝害。

(2)早甘薯扦插期处于福建雨季,薯地容易受淹,要注意做好薯地水道疏通,开沟排水。

(3)强降水天气过程,甘薯田间要迅速清沟排水,做到"雨停田干无积水",避免涝渍影响薯块膨大或造成田间烂薯。

（四）寒冻害

1. 危害指标

寒冻害主要影响福建越冬甘薯。极端最低气温为 2 ℃左右，甘薯茎叶开始受害，薯块也受到影响；当日平均气温≤5 ℃，极端最低气温≤0 ℃时，甘薯茎叶死亡，薯块严重受害。

2. 主要危害

福建越冬甘薯主要分布于中南部沿海地区，寒冻害主要危害该区域的越冬甘薯，造成甘薯茎叶受害，严重时植株死亡。

3. 灾害个例

2010/2011 年冬季福建出现多次寒冻害过程，其中 2010 年 12 月 16—19 日受强冷空气影响，中南部沿海地区部分县（市）的极端最低气温破历史同期极值；2011 年 1 月全省持续低温寡照，南部地区极端低温多在 2～4 ℃，使得福建中南部沿海地区越冬甘薯生长发育缓慢，甘薯茎叶遭受不同程度的寒冻害。

4. 防御措施

(1)因地制宜地选种抗寒力强的甘薯品种。

(2)越冬甘薯力争早植，保证越冬前结有薯块，可提高抗寒能力。

(3)选择背北向南和山坡的东南坡中部种植甘薯，避免在山顶、山谷或背南向北地种植。

(4)霜冻出现前，甘薯采取覆盖地膜、稻草或杂草等应急保温措施。

(5)强冷空气来临前，增施热性磷钾肥，提高甘薯植株抗寒能力。

(6)霜冻出现后，于当天霜溶前淋水洗霜；霜后加强水肥管理，促进甘薯植株恢复生长。

第三节　马铃薯

一、概况

马铃薯俗称土豆、洋芋或山药蛋。福建是中国最早种植马铃薯的省份之一，已有 300 多年栽培历史，属南方春、秋、冬三作区，以冬季种植为主，是南方冬作马铃薯的优势区和主产区。马铃薯是福建省主要粮食作物之一，种植面积仅次于水稻、甘薯，位居第 3 位，2018 年福建省马铃薯种植面积为 4.7 万 hm²，总产量达 19.7 万 t，占全省粮食总产量的 4.0%[1]；马铃薯面积从大到小的排序是宁德市＞福州市＞三明市＞泉州市＞南平市＞龙岩市＞漳州市＞厦门市＞莆田市＞平潭综合实验区，种植面积最大的县（区）是长乐区，其他依次为福安市、安溪县、永泰县、福鼎市等。马铃薯也是福建主要春粮作物之一，福建马铃薯种植地区主要分为两大生态区，一是冬种春收区，主要分布在沿海平原地区，种植面积较大的有福安市、福鼎市、霞浦县、长乐区、永泰县、闽侯县、福清市、翔安区、龙海区等；二是春种春收和春种夏收区，包括宁德市山区县，龙岩市、南平市和三明市，泉州市的德化县、永春县、安溪县等；此外在部分高海拔地区还有少量秋种马铃薯。

福建冬种马铃薯一般 11 月中旬至次年 1 月下旬播种，2 月下旬至 4 月下旬收获，主要分布在沿海的平原地带；春种马铃薯一般在 2 月中旬至 3 月下旬播种，5 月上旬至 7 月上旬前收获，主要分布在闽东、闽北和闽西地区；秋种马铃薯一般在 8 月上旬至 9 月中旬播种，10 月下旬至 11 月下旬收获,主要分布在海拔 500 m 左右的高山地带[4]。种植的马铃薯品种从熟性上分为极早熟、早熟、中熟、中晚熟和晚熟品种,极早熟品种从出苗到成熟的天数在 50～60 d,早熟品种为 61～75 d,中熟品种为 76～90 d,中晚熟品种为 91～115 d,晚熟品种为 116 d 以上。种植的主要品种有紫花 851、兴佳 2 号、中薯 3 号、中薯 20 号、费乌瑞、克新 2 号、克新 4 号等。

二、主要气象灾害

(一)寒冻害

1. 危害指标

日最低气温≤2 ℃时,马铃薯幼苗开始受寒害;花在－0.5 ℃时受冻害,在－1 ℃时致死;茎叶和块茎在 0 ℃以下低温开始受冻,当温度低至－1～－2 ℃时,马铃薯地上部受冻害,－4 ℃时植株死亡,块茎亦受冻害,芽眼死亡。

2. 主要危害

寒冻害主要危害福建冬种和春种的马铃薯。马铃薯遭受寒冻害时,叶片或植株会冻死干枯,花蕊受冻后变黑褐死亡,柱头受冻后向上隆起干缩,花瓣常出现红色或紫红色,停止发育而干枯僵死。

3. 灾害个例

2016 年 1 月 18—27 日,福州市长乐区受强寒潮过程影响,24 日开始温度明显下降,过程降幅达 8～10 ℃,航城镇(本站)自动气象站 25 日最低气温达－1.8 ℃,全区除古槐站点和梅花站点最低气温分别为 0.1 ℃和 0.6 ℃外,其余乡(镇)区域自动气象站测得的最低气温均降至 0 ℃以下,大部分地区出现霜或霜冻,局部地区出现冰冻,此时冬种马铃薯正处于幼苗生长阶段,寒冻害造成马铃薯幼苗出现中度至重度冻害,致使幼苗茎叶枯死、变黑,全区马铃薯种植受灾面积达 4.5 万亩,成灾面积 4.5 万亩,绝收面积 3.0 万亩,减产 5.9 万 t,直接经济损失达 1.2 亿元[5]。

4. 防御措施

(1)根据马铃薯寒冻害危险性区划进行合理布局,规避寒冻害风险。

(2)因地制宜合理安排马铃薯播期,选用抗寒马铃薯品种,推广地膜覆盖栽培技术。

(3)增施有机肥和磷、钾肥,加强根外追施热性肥,防止偏施氮肥,培育壮苗,提高薯苗抗寒力。

(4)霜冻出现前,马铃薯覆盖塑料薄膜、稻草或杂草。小苗可用火烧土覆盖,大苗及时采用农膜或稻草等覆盖茎、叶进行防冻,寒潮结束后及时揭草、揭膜,再用清水泼浇茎叶,防止马铃薯茎叶失水萎蔫。

(5)霜冻出现前,薯地进行灌水保温,灌半沟水,吸湿畦面,次日排水;霜冻出现后,于当天霜溶前进行淋水洗霜,并加强水肥管理以促进植株恢复生长。

(6)霜冻来临前,马铃薯田间提早采取熏烟法或喷叶面保温剂、抗霜剂进行防寒防冻。

(二)干旱

1. 危害指标

马铃薯幼苗期土壤相对湿度低于 40%,茎叶生长不良;发芽期和茎叶生长阶段土壤相对湿度低于 50%,影响马铃薯出苗和茎叶生长发育;开花及块茎形成期土壤相对湿度低于 60%,

影响马铃薯生殖生长;成熟期土壤相对湿度低于 50%,影响马铃薯产量和品质。

2. 主要危害

马铃薯发芽期干旱,会导致种薯不能出苗,甚至造成薯块干瘪、死种或烂种;幼苗期干旱,会造成幼苗根系发育不良甚至死亡;茎叶生长发育阶段干旱,会造成马铃薯生长缓慢,叶片不能充分展开,叶片发黄、甚至萎蔫干枯;开花期干旱,会造成马铃薯花蕾脱落;块茎膨大及成熟期干旱,会影响马铃薯块茎膨大,造成薯块小或畸形,导致产量降低和品质下降。

3. 灾害个例

2011 年 2 月下旬至 4 月下旬,福建降水持续偏少,大部分县(市)出现不同程度的气象干旱,截至 4 月 15 日大部分县(市)出现重旱至特旱,至 4 月 30 日,沿海旱情减轻,中部内陆县(市)旱情发展,特旱区主要集中在三明市大部和南平市南部,造成部分马铃薯受旱。

2015 年 2 月上旬至 4 月上旬,福建中南部地区干旱持续发展,部分县(市)连旱日数超过 70 d,出现重至特旱,对缺乏灌溉条件的冬种和春种马铃薯产生不同程度的危害。

2018 年 3 月下旬至 8 月下旬,福建出现春夏连旱,干旱强度位列历史第 3,有 61 个县(市)达到气象重旱以上,其中 49 个县(市)达气象特旱。严重干旱时段主要发生在春季,导致南部沿海和内陆地区的春种马铃薯受灾。

4. 防御措施

(1)马铃薯出苗前若遇干旱,应灌一次全沟"跑马水"以湿润土壤;出苗后若遇干旱,则只需灌半沟"跑马水"即可。

(2)马铃薯田间实行间歇性沟灌,吸湿后排干,保持土壤湿润状态,见白再灌。

(3)马铃薯田间采用稻草或地膜覆盖进行保墒。

(4)马铃薯田间采用深耕、细耙等整地措施进行保墒。

(三)连阴雨

1. 危害指标

马铃薯结薯后期积水超过 24 h,会造成烂薯;空气湿度过大,容易引起马铃薯晚疫病暴发流行;阴雨寡照下,若光照时间持续每天少于 4 h,马铃薯的出芽、根茎等生长发育都会受到影响。

2. 主要危害

低温连阴雨会影响马铃薯光合生长,造成发育放缓,植株长势不良;生育后期若遇连阴雨,出现田间积水,会造成土壤透气不良,对马铃薯块茎膨大不利;同时容易引起马铃薯晚疫病等病害发生蔓延,造成烂薯,影响马铃薯产量和品质。

3. 灾害个例

2011 年 3 月,福建大部县(市)气温偏低,尤其是中北部地区出现多时段日平均气温≤12 ℃的低温阴雨过程,其中 3 月 1—13 日,中北部大部分县(市)出现 3 d 以上持续低温阴雨天气,部分县(市)持续 8~13 d;3 月 15—19 日南平市、三明市、宁德市和龙岩市北部的部分县(市)再次出现连续 4~5 d 低温阴雨天气,对马铃薯生长发育不利,生长速度缓慢;同时造成部分闽西北山区和闽东地区春种马铃薯播种进度推迟。

4. 防御措施

(1)采取高畦栽培马铃薯,留好排水沟。

(2)多雨时段,马铃薯田间要及时排水防渍,避免田间积水引发病害。

（3）马铃薯应避免在低洼地带种植，以防田间渍水。

（4）马铃薯结薯后期，遇强降水应及时清沟排水，防止烂茎、烂薯。

（5）推广种植抗病高产的马铃薯良种。

（6）注意检查马铃薯晚疫病等病害的发生情况，及时喷药防治。

第四章　经济作物主要气象灾害及其防御

第一节　茶叶

一、概况

福建是我国最古老的茶区，为乌龙茶、红茶、白茶和花茶的发源地，也是我国的茶叶主产区，2007 年以来一直为中国第一产茶省，年产量、生产茶类和产品花色品种均居全国首位，在中国乃至世界产茶史上具有重要地位。福建是茶之乡、茶之祖、茶之源、茶之韵。茶叶是福建省分布最广的经济作物，全省除偏远岛屿外几乎"县县有茶"，2018 年福建茶叶种植面积达 21.1 万 hm²，总产量达到 41.8 万 t，其中乌龙茶 21.6 万 t，占 51.6％，绿茶 12.6 万 t，占 30.2％，红茶 4.9 万 t，占 11.7％，白茶 2.6 万 t，占 6.2％。茶叶比较效益高，现已成为福建现代农业的支柱产业，并已形成闽南乌龙茶优势产区、闽北乌龙茶优势产区、闽东绿茶（花茶）优势产区、闽西北多茶区。

福建南北地域有别，地形地貌复杂多样，水热时空差异较大，因此，茶叶种植品种也因地而异。福建东南沿海地区，属南亚热带季风气候区，冬温高，茶树萌芽时间长，适宜种植八仙茶、佛手、丹桂、黄观音等高产优质的茶树良种，其中闽东南海拔高度 500 m 以下的丘陵地，适宜种植以产量和质量均较高的毛蟹、本山、白芽奇兰、黄旦等良种；海拔高度 500～800 m 的低山地，以种植铁观音、黄旦和水仙、本山等品种为主；海拔高度 800 m 以上的中山区，适宜种植抗寒能力较强的黄旦等品种。北部地区属中亚热带季风气候区，冬温较低，但降水量较大，适宜种植水仙、肉桂、九龙袍、春兰等优质抗寒的茶树品种。

在茶树品种方面，各茶区栽培品种 100 多个，其中栽培面积居前 10 位的茶树品种依次是：福云六号、福鼎大毫、铁观音、水仙、福鼎大白茶、毛蟹、福安大白茶、奇兰、黄金桂、肉桂。福建茶树主栽品种以大叶种、中叶种为主，小叶种栽培面积较少。全省大叶种和中小叶种种植面积的比例大致为 3：7，其中闽北茶区大叶种和中小叶种比例约为 4：6；闽南茶区中小叶种占比几乎为 100％；闽东茶区大叶种和中小叶种比例约为 6：4。

福建省多山地丘陵，山区气候湿润多雾，适宜茶树生长，因此，全省大多数县、市、区均有茶树分布。但是，不同地区种茶的历史、地貌、气候、土壤等因素不同，茶树的品种、茶叶的质量相差悬殊，最主要的有：①乌龙茶，以铁观音最著名，分布在安溪、长泰、南安、永春、华安、平和、仙游、莆田等南部地区，以闽南地区为主；②绿毛茶，主要分布在闽东地区，有福鼎大白茶、福鼎大毫茶、福安大白茶、政和大白茶等；③闽北武夷山一带的岩茶，最著名的为武夷大红袍、肉桂等。

二、主要气象灾害

(一)寒冻害

1. 危害指标

(1)越冬期冻害

茶树树体本身通常能承受的最低温度为-6~-18 ℃。灌木型品种相对较为耐寒,小叶种茶树最耐寒,在-10 ℃时才开始受冻,-12~-13 ℃时,嫩梢、芽叶受冻较重,叶缘发红变枯,使春茶减产,-15 ℃以下的低温,将使地上部大部分或全部冻枯;乔木型品种较为不耐寒,一般只忍耐-5 ℃左右,部分大叶种茶树在气温低于0 ℃时即受冻害,-2 ℃时,芽叶冻害明显,-5 ℃以下时,将受冻枯死。据研究,福建大部分茶树种质(品系)属同一个抗寒类型,树体能忍受的临界极端低温值为-9 ℃,其越冬期冻害等级见表4.1。

表 4.1　茶叶越冬期(12 月上旬至次年 2 月上旬)冻害等级指标　　　　单位:℃

冻害等级	轻度	中度	重度	严重
极端最低气温(T_d)	$-5<T_d\leqslant0$	$-8<T_d\leqslant-5$	$-10<T_d\leqslant-8$	$T_d\leqslant-10$

(2)萌芽—展叶期寒冻害

春季气温回升后,茶树幼嫩芽叶开始萌发生长,组织器官处于活动状态,抗冻能力降低,如果遇到0 ℃以下的低温,幼嫩芽叶将严重冻伤而失去价值,往往带来春季名优茶的重大经济损失。春季气温回升茶芽萌动之后,若气温急剧下降到2~4 ℃时,茶芽即遭受霜冻害,如气温降到-2 ℃时,花芽就不能开放,降到-4~-5 ℃时,茶芽将因冻害而大部分死亡。萌芽期遇-3 ℃以下低温,展叶期遇-2 ℃以下低温,1 芽 2 叶期遇 0 ℃以下低温,均会使茶叶幼嫩器官冻死。

以 2 月中旬至 4 月中旬极端最低气温作为茶树萌芽—展叶期冻害的表征指标,其不同强度等级的寒冻害危险性指标见表4.2。

表 4.2　茶叶萌芽—展叶期(2 月中旬至 4 月中旬)寒冻害等级指标　　　　单位:℃

寒冻害等级	轻度	中度	重度	严重
极端最低气温(T_d)	$2<T_d\leqslant4$	$0<T_d\leqslant2$	$-2<T_d\leqslant0$	$T_d\leqslant-2$

2. 主要危害

茶树越冬期冻害开始时会造成部分茶树叶片和顶芽出现水渍状,进而顶芽和叶片逐渐变为褐色,并失水蜷缩,继而出现脱落,枝梢脱水枯萎,重者整株茶树死亡。

茶树萌芽—展叶期寒冻害对当年春茶的产量和品质影响大。茶树萌芽—展叶期寒冻害主要是晚霜冻,此时大地回春,茶芽开始萌发,有的早发芽品种已长至 1 芽 1 叶,若遇晚霜危害,轻则造成芽叶焦灼,产生"麻点"现象,重则造成成片已发萌芽叶焦枯,严重影响茶叶产量和质量。

3. 灾害个例

(1)越冬期冻害

1999 年 12 月 23 日,泰宁县极端最低气温达-8.7 ℃,在-3~-7 ℃持续时间有 1 周,有霜期长达半个月之久,造成茶树难以抵抗长时间低温而受冻,尤其是福云系茶树品种停采期迟(10 月中旬停采),新梢组织叶片幼嫩,树龄小的冻害程度达 1~2 级,树龄大的冻害程度达 3~

4 级。1999 年 12 月 21—26 日,漳州市发生了大范围的降温天气(最低气温达 0.7 ℃),连续 6 d 出现结冰和霜冻,大幅度的降温对茶树生长造成很大伤害,导致茶树叶片干缩凋落甚至冻亡,严重影响茶叶产量和茶树生长。

2016 年 1 月 22—26 日,受强寒潮袭击,屏南县气温骤降,连续 3 d 极端最低气温低于 −6 ℃,其中 25 日屏南县城关极端最低气温达 −10.7 ℃,路下乡最低气温达 −12.7 ℃;且低于 0 ℃的低温持续时间长达 43 h,导致幼龄茶树茎基部表皮爆裂,茎叶枯死;成年茶树萎凋、失色、青枯,数日后枯红、落叶,树冠表面枝梢从上向下枯死,有的甚至全株枯死,多数茶树茎部皮层冻裂,越冬顶芽和侧芽冻枯,母叶脱落,对茶树生长造成了极重危害,全县 3 万亩茶园几乎全部受冻,其中重灾茶园面积 2.6 万亩,损失严重[6]。

(2)萌芽—展叶期寒冻害

2005 年 2 月 26 日至 3 月 7 日,福鼎市连续 10 d 日平均气温≤10 ℃,3 月 12—14 日又出现寒潮天气,降温幅度达 8.1 ℃,极端最低气温达 −0.1 ℃,受其影响,福鼎市春茶单产量只有 795 kg/hm²,较 2004 年同期产量下降近 265 kg/hm²。

2005 年 2 月中旬,沙县区气温比常年明显偏高,导致茶芽提早萌动,3 月气温又比常年明显偏低,3 月最低气温降至 −4.2 ℃,这种前高后低的气温异常气候,加重了茶叶冻害的危害程度,全县近 6000 亩明前茶主栽品种(特早芽品种:福云 6 号、福云 7 号、福鼎大毫等)均遭受了严重冻害,据统计,当季茶(明前茶)产量不及上年同期 30%,其他早芽品种也受到不同程度的冻害,冻害同时造成茶叶品质明显下降。

2010 年 3 月 7—11 日,受强冷空气影响,福建省茶园遭受前所未有的晚霜冻危害,全省超过 6 万 hm² 的茶园遭受不同程度冻害,受冻最为严重的是闽东、闽北和闽西茶区,其中高海拔茶园受冻严重,直接影响春茶产量、品质和茶农收入。全省茶园受灾面积超过 100 万亩,受害茶树品种主要是福云 6 号、福鼎大毫茶、金观音、黄观音和黄旦等一些早芽品种,尤其是高海拔茶区受灾严重,损失大。3 月 9—11 日屏南县、周宁县和寿宁县等地的最低温度达 −3~ −5 ℃,此时茶树早芽品种已长至 1 芽 2 叶、3 叶,正值采摘时期,茶树受冻后,芽叶出现干枯、坏死等不同程度的受害症状;高海拔地区的茶树早芽品种如福云 6 号、金观音等几乎无春茶可采。据龙岩市农业部门统计,全市茶园总面积 20.5 万亩,受冻害面积达 15 万亩,直接导致春茶减产 2000 t,直接经济损失达 2.4 亿元;福安市茶园不同程度受冻害影响,春茶嫩梢普遍受冻,尤其是中高海拔茶区第一轮春茶几乎绝收,经济损失惨重;宁德市茶园受灾面积比例达 50%以上,其中寿宁、周宁、屏南 3 个区(县)茶树受灾面积比例高达 70%以上,最严重的是屏南县,春茶几乎绝收;安溪县 206 hm² 的高山茶受灾严重,全县茶园都受到不同程度影响[7]。

2015 年 4 月 14—15 日,福建西部和北部的大部分县(市)出现大幅降温,最低气温过程最大降幅超过 7 ℃,极端最低气温低至 2.4 ℃,高海拔地区出现有气象记录以来的最晚霜冻,此时正值福建中晚熟茶树品种展叶和采摘期,晚霜冻导致部分茶叶受灾甚至绝收,茶园普遍减产,如安溪县祥华乡茶叶遭受严重晚霜冻,80%的茶青受冻致死。

2018 年 4 月 6—9 日,福建 14 个县(市)出现晚霜冻,内陆县(市)过程极低气温达 0~4 ℃,其中光泽县和明溪县最低气温分别达 0.3 ℃和 1.1 ℃,刷新和追平当地 4 月同期低温纪录,晚霜冻导致南平市、宁德市、三明市和泉州市等地春茶遭受较严重寒冻害。

4. 防御措施

(1)根据茶叶气候适宜性区划和寒冻害危险性区划,选择茶叶适宜区种植,规避寒冻害危险。

（2）因地制宜选择不同抗寒性的茶叶品种种植。

（3）在茶园北面或四周营造防护林带，以降低北方冷空气南下影响，阻止寒流袭击，增加茶园空气温度和湿度，减轻寒冻害威胁。

（4）寒冻害来临前，在茶园行间铺草，用稻草、干草、塑料薄膜、遮阳网等进行茶树蓬面覆盖，以提高夜间地面温度，避免冰冻霜不直接接触茶树，以有效预防寒冻害，寒流过后，及时将覆盖物揭开。

（5）霜冻临发生前，在茶园用干草、谷糠等进行熏烟，形成的烟雾能释放热量，并防止热量扩散，以提高茶园温度，避免或减轻茶树寒冻害。

（6）寒冻害来临前，采取茶园灌水或通过喷灌系统向茶树树冠进行喷水，增加茶园空气湿度，使茶树树体保持 0 ℃以上温度来防寒防冻。

（7）茶树冻后，根据不同冻害程度进行台割、整枝修剪，并及时浅耕施肥，追施速效氮肥，适当配施磷钾肥等应急救灾措施，以增强树势，促进茶芽重新萌发和新梢生长发育。

（二）采摘期连阴雨

1. 危害指标

福建采摘的茶叶以春茶和秋茶为主。春茶当中，红、白、绿茶的采摘时间主要集中在 3 月中旬至 4 月下旬，而乌龙茶采摘时间主要集中在 4 月下旬至 5 月中旬；春茶采摘期正值福建省春雨季和雨季前期，连续降水会严重影响春茶采摘，导致产量和质量下降。秋茶采摘时间主要集中在 9 月中旬至 10 月中旬，秋茶采摘期正值冷空气南下，秋雨开始来临的时期，持续降水影响茶叶采摘和品质。

以 3 月中旬至 5 月中旬和 9 月中旬至 10 月中旬的日降水量≥2 mm 的连阴雨日数作为春茶和秋茶采摘期连阴雨灾害的表征指标，不同等级连阴雨灾害的危险性指标见表 4.3。

表 4.3 春茶和秋茶采摘期连阴雨灾害等级指标   单位：d

连阴雨灾害等级	轻度	中度	重度	严重
持续阴雨日数（D_r）	$3 \leqslant D_r \leqslant 4$	$5 \leqslant D_r \leqslant 6$	$7 \leqslant D_r \leqslant 8$	$D_r \geqslant 9$

2. 主要危害

采茶季节持续降水，鲜叶含水量大；空气湿度太大，鲜叶水分散失和转化困难，致使鲜叶做青时"走水消青"困难，鲜叶内含物质不能正常转化，无法形成优质茶所需要的品质成分。另据研究发现，连阴雨天气所采摘的鲜叶中，绿原酸含量明显提高，鲜叶品质变劣，是制茶香气不佳的主要原因。

3. 灾害个例

2006 年 4 月 23—29 日和 5 月 21—31 日，安溪县出现持续降水，使乌龙茶早生品种包括黄旦、部分毛蟹和本山品种无法采摘，及时采摘下来也因无法做青，使得茶叶品质受到严重影响，茶叶产量和品质均下降。

2011 年 4 月 30 日至 5 月 7 日及 5 月 12—16 日，全省大部分地区出现持续降水，导致茶叶采摘量严重下降，主要原因是下雨无法采摘，或者雨青制作出来的茶叶质量差、价格低，茶农不愿意冒雨采摘，等天晴后，鲜叶采摘期已过，给乌龙茶产业造成重大损失，其中安溪县茶叶实际采摘量平均减少 30%～35%，春茶总产值只有 2010 年春茶总产值的 35%，产值损失超过 10 亿元[8]。

4. 防御措施

(1)及时收听天气预报,避开茶叶采摘期连阴雨时段,抓住晴好天气时段及时采摘茶青。

(2)对已开采的茶园,可利用阴天或雨歇时段加快采摘,采摘后鲜叶摊晾时间适当延长,加工时提高杀青温度,以确保茶叶品质。

(3)茶园做好清沟排水,避免连阴雨造成渍水。

(三)夏秋旱

1. 危害指标

茶树干旱灾害主要发生在夏秋季,而茶叶主要生长期在 3—10 月,7—10 月干旱是福建茶树旱害的主要影响时段,当空气相对湿度<50%时,茶叶新梢生长受抑制,低于 40%时对茶树生长发育有害。夏秋干旱影响着秋茶生长发育,以 7—10 月日降水量<2 mm 的持续无效降水天数作为夏秋旱的表征指标,其不同等级的夏秋旱危险性等级指标见表 4.4。

表 4.4　茶叶夏秋(7—10 月)旱等级指标　　　　　　　　　　　单位:d

夏秋旱等级	轻度	中度	重度	严重
持续无效降水天数(D_d)	$16 \leqslant D_d \leqslant 20$	$21 \leqslant D_d \leqslant 25$	$26 \leqslant D_d \leqslant 30$	$D_d \geqslant 31$

2. 主要危害

干旱是影响茶叶生产的主要气象灾害之一,热旱常造成茶叶减产。受旱害的成年茶树生长滞缓,芽叶萎缩,老叶萎蔫逐渐变成黄绿色或褐红色,严重者干焦脱落。受干旱危害的成年茶园茶树发芽期推迟,发芽率降低,芽叶瘦弱、嫩度差、苦味重,茶叶品质和产量都会下降。幼年茶树根系欠发达、分布较浅,抗旱能力更差,受旱茶树往往表现出叶片萎蔫、芽叶枯萎脱落,甚至整株茶树逐渐干枯死亡,特别对新植 1~2 年的幼龄茶树成活容易造成威胁。夏秋旱不仅影响当年秋茶产量和品质,也会影响次年春茶的生长发育。

3. 灾害个例

2003 年夏秋季,福建遭遇高温干旱天气,旱害和热害相伴发生,茶树同时遭受缺水和高温而产生危害,旱热害的叠加效应给茶叶生产造成了严重危害。建瓯市无雨干旱持续时间长达 37 d,且 35 ℃以上高温天气达 28 d,高温干旱给茶树正常生长带来了严重的负面影响,据调查统计,茶园受灾面积 9.5 万亩,成灾面积 3.5 万亩,茶叶减产 550 t,与上年同期相比,全市茶叶产量减少 30.5%,造成茶叶严重经济损失。松溪县夏季绝大部分天数平均气温在 28 ℃以上,其中 7 月 15 日最高气温达 40.2 ℃;6 月 29 日以来的整整 1 个月时间里,全县境内绝大多数地区滴雨未下,全县茶园旱热灾害严重,导致茶园土壤干裂,茶树叶片大面积枯焦,新植茶苗枯死,茶叶产量损失严重,根据 8 月初在荣山实地调查显示,大部分茶树叶片枯萎,秋茶几乎绝收,幼龄茶园死苗严重。2003 年 6 月下旬至 8 月初安溪县的高温干旱天气,使得秋茶遭受巨大损失,造成 90%的茶园受灾,经济损失达上亿元。

4. 防御措施

(1)茶园建立灌溉系统,以喷灌系统最好。

(2)选种耐旱性较强的茶树品种。

(3)干旱时茶园应及时进行喷灌,提高茶园土壤和空气湿度,避免或减轻茶树旱害。

(4)茶树行间覆盖稻草、落叶等,以减少茶园土壤水分蒸发。

(5)茶园进行培土,改善茶树生长环境,缓解旱情。

(6)茶园喷施叶面肥,促进茶树根系生长,提高茶树抗旱力。

(7)茶树干旱灾后,可进行修剪,剪除焦枯枝条,并施肥促进树势恢复。

(四)高温

1. 危害指标

福建高温主要出现在7—9月,气温达35 ℃以上时,茶树新梢生长速度减慢,持续35 ℃以上高温,便会灼伤茶树枝叶,影响夏秋茶产量和品质,茶树生存临界最高气温为45 ℃。

以夏季(7—9月)极端最高气温大于35 ℃持续日数作为高温热害表征指标,不同等级的茶树高温热害危险性指标见表4.5。

表 4.5 茶树高温热害(7—9月)等级指标　　　　单位:d

高温热害等级	轻度	中度	重度	严重
持续高温日数(D_h)	$10 \leqslant D_h \leqslant 15$	$16 \leqslant D_h \leqslant 20$	$21 \leqslant D_h \leqslant 25$	$D_h \geqslant 26$

2. 主要危害

茶树热害是指在长期高温、干燥的气候条件下,造成茶叶减产,茶树生长受阻或植株死亡的气象灾害。茶树能承受的极端高温为35~40 ℃,高温对茶树生长发育不利,当日平均气温上升到30 ℃以上(或日最高气温超过35 ℃)时,相对湿度在60%以下,茶树芽、叶生长受到抑制,如果高温持续10 d以上,茶树将遭受不同程度热害,出现叶片脱落,最高气温达40 ℃以上时,部分茶树会出现叶片灼伤和嫩梢萎蔫,甚至焦黄枯死,茶叶质量和产量明显下降。

3. 灾害个例

2007年7月,安溪县出现持续高温天气,影响暑茶和夏茶的质量,对秋茶产量也造成一定影响,全年因高温不良天气造成的茶叶损失近亿元。

2019年8月,福建出现高温天气过程,8月8—15日有47个县(市)日最高气温≥37 ℃,8月26—29日共有50个县(市)日最高气温≥37 ℃;高温伴随少雨,全省大部分地区出现较严重旱热害,导致秋茶产量下降,并影响次年春茶产量。

4. 防御措施

(1)高温季节,茶园可进行喷灌,降低茶园空气和叶面温度,减轻高温危害。

(2)茶园进行行间中耕松土,减少土壤水分蒸发,同时利用杂草等覆盖园地,提高茶园土壤保水能力,减轻高温影响。

(3)小面积茶园可采用遮阳网遮阳,以避免阳光直射,减轻高温伤害。

(4)对于受高温灼伤的茶树芽、梢,可对受伤部分进行适度修剪,以促进下一轮茶叶生长。

第二节　蔬菜

一、概况

蔬菜是福建最重要的经济作物之一,福建蔬菜生产有3大优势产区,即温室大棚生产优势区、出口蔬菜生产优势区以及山区反季节生产优势区,具有明显的季节和区位优势。首先是近年来福建大力发展大棚蔬菜,设施蔬菜规模不断扩大,逐渐向区域化、规模化方向发展,设施蔬菜主要分布在长乐区以南沿海低平地区,具有明显的气候优势,主栽的蔬菜种类有茄果类、瓜类和叶菜类,补充了冬春季国内其他地区的蔬菜市场供应,市场销售价好,经济效益明显,具有显著的区位优势;其次是利用福建独特地理条件,即充分利用高山区冷凉气候条件,大力发展夏季反季节蔬菜,建立中高海拔蔬菜生产基地,福建夏季蔬菜生产优势区主要分布在鹫峰山脉、戴云山脉、武夷山脉和玳瑁山等海拔高度 600 m 以上的山区;此外,福建也是中国蔬菜出口的大省之一,出口蔬菜生产优势区主要分布在福州市以南沿海低海拔平原和盆地,蔬菜是继海产品之后的第 2 大出口农产品[9-10]。

福建蔬菜种类众多,种植面积大,2018 年全省蔬菜播种面积达 55.8 万 hm²,总产量达到 1366.7 万 t,其中叶菜类 210.7 万 t,白菜类 197.2 万 t,瓜类 129.1 万 t,甘蓝类 62.6 万 t,根茎类 265.1 万 t,茄果类 151.3 万 t,葱蒜类 73.6 万 t,菜用豆类 67.9 万 t,水生菜类 23.4 万 t,其他蔬菜 185.5 万 t,种植面积较大的种类主要有根茎类、叶菜类、白菜类、甘蓝类、茄果类和瓜类等。

福建冬季(12 月至次年 2 月)露地蔬菜主要种植耐寒类和半耐寒类蔬菜,如菠菜、芥菜、春菜、萝卜、豌豆以及葱蒜类等;春季(3—5 月)主要种植喜温类蔬菜如瓜豆类、茄果类、叶菜类;夏季(7—9 月)低平地区主要种植耐热叶菜类蔬菜、根茎类蔬菜以及十字花科蔬菜,高山地区主要种植茄果类和十字花科的反季节蔬菜;秋季(10—11 月)主要种植十字花科蔬菜以及半耐寒类根茎类蔬菜为主。从蔬菜上市量来看,12 月至次年 3 月由于秋播的蔬菜大量上市,是蔬菜供应的旺季;3 月下旬至 5 月中旬由于受春季低温阴雨的影响,是春季蔬菜市场供应的淡季(春淡);6 月受前汛期及蔬菜转季的影响,蔬菜上市量会减少,有的年份会出现"六月缺"现象;7 月由于春播的瓜豆类等喜温类蔬菜大量上市,是蔬菜供应的旺季;8—11 月由于夏季高温影响,加上瓜豆类上市近尾声,秋播蔬菜尚未大量上市,是夏秋季蔬菜市场供应的淡季(秋淡)。温室大棚反季节蔬菜主要在秋冬季播种,主要种植茄果类、瓜类和叶菜类等喜温类蔬菜,在冬春季上市。

二、主要气象灾害

(一)寒冻害

1. 危害指标

不同蔬菜种类和品种的寒冻害临界温度指标不同,耐寒类的多年生宿根蔬菜如金针菜、芦笋、韭菜、茭白等,到冬季地上部枯死,以地下宿根越冬,能耐−10 ℃以下的低温;耐寒类蔬菜如菠菜、大蒜、大葱、白菜类的部分耐寒品种能耐−1～−2 ℃的低温,短期能耐−5～−10 ℃的低温;半耐寒类蔬菜如萝卜、胡萝卜、芹菜、莴苣、豌豆、蚕豆及甘蓝类、白菜类蔬菜不耐−1～−2 ℃的低温;喜温类蔬菜如番茄、茄子、甜椒、黄瓜、菜豆等遇到 5 ℃以下的低温就会遭受寒冻害。

2. 主要危害

冬季露地越冬栽培的蔬菜一般都是耐寒类或半耐寒类蔬菜,抗低温能力较强;而采用温室大棚种植的越冬喜温类蔬菜由于抗低温能力较弱,更容易发生越冬寒冻害。蔬菜寒冻害程度取决于环境气象条件和植株的抗寒力,低温强度越强、持续时间越长,寒冻害越严重;而蔬菜抗寒力强弱取决于品种的抗性、还与苗龄和苗的壮弱、植株养分状况有关;寒冻害严重时,蔬菜植株生长点或心叶呈水浸状溃疡或变色干枯、顶芽冻死,受冻叶片发黄或发白,甚至干枯,根系生长停止,逐渐变黄甚至死亡。

蔬菜叶片遭受寒冻害,其症状表现为叶边缘失绿,光合作用减弱、脱水萎蔫、逐渐干枯;根系受害后根系停止生长,不能长出新根,老根发黄,造成沤根;生长点受冻后会造成生长停滞,甚至死亡。蔬菜开花期遇低温霜冻会影响授粉受精,造成落花、落果、畸形,甚至整株死亡。

3. 灾害个例

2005年1月1—2日,受强冷空气南下影响,福建各地出现强降温天气,大部分县(市)过程极端最低气温在0℃以下,寿宁县最低达−8.7℃,蔬菜遭受严重冻害,据不完全统计,全省蔬菜受冻面积达6.2 hm²。

2016年1月22—26日,福建遭受强寒潮袭击,出现大范围低温雨(雪)天气,过程极端最低气温达−10.7℃(屏南)~2.5℃(东山),此次寒潮天气过程强度强、范围广、时间长,致使塑料大棚种植的番茄、茄子、甜椒和黄瓜等喜温类蔬菜受冻严重,如泉州市番茄、辣椒受灾面积达2万亩,受冻害比例超过90%。

2018年1月28日至2月8日,福建出现长时间低温过程,2月6日全省有46个县(市)日最低气温≤0℃,其中11个县(市)日最低气温≤−5.0℃,导致中北部地区的温室大棚种植的番茄、茄子等喜温类蔬菜遭受较严重冻害。

2020年12月31日至2021年1月14日,福建遭受强寒潮袭击,全省极端最低气温为−9.3~6.3℃,除中南部沿海县(市)外,其余地(市)极端低温均在0℃以下,且低温持续时间长,给中北部及西部地区温室大棚种植的番茄等喜温类作物造成寒冻害;闽清县榕供闽天下农业专业合作社塑料大棚外的区域站最低气温达−2.3℃,大棚种植的番茄遭受冻害,棚内边缘地带的番茄叶片枯黄,受害面积达70%。

4. 防御措施

(1)露地蔬菜。①选择适宜品种。根据当地冬季的热量条件和极端低温分布情况,因地制宜地选择适宜当地种植的耐寒类或半耐寒类蔬菜品种,规避越冬期冻害。②合理安排安全定植期。根据蔬菜不同的种类及品种确定相应的安全定植期。③风障保护。选择背风向阳的避冻地形,营造防风林和风障,减轻寒冻害影响。④灾前预防。寒冻害来临前,提早采取蔬菜浮面覆盖稻草等保温措施,减轻寒冻害。⑤减少氮肥用量。切忌偏施氮肥,以免蔬菜植株徒长,致使抗寒力降低。⑥冻后及时补救。冻后及时清除死病苗,剪除蔬菜植株死亡组织,追施速效肥料,促进蔬菜发根和侧芽生长,避免其他植株感染而导致病害发生蔓延。

(2)大棚蔬菜。①灾前预防。蔬菜大棚采用草帘、无纺布或多层薄膜覆盖等保温措施,有条件的可采用电热线、电炉加温等措施进行大棚保温防冻。②抗寒锻炼。通过低温锻炼提高蔬菜的抗寒能力。③冻后大棚管理。大棚蔬菜受冻后,不能立即闭棚升温,应放风降温,以使棚内温度缓慢上升,让受冻蔬菜组织逐步吸收因受冻而失去的水分,避免温度急剧上升使受冻蔬菜组织坏死。④冻后补救。受冻的蔬菜茎叶和果实要及时剪除并清出棚室,以免组织霉变诱发病害;及时喷洒一些保护剂和杀虫杀菌剂,并结合追肥、松土等田间管理,促进蔬菜恢复生长。

(二)高温

1. 危害指标

不同蔬菜种类、同一种类不同生长发育期的蔬菜高温危害指标均不同。耐寒和半耐寒类蔬菜当最高气温超过30℃,喜温类蔬菜如番茄、茄子、青椒、黄瓜等生长期间最高气温超过35℃,就会造成叶片停止生长,光合作用减弱,花器发育受阻,落花落果或果实畸形等;而耐热类蔬菜如丝瓜、南瓜、苦瓜等可忍受40℃以上高温。

2. 主要危害

夏季高温会加剧植株蒸腾,造成蔬菜失水萎蔫,影响生长发育和光合作用,是造成福建蔬菜淡季的主要原因。多数蔬菜不耐高温,如 40 ℃以上,番茄大量落花,30 ℃以上菜豆授粉比率大大降低,35 ℃以上黄瓜出现负增长(呼吸消耗大于光合,重量不增反减),土壤温度 25 ℃以上时,黄瓜根系容易衰老。

3. 灾害个例

2003 年 7—9 月,福建出现全省性晴热高温天气,共有 54 个县(市)极端最高气温超过 38 ℃,其中有 31 个县(市)极端最高气温超过 40 ℃,5 个县极端最高气温达到或超过 42 ℃,持续高温伴随着干旱,给蔬菜生产造成严重危害,部分低海拔地区的蔬菜基地由于小型水库干枯而无水灌溉,高山反季节蔬菜基地因严重缺水导致部分蔬菜萎蔫、枯死,加剧了蔬菜供应"秋淡",蔬菜市场出现量少价升的现象。

4. 防御措施

(1)夏季低海拔地区,蔬菜采用遮阳网等保护地栽培,遮阳降温。

(2)高温季节,在早晚时段进行菜园田间灌溉,减轻高温影响。

(3)菜园进行中耕松土,减少土壤水分蒸发。

(4)高温季节,播种短期耐热叶类菜如空心菜、木耳菜等。

(5)利用山区冷凉气候,发展高山反季节蔬菜。

(三)干旱

1. 危害指标

通常持续 1 个月以上无有效降水,土壤相对湿度低于 50%,就会影响蔬菜生长发育,出现不同程度的蔬菜干旱危害,土壤相对湿度低于 40%,会造成蔬菜萎蔫、叶片干枯、果实脱落等危害,严重时造成蔬菜缺水死亡。

2. 主要危害

干旱会影响蔬菜播种出苗,造成出苗困难;会影响蔬菜生长发育,造成蔬菜生长缓慢,发育不良,甚至造成蔬菜植株萎蔫、干枯和绝收,导致蔬菜产量和品质下降。

3. 灾害个例

2003 年 7—9 月,全省出现高温干旱天气,对蔬菜生产十分不利,部分低平地区蔬菜基地由于小型水库干枯而无水灌溉,部分菜田龟裂,严重影响蔬菜生产;高山反季节蔬菜基地因严重缺水,导致部分大白菜、茄子、黄瓜等蔬菜大面积萎蔫、干枯,甚至绝收;同时由于旱情严重,短期类蔬菜无法播种,白菜、包菜、花菜等长期菜难以定植,加剧了"秋淡"季节(8—11 月)蔬菜市场供应的紧张局势,蔬菜市场出现量少价升的现象;秋冬季全省继续维持少雨的天气,局部地区由于长期缺水,造成蔬菜无法播种,蔬菜秋冬种受阻。

2007 年 7 月,福建出现持续晴热少雨天气,降水量显著偏少至异常偏少,沿海地区大部、西北部和西部的局部共有 26 个县(市)连旱日数达 16～45 d,其中有 5 个县(市)连旱日数达 36～45 d,平潭综合实验区最长连旱日数达 45 d。干旱导致沿海地区缺乏灌溉条件的蔬菜遭受干旱危害,导致蔬菜生长发育不良,出现萎蔫、枯萎,甚至死亡的现象。

4. 防御措施

(1)及时引水灌溉,保证蔬菜水分需求。

(2)夏季采用遮阳网等遮阳,降低菜地温度,减少土壤水分蒸发。

（四）洪涝

1. 危害指标

通常日降水量达 50 mm 以上时，就会造成低洼地带菜地受淹，超过 80～100 mm 时，平原菜地就会受淹，受淹时间越长，渍害越严重。

2. 主要危害

暴雨洪涝会造成蔬菜受淹，导致蔬菜沾满泥土，影响蔬菜光合作用和生长发育，严重时造成蔬菜烂菜、绝收，菜园被冲毁。

3. 灾害个例

2005 年 7 月中旬末，受 0505 号强台风"海棠"影响，造成中北部沿海地区部分蔬菜受灾；8 月中旬中南部受强热带风暴"珊瑚"影响造成蔬菜受损；9 月上旬沿海地区受 0513 号强台风"泰利"影响，10 月初受 0519 号台风"龙王"影响，给沿海地区蔬菜造成损失，导致部分蔬菜受淹或绝收，受灾地区蔬菜价格居高不下。

2008 年 7 月中旬，受第 7 号强热带风暴"海鸥"影响，中北部沿海地区的大部分县（市）和其他地区的部分县（市）出现暴雨至大暴雨，造成部分蔬菜受淹；7 月末受第 8 号台风"凤凰"的登陆影响，狂风暴雨造成中北部沿海地区部分蔬菜受淹，蔬菜市场供应呈现量跌价升。

2013 年 8 月 22 日，第 12 号台风"潭美"正面登陆福清，受其影响，福清市龙高半岛一带受灾严重，龙田镇等周边地区出现水涝，部分设施大棚被毁，台风把大棚薄膜全部吹掉，棚内种植的空心菜等全部被淹。福清绿溢浓农业有限公司的温控大棚屋顶被风刮倒，温室里引种的尖椒、甜椒的种子才刚刚冒土发芽就被淹致死；福清绿丰农业基地的部分钢构大棚被大风掀翻在地、扭曲变形；恒盛蔬菜种植农民合作社的大棚全部被水淹没，1000 多亩大棚的所育的蔬菜苗全部浸泡在水里，损失惨重；其他如珠峰、绿之源、帝凯等 30 多家设施农业企业，均已进入蔬菜生产期，台风造成设施农业不同程度受损，严重影响下一季生产。

2016 年 9 月 15 日，第 14 号台风"莫兰蒂"在厦门市翔安区沿海登陆，受其影响，14—15 日福建大部分县（市）出现暴雨或大暴雨，局部特大暴雨，导致南部沿海部分蔬菜受淹，出现湿渍害，导致蔬菜严重受灾减产，甚至绝收。如漳浦县前亭镇庄厝村蔬菜基地被水浸泡，时间长达 2～3 d，千亩蔬菜绝收；龙文区、长泰区等地区的部分菜地被洪水淹没，菜地泥沙堆积严重，植株遭受机械损伤，叶片污泥沾染，影响光合作用，导致蔬菜产量和质量下降。

4. 防御措施

（1）加强蔬菜基地的水利设施建设。

（2）避免在低洼易涝地带种植蔬菜。

（3）做好菜地水道疏通，遇强降水过程应及时进行田间排涝，避免蔬菜受淹。

（4）采用高畦栽培，避免或减轻蔬菜渍害。

（5）暴雨来临前，及时采收成熟可上市的蔬菜。

（五）低温阴雨

1. 危害指标

持续 3 d 以上日平均气温低于 10 ℃的低温阴雨天气，就会影响蔬菜播种出苗、开花授粉和果实生长发育，严重时造成蔬菜烂根烂叶或落花落果。

2. 主要危害

低温阴雨主要危害冬春季蔬菜生长发育。低温阴雨会造成播种育苗期蔬菜出现烂种、烂芽,出苗率低,出苗不整齐,甚至死苗;造成蔬菜生长发育速度放缓,易长成高脚苗,长势差,甚至烂根、烂菜;还会造成瓜果类蔬菜落花落果,易形成畸形果;同时低温阴雨容易导致蔬菜病害发生蔓延。

3. 灾害个例

2008 年 1 月下旬至 2 月上旬,福建大部分县(市)出现持续阴寒天气,西部、北部的部分县(市)最低气温持续维持在 0～3 ℃,南部沿海地区最低气温也只有 10 ℃左右,其余大部分县(市)最低气温在 5 ℃左右。西部、北部的部分县(市)出现冰雪和持续性冻雨现象,使蔬菜遭受不同程度寒冻害,部分绝收,全省性持续低温阴雨还造成蔬菜发育速度明显放缓,生长周期加长,长势较差。

2012 年 1 月,福建全省气温较低,尤其是上旬中前期受较强冷空气影响,1 月 3 日夜里起北部地区出现降雪,4 日夜里至 5 日早上,南平市大部、三明市西北部和宁德市西部北部共 18 个县(市)出现小到中雪,局部出现大雪,并出现结冰或积雪;低温阴雨天气导致蔬菜生长发育缓慢,上市期延长,同时导致十字花科蔬菜发生霜霉病、软腐病和黑斑病等病害。

4. 防御措施

(1)避开低温阴雨时段进行蔬菜播种或定植,以提高蔬菜出苗率和成活率。

(2)菜园注意清沟排水,降低田间湿度,防止田间渍害,避免蔬菜沤根。

(3)采用温室大棚或地膜覆盖栽培,做好蔬菜保温工作,减轻低温阴雨影响。

(4)低温阴雨容易导致蔬菜病害发生蔓延,注意检查防治。

(5)持续低温阴雨使得蔬菜长势弱,根系生长发育受阻;天气转晴后,可及时喷施叶面肥或施生根养根肥,促进植株恢复正常生长。

(6)蔬菜出现烂种、烂芽或出苗不全的,应及时清理,并进行补种或改种。

第三节　烤烟

一、概况

烤烟是茄科烟草属,含有尼古丁的叶用一年生作物,喜温、喜光、耐旱、怕涝、耐瘠薄、需钾量较多。福建是我国烤烟主要生产地之一,以生产优质烤烟而闻名,其中上杭县是全省烤烟出口基地县,龙岩市永定区是全国 3 大烤烟最适宜区之一;烤烟主要分布在龙岩、三明和南平 3 个地(市),2018 年全省烟叶种植面积 72.8 万亩,产量 10.7 万 t,其中烤烟面积 72.7 万亩,产量 10.7 万 t[1];龙岩市烤烟面积 19.0 万亩,三明市 36.4 万亩,南平市 17.1 万亩,烤烟种植面积最大的地市是三明市,最大的种植县是宁化县,达 12.9 万亩[1]。种植的烤烟品种主要分为清香型品种(翠碧 1 号、F1－35、9804 等)和常规品种(K326、云烟 85、云烟 87 等)大类。

福建种植的烤烟清香型品种如翠碧 1 号等,常年播期安排在 10 月下旬到 11 月中旬,移栽期在 1 月中旬到 2 月上旬,伸根期(还苗到团棵)在 2 月下旬至 3 月下旬,旺长期(团棵到现蕾)

---

① 烟叶产量为 10.7056 万 t,其中,烤烟产量为 10.6812 万 t,晒烟产量 0.0244 万 t。

在 3 月上旬至 4 月下旬,始采期在 4 月下旬至 5 月上旬,终采期在 6 月中下旬,大田生育期在 150 d 左右;常规品种如 K326 等,常年播期安排在 11 月下旬到 12 月下旬,移栽期在 2 月中旬到 3 月中旬,伸根期在 3 月中旬至 4 月中旬,旺长期在 4 月上旬至 5 月上旬,始采期在 5 月,终采期在 6 月下旬至 7 月中旬,大田生育期在 120 d 左右。

二、主要气象灾害

(一)寒冻害

1. 危害指标

烤烟寒冻害主要发生在育苗期和大田生长前期。当气温≤10 ℃时,烤烟基本停止生长;气温低于 4.0 ℃,烤烟幼苗受伤害;低于 0 ℃,烤烟重度受冻;−2 ℃以下,烟株死亡。烤烟苗期或移栽后生长在低温条件下,容易导致烤烟早花减产。

2. 主要危害

(1)当气温低于 4.0 ℃时,烤烟幼苗容易受低温霜冻伤害,抑制烟株生长发育,缩短营养生长期,导致早花;当长时间处于−2～−3 ℃低温时,烟株死亡。

(2)每年 2—3 月是福建烤烟的移栽期,此时冷空气活动仍较频繁,冷空气影响会带来大幅降温、霜冻、结冰、寒潮等天气过程,对刚移栽到大田的烟苗造成危害,影响烟苗生长发育,甚至造成烟株死亡。

3. 灾害个例

2005 年 1 月 1 日,福建西部、北部的部分县(市)极端最低气温达−7～−4 ℃,烤烟遭受了严重冻害;1 月 13 日,北部地区有 18 个县(市)出现降雪,西部、北部地区的部分县(市)极端最低气温达−4～−1 ℃,中部地区达 0～4 ℃,给烤烟造成不同程度的寒冻害;2 月 20 日,北部地区极端最低气温达−3～3 ℃,对部分烤烟等造成了不同程度的危害;3 月中旬初,北部和西部有 18 个县(市)出现降雪,部分县(市)出现低于 0 ℃的低温,使得部分地区烟叶受冻。

2005 年 3 月 5 日,光泽县气温突降至−5 ℃,通过调查烟区内各大棚烟苗,发现都不同程度地受霜冻影响,受冻害的烟苗从叶尖开始,起初呈现水渍状,尔后转为褐色,最后组织死亡。

2010 年 12 月 15—17 日,福建出现全省性寒潮,17 日早晨,中北部大部分县(市)最低气温降至 0 ℃以下,闽西北部分县(市)最低气温达−6～−3 ℃,局部高海拔山区低于−7 ℃,中北部地区共 30 个县(市)出现雪、雨夹雪、冰粒等天气,导致光泽县、清流县等烟叶大棚受损或被压倒,烟苗受冻。

2014 年 2 月 7—10 日,福建出现大范围低温阴雨(雪)天气过程,28 个县(市)出现寒潮天气,2 月 9—11 日,南平市、三明市和龙岩市出现雨夹雪或雪,部分县(市)出现积雪,造成烟区部分烟叶受灾。

4. 防御措施

(1)因地制宜合理安排烤烟播种期和移栽期,有效避开大田前期晚霜冻。

(2)强冷空气来临前,烤烟育苗棚采取棚内加盖小拱棚、覆盖稻草、双层薄膜覆盖、加盖再生棉、烧炭和加热灯等加温措施,以避免或减轻幼苗寒冻害。

(3)烤烟大田前期,采用地膜覆盖,避免或减轻寒冻害威胁。

（二）暴雨洪涝

1. 危害指标

烟田积水超过 12 h,就会对烟叶生长发育及品质造成影响;淹水 24 h,烟叶根系生长受影响,甚至出现窒息;淹水超过 3 d,会导致烟株死亡。

2. 主要危害

（1）暴雨过程致使洪水泛滥,冲毁烟田。

（2）暴雨致使烟田积水,产生"底烘烟",养料吸收不了,导致"烟株长成肥退尽",引起烟叶发黄、凋萎,甚至"早花"或死亡。

（3）暴雨过后天气转晴,出现高温高湿天气,易诱发烤烟病害发生和蔓延。

（4）暴雨强度大,雨滴直接冲刷烟叶表面,损伤叶面上的腺毛,并使其分泌的树脂类物质损失,降低烟叶香气。

（5）渍涝会影响烤烟品质,淹水 12 h 以上时,就可对烟叶化学成分产生影响,淹水超过 24 h,还原糖含量显著下降;淹水使烟碱含量明显下降。

（6）土壤渍涝的烤烟,易产生生理性病斑,易造成再次营养生长,烟叶迟熟难烤,烤后色泽暗、叶肉组织疏松、叶片薄、油分少、弹性差、吸味淡、缺乏芳香。

3. 灾害个例

2005 年 6 月 17—23 日,全省大部分县（市）出现暴雨或大暴雨,尤其是北部地区出现大范围的持续暴雨到大暴雨天气,造成受灾地区的部分烤烟被冲毁绝收或严重受损。

2010 年 6 月 13—27 日,福建出现罕见的持续性暴雨至大暴雨过程,暴雨持续时间长、范围广、雨量多、强度大、灾害重。南平市出现严重的暴雨洪涝灾害,造成百年一遇的特大洪灾,此时正值烤烟成熟期,持续性暴雨除造成烟叶受淹,部分绝收外,还严重影响成熟期烤烟品质。

2015 年 5 月 18—20 日,福建出现持续性强降水,中西部地区发生特大暴雨,特别是 19 日中部地区出现大范围的暴雨或特大暴雨,清流县和宁化县日雨量分别达 367.9 mm 和286.0 mm;强降雨导致三明市、龙岩市和南平市烤烟受灾,部分绝收,尤以清流县、宁化县和长汀县等烤烟受灾最为严重。

4. 防御措施

（1）雨涝季节来临前,烟田开挖好排水沟渠,强降水时及时清沟排水,防止田间积水。

（2）烤烟要尽量避免在低洼地带种植,以免受淹。

（3）烟田要起垄或高培土,以利于排水,或者起高垄栽培,防止雨季烤烟根系活动层内滞水过多。

（4）建设烟田排灌系统,提高烟田抗涝能力。

（5）暴雨来临之前,提早抢收成熟的烟叶。

（6）烟田受淹后应立即补救。主要做法是:①及时清沟排水,并培土促发烤烟次生根生长,恢复根系吸收能力;②烟叶粘满泥浆时应及时小心清洗;③喷施叶面营养液,增强烟株生长能力。

（7）暴雨过后天气转晴,易出现高温高湿,会诱发烤烟病害发生和蔓延,应注意检查防治。

（三）低温阴雨

1. 危害指标

（1）烤烟移栽期日平均气温低于 12 ℃，不利烟株发根。

（2）烤烟大田生长前期日平均气温＜18 ℃，尤其是日平均气温≤12 ℃持续 5 d 或≤8 ℃连续 3 d 以上，将抑制烟株生长发育，引起花芽分化，导致"早花"，影响烤烟有效叶和产量。

（3）烟田土壤相对湿度≥80％，烟株根系发育差。

（4）烤烟成熟期出现气温低于 20 ℃的连阴雨天气，不利烟叶品质提高。

2. 主要危害

（1）烤烟幼苗对温度反应非常敏感，若育苗期日平均气温≤12 ℃，将抑制烟苗生长，造成僵苗。烤烟伸根期日平均气温≤12 ℃持续 5 d 以上，会使烟株生长缓慢，烟叶变黄，烟株易老化，出现早花现象。

（2）烤烟大田生长前期出现连阴雨，对生长发育十分不利，连阴雨的同时通常伴随日照减少、温度降低、湿度增大，严重影响烤烟根系生长发育，造成"栽烟蹲苗连阴雨，栽后不长气死人"的局面，烤烟发育期延迟，烟株长势弱，并导致病害发生蔓延，造成烤烟产量和质量下降。

（3）烤烟成熟期出现日平均气温≤20 ℃的连阴雨天气，会影响烤烟光合作用，造成烟叶品质下降，烤出的烟叶叶片薄、油分少、品质差。

3. 灾害个例

2005 年 2 月下旬，福建气温较常年偏低，多阴雨寡照，不利烤烟生长发育；3 月上旬前半期气温偏低，3 月中旬初全省气温明显下降，烤烟生长发育缓慢，3 月下旬全省大部分县（市）雨日多达 7～8 d，日照不足，烤烟生长发育不良。

4. 防御措施

（1）根据不同烤烟品种生物学特性及烟草成熟期安排的需要，结合当地气候条件，确定出不同烤烟品种在当地适宜的常年移栽期，避免过早移栽遇到低温，而出现早花现象，或过晚移栽遭受霜冻为害。

（2）根据中短期天气预报，合理安排烤烟适宜移栽期，当日平均气温稳定通过 12 ℃时，烟农可抓住冷尾暖头，抢晴移栽，盖好地膜，浇足定根水，下好穴肥，带肥、带土、带水、带药移栽。

（3）烤烟大田采用地膜覆盖栽培。

（4）加强田管，促进烤烟根系发育和烟株旺长，提高烟株抗低温能力。

（四）风雹

1. 危害指标

成熟期烤烟叶片遇到 10 m/s 以上（5 级以上）的风速，就能造成烟叶机械损伤，降低品质，重则造成烟株倒伏或叶片折断；而冰雹会造成叶片机械损伤穿孔、烟株折断倒伏。

2. 主要危害

（1）风雹会造成烟株折断倒伏、烟叶机械损伤，尤其冰雹是一种局地性强、来势急、持续时间短，以机械性损伤为主的灾害，对烤烟的危害最大，轻者导致叶片穿孔破损、叶片击断，重者导致主茎折断，打烂烟叶，打断烟株，从而导致减产甚至绝收。

（2）冰雹灾害常伴随大风、雷电、暴雨洪涝同时出现，多灾种叠加效应，对烤烟危害极大。

（3）烟叶冰雹危害程度与冰雹大小、数量、密度和降雹持续时间有关，还与出现时间有关，冰雹灾害发生时间越迟,对烟叶危害越大,尤以烤烟大田生长旺长期到成熟期出现的冰雹,造成的灾害损失最为严重。

3. 灾害个例

2005 年 3 月 22 日,龙岩市辖县遭到了飑线袭击,出现雷雨大风的强对流天气;5 月初中北部部分县(市)出现雷雨大风天气,将乐县、明溪县、永安市、浦城县降冰雹,均造成局部烟苗受损。

2006 年 4 月 9—12 日,福建中北部地区共有 16 个县(市)出现雷雨大风;松溪县、宁化县、顺昌县、政和县、邵武市、光泽县、上杭县、武平县和南平的延平区出现冰雹;5 月 8 日建阳区遭受冰雹袭击,5 月 9—10 日浦城县、光泽县、建宁县等出现雷雨大风,均造成部分烟叶受损甚至绝收。

2012 年 4 月 10—16 日,三明市、南平市和龙岩市的部分县(市)局地出现冰雹、雷雨大风和短时强降水的强对流天气,给烤烟造成了不同程度危害和损失;其中上杭县中都、下都、庐丰、蓝溪、太拔等多个乡(镇)在 4 月 16 日晚遭受冰雹袭击,导致烤烟受灾面积达 1433 hm² 左右,绝收面积达 615 hm²。

2013 年 3 月 19—20 日,福建出现较大范围强对流天气过程,其中三明、龙岩和南平 3 个市的 17 个县(市)出现冰雹;23—24 日,再次出现大范围的强对流天气,南平市、三明市和龙岩市的部分县(市)出现雷雨大风、短时强降水,其中南平和三明两个市有 14 个县(市)的部分乡(镇)出现冰雹,造成部分烟叶受灾;4 月 4—5 日,福建中西部内陆地区出现短时强降水、雷雨大风和冰雹等强对流天气,造成部分烤烟绝收,其中影响较严重的是武平县和清流县,据不完全统计,强对流天气造成烤烟绝收面积达 30 hm² 左右;4 月 17 日,三明市、南平市局部出现冰雹和雷雨大风等强对流天气,造成烤烟受灾。

2016 年 4 月 24—26 日,南平市、三明市和龙岩市的局部出现 8~16 级大风,以浦城县水北镇 54.9 m/s 为最大;26 日,建宁县、泰宁县、松溪县和浦城县的部分乡(镇)出现冰雹,其中松溪县渭田镇、祖墩乡境内出现大范围冰雹和雷雨大风,由于冰雹来得晚、来势猛,此时大部分烟株进入旺长期,造成相当一部分烟株轻者叶片穿孔破损、叶片击断,重者主茎折断、烟株倒伏、叶片击碎,损失惨重[11]。

2017 年 4 月 8 日,三明市泰宁县朱口镇、大田县上京镇突降冰雹,共造成 1100 余亩烟叶不同程度受灾,其中泰宁县朱口镇烟叶受灾面积达 700 余亩,成灾近 500 亩;大田县上京镇受灾面积达 400 余亩,成灾近 350 亩。

4. 防御措施

(1)开展风雹灾害风险区划,根据"雹走老路""雹走一条线,专打山边边"的规律和特点,合理布局烤烟,避开冰雹多发地带种植。

(2)选用抗倒伏烤烟品种,通过高培土增强植株抗倒伏能力。

(3)开展人工消雹作业,避免或减轻烤烟冰雹灾害风险。

(4)保护烟区生态环境,减缓地面增温幅度,从而减少局地冰雹灾害发生。

(5)风雹灾后,及时清除烤烟断株残叶并移出田间;叶片破损而主脉完好的叶片可保留,以利于光合作用;倒伏的烤烟植株及扭曲叶片应及时扶正,用树枝、竹竿等支撑。

(6)受冰雹袭击后的烟株伤口多,可在天气转晴时及时喷药,避免病菌感染。

(7)根据烤烟不同受灾程度,对烟株进行分类处理,受灾较重的,待烟株恢复生长后,砍掉烟株并保留底部烟芽,以培养2代烟或砍茎重新留芽,受灾较轻的,尚有6~8片叶的烟株,正常打顶留到3芽以培养2代烟,并适量追肥、培土。

（五）高温强光

1. 危害指标

(1)烤烟育苗期,棚内温度≥35 ℃时,会出现烧苗、死苗现象。

(2)烤烟成熟采烤期,日平均气温≥30 ℃持续3 d以上或最高气温≥35 ℃持续时间5 d以上,就会导致烤烟"高温逼熟",烟叶看起来黄了,实际没有真正成熟。

(3)烤烟每天光照时间>10 h,影响烟叶品质。

2. 主要危害

(1)烤烟育苗期,膜内温度高于35 ℃时,会出现烧苗、死苗现象。

(2)高温会抑制烟株生长,导致烟株叶片出现早衰,叶绿素受到破坏,光合效率降低,影响烟叶的香型,产量和品质下降。

(3)烤烟大田生长中后期高温干旱,会导致"高温逼熟",烘烤后烟叶发脆。

(4)烤烟光照时间过长,光照过强,会使烤烟叶片肥厚而粗糙,叶脉突出,形成所谓"粗筋暴叶",香气、吃味不佳,甚至会引起烤烟日灼等症状,在叶尖、叶缘和叶脉产生褐色枯斑,导致烟叶品质下降。

3. 灾害个例

2019年6月3—5日,福建气温急剧上升,处于采收烘烤期的烟叶遭强光直射,宁化县的石壁、济村、水茜等多个乡(镇)烟叶遭日灼灾害,烟叶受灾面积达2万余亩;建宁县的客坊、黄埠、均口、伊家4个乡(镇)烟叶日灼受灾,受灾面积达9754亩,其中轻度受灾约4856亩,中度受灾约4898亩;永安市槐南镇部分乡村烟叶遭大面积日灼灾害,导致叶片细胞组织坏死,烟叶大面积焦化、穿孔,叶片失去使用价值。

4. 防御措施

(1)烤烟育苗棚气温高于30 ℃时,应在中午时段打开育苗大棚两端薄膜,以防烧苗。

(2)注意高温预报,及时采取灌溉措施,减轻高温对烤烟影响。

(3)烤烟大田生长后期,及时揭开地膜,防止烟田土温过高。

（六）干旱

1. 危害指标

烤烟生长期干旱分为土壤干旱和大气干旱,土壤干旱会影响烤烟生长发育和产量质量,持续2周无降水,烟叶生长发育就会受到影响;当土壤相对湿度低于60%,烤烟开始出现轻旱,低于40%时,出现较重干旱,低于25%时,出现严重干旱;同时烤烟生长过程中需要相对适宜的空气湿度,特别是烤烟旺长期,若遇大气干旱,会影响烟株旺长,降低烟叶产量和品质。

2. 主要危害

(1)烟株缺水,生长缓慢,甚至停滞不前,叶片小而厚,萎蔫下垂,影响光合作用。

(2)烟株移栽时干旱缺水,影响移栽成活,延误移栽时令。

(3)烤烟伸根期干旱,烟株生长慢、发育快,易出现早花。

(4)烤烟旺长期干旱,叶片展不开,叶面积小,有效叶减少,若持续2周无雨,就严重影响烟株有效叶,肥料吸收不了,对烟叶影响很大。

（5）烤烟成熟期干旱,会造成下部叶片早衰变黄,出现高温干旱逼熟,烟叶质量下降。

（6）土壤严重干旱,会造成烟株矮小,不利于香气物质形成,特别是烤烟旺长期和成熟期干旱,对烟叶品质影响最大。

3. 灾害个例

2011年2月下旬至4月下旬,福建大部分县(市)降水持续偏少,出现不同程度的气象干旱,截至4月15日大部分县(市)出现重旱至特旱,至4月30日中部内陆县(市)旱情发展,特旱区主要集中在三明市大部和南平市南部,导致烟区缺乏灌溉条件的烤烟受旱,出现烤烟生长季节推迟、株型矮小、叶片数减少、叶片不舒展,甚至造成病虫危害加剧;一些外引烤烟品种普遍出现早花现象。

4. 防御措施

（1）烟田土壤湿度低于60%,应及时引水轻浇。

（2）开展人工增雨作业缓解旱情,保证烤烟正常水分需求。

（3）推广烤烟滴灌、喷灌节水技术,地膜覆盖保湿的栽培技术。

（4）干旱年份烟叶易未熟先黄,切莫过早采收,应尽量恢复水分供应,待充分成熟时采收。

第四节　花生

一、概况

花生,又名长生果、万寿果等,属豆科蝶形亚目1年生草本植物,是福建主要油料作物和经济作物,有春花生和秋花生两种栽培方式,主产区在闽东南沿海地区,1年可种2季花生,以春花生为主,秋花生占花生总面积10%左右;其余地区也都有种植花生,但一年只能种一季春花生或秋花生。2018年福建省花生播种面积达到7.0万hm²,产量达20.3万t,种植面积从大到小的地市依次顺序为福州市＞泉州市＞莆田市＞漳州市＞龙岩市＞三明市＞南平市＞平潭综合实验区＞宁德市＞厦门市,种植面积最大的县(区)是福清市,面积达17.1万亩,其他依次为莆田市辖区、惠安县、漳浦县、平潭综合实验区、南安市、仙游县、泉州市辖区等沿海台地、低丘以及平原地区;种植种类以春花生为主。

福建花生栽培类型有普通型、珍珠豆型、龙生型和多粒型花生;花生品种按照生育期长短可分为早熟种、中熟种和晚熟种花生,全生育期130 d以下的品种为早熟种,130~160 d的品种为中熟种,160 d以上的品种为晚熟种。其生长过程包括为种子发芽出苗期、幼苗期、开花下针期、结荚期、饱果成熟期5个生育时期。福建花生栽培历史悠久,如龙岩"咸酥花生"已有400多年栽培历史,2001年被评为"福建省十大名牌农产品"之一,2008年获国家地理标志保护产品,2009年获国家地理标志证明商标;花生种植方式多采用水稻－花生、蔬菜－花生、烤烟－花生等轮作模式,栽培的主要品种有"粤油""泉花""龙花""闽花""莆花"系列等品种。

花生早熟品种在日平均温度在12℃以上,晚熟品种在日平均温度在15℃以上才能发芽。春花生要求土壤5~10 cm温度稳定通过15℃以上才能播种,福建东南沿海地区的春花生适宜播种期在3月中旬、下旬,开花下针期在5月下旬至6月上旬,荚果发育期在6月下旬至7月下旬,成熟期在7月下旬至8月上旬,全生育期120 d左右;西部和北部地区的春花生适宜播种期通常在3月下旬至4月中旬;采用花生降解膜覆盖栽培的,可相应提早几天播种;大面积套种花生的适宜播期通常安排在 4 月上旬、中旬,不宜迟于 4 月 20 日;秋花生常年适宜播期在 7 月下旬至 8 月上旬。

二、主要气象灾害

(一)低温阴雨

1. 危害指标

花生播种期出现连续 3 d 以上日平均气温低于 12 ℃,且伴随连阴雨天气,会导致花生烂种;连续 5 d 以上日平均气温低于 10 ℃,且伴随连阴雨天气,会发生严重烂种。花生苗期出现连续 8 d 以上日平均气温低于 12 ℃ 的阴雨天气,就会造成花生幼苗受害,出现烂苗或死苗。

2. 主要危害

早春低温阴雨容易造成土壤湿度过大,会导致春花生播种期烂种、烂芽,幼苗期烂苗,影响全苗。

3. 灾害个例

2018 年 3 月 21—23 日,福建北部地区出现日平均气温≤12 ℃ 的低温阴雨天气,此时正值春花生播种育苗期,出现低温阴雨,光照不足,对春花生播种及幼苗生长发育带来不利影响。

4. 防御措施

(1)春花生应合理安排播期,避开低温阴雨时段,抓住"冷尾暖头",抢晴播种,以利出苗。

(2)春花生采用地膜覆盖栽培,以减少低温阴雨造成烂种、死苗。

(3)多雨时段,花生地注意开沟排水,降低田间湿度,避免烂种、烂苗。

(4)低温阴雨造成花生烂苗时,应及时查苗、补苗。

(5)喷施叶面肥,促进花生植株健壮生长。

(二)干旱

1. 危害指标

花生播种至出苗期适宜的土壤相对湿度为 60%～70%,苗期为 50%～60%,开花至荚果成熟期为 60%～70%。通常土壤相对湿度低于 40%,花生植株就会出现干旱;开花期土壤相对湿度小于 50%,则严重影响开花;荚果发育期出现持续无雨天数超过 20 d,土壤相对湿度低于 30%,就会影响花生子粒膨大,造成减产。

2. 主要危害

花生耐旱性较强,短时间干旱,花生生长虽暂时受阻,一旦水分恢复正常,即能很快恢复生长;但若干旱时间长,加上花生耗水量较大,干旱会使植株生长受到抑制,节间缩短、叶片变小、植株萎蔫,影响花生生长发育,导致出苗不齐、开花期延迟、花量减少、开花下针困难以及荚果发育不饱满等,尤其结荚成熟期正是花生需水量较大时期,此期若遇干旱,将直接影响花生子粒膨大,荚果发育受阻,导致果小或出现畸形,造成减产;干旱严重时,甚至导致植株枯萎死亡。

3. 灾害个例

2000 年 5 月,福建沿海地区出现持续高温干旱天气,5 月各旬平均气温比 1999 年偏高 1～2 ℃,降水显著偏少,对缺乏灌溉条件的沿海地区春花生生长发育和开花下针十分不利,受旱严重,导致 2000 年花生单产较 1999 年大幅下降。

2002 年 2 月上旬至 3 月中旬,福建各地降水持续偏少,尤其是沿海地区,出现了小到中旱,旱区主要集中在漳州市、厦门市、泉州市、莆田市、福州市及龙岩市南部;紧接着从4月中旬开始,直至5月上旬,中部沿海地区及南部地区出现第2个时段连旱过程,漳州市、厦门市、莆田市、泉州市和福州市的沿海县(市)、龙岩市南部降水持续偏少。福建中南部尤其是沿海地区出现严重春旱,而3月中旬至4月中旬正是福建东南沿海地区春花生的集中播种期,春旱影响春花生播种出苗,并导致出苗后生长不良、凋萎,甚至死亡。

2003年7—11月,平潭综合实验区出现持续性高温少雨天气,出现历史以来最严重的旱情,干旱造成全县秋花生几乎绝收。

2007年7月,福建出现持续晴热少雨天气,降水量显著偏少至异常偏少,沿海地区的大部、西北部和西部的局部共有26个县(市)连旱日数达16~45 d,其中有5个县(市)连旱日数达36~45 d,平潭综合实验区最长连旱日数达45 d。干旱导致沿海地区如福清市、长乐区、平潭综合实验区等地处于荚果发育期的春花生遭受严重干旱,春花生出现萎蔫、枯萎,甚至死亡的现象,并导致秋花生无法播种。

2009年8月中旬至11月上旬,厦门市、泉州市和福州市的局部县(市)持续2个多月无有效降水,省内大部分地区出现不同程度的干旱,特别是中南部沿海地区出现夏秋连旱,对缺乏灌溉条件地块的秋花生生长发育造成不同程度干旱危害。

2013年6月14日至8月中旬,福建出现晴热高温天气,降水偏少,至8月中旬,中北部部分县(市)出现旱情,三明市西北部和南平市西部的土壤均处于持续缺墒状态,导致缺乏灌溉条件的春花生受旱。

4. 防御措施

(1)选种耐旱花生品种,提高花生抗旱能力。

(2)花生遇旱时,应及时引水灌溉,采用沟灌串沟水,水深注意不超过沟深1/3,待畦吸足水后及时排水,以保证花生正常水分需求。

(3)推广花生地膜覆盖栽培,提高旱地保水保温、增加有效养分的作用。

(4)使用抗旱剂、土壤改良剂和植物生长调节剂,提高花生抗旱能力。

(三)涝渍

1. 危害指标(表4.6)

表4.6　花生不同发育期渍害指标

发育期	土壤相对湿度(%)	症　状
播种出苗期	>70	容易烂种缺苗
苗　期	>70	分枝、果枝少,饱果少
开花结荚期	>70	严重影响开花、结荚
饱果期	>60	易烂果

2. 主要危害

花生是既需水又怕水的作物,播种时水分过多,会造成烂种缺苗;苗期淹水3~5 d,就会造成根系呼吸困难,影响花生对营养物质和水分的吸收,影响叶片光合作用,植株瘦弱,尤其是会造成花生叶绿素合成受阻,叶片变黄,甚至脱落;花针期土壤过湿,会造成花生茎叶徒长、节间长、烂针,生长后期易出现倒伏,结实率降低;饱果成熟期水分过多,易造成烂果或种子发芽;水分过多还会造成花生植株徒长倒伏、贪青迟熟,严重时导致植株枯死。

3. 灾害个例

2000 年 6 月中旬后期,福建中南部沿海地区普降暴雨到大暴雨,致使部分春花生被淹或内涝积水,对花生果针入土后的生理过程十分不利,导致植株徒长,节间加长,后期结实率降低,影响春花生产量。

2015 年 7 月 17—24 日,福建省出现入汛以来第 3 次持续性强降水过程,全省普降暴雨到大暴雨,局部突发特大暴雨,导致部分花生受淹。其中,22 日连城县日雨量达 225.1 mm,刷新本站历史纪录,县城及 7 个乡(镇)大面积进水受淹,导致春花生受淹,受灾严重。

4. 防御措施

(1)遇强降水过程,花生地应及时清沟排水,避免田间积水。

(2)根据"燥苗、湿花、润荚"的原则管理花生田间水分,避免土壤过湿。

(3)及时中耕,提高土壤通气性,促进花生根系恢复生长。

(4)花生淹水后,土壤养分流失,应及时增施速效肥,促进植株恢复生长。

(5)涝灾过后,田间湿度大,加上花生抗逆性降低,病虫害容易发生,因此应加强病虫检查防治,避免蔓延。

第五节　油菜

一、概况

油菜是世界重要的油料作物,也是我国主要油料作物。油菜属十字花科芸薹属,包括甘蓝型油菜、芥菜型油菜和白菜型油菜 3 个类型品种,其中甘蓝型油菜又称欧洲油菜、日本油菜、洋油菜、番油菜等。根据油菜生育期长短,可分为早熟、中熟和晚熟 3 种类型油菜。

2018 年福建省油菜播种面积达 5291 hm²,产量 8578 t,其中浦城县冬种油菜有着悠久的历史,其面积和产量居全省首位,2018 年种植面积为 745.2 hm²,产量 501 t。福建油菜种植的主要品种有"福油 2 号""高油 605""浙双 72""油研 9 号""油研 10 号""秦油 8 号""中双 11 号""绵新油 68""浙油 50"等。

福建油菜耕作制度有中稻－油菜、蔬菜－油菜、莲子－油菜等轮作方式;油菜播种时间通常安排在 9 月下旬至 10 月中旬,移栽期在 10 月下旬至 11 月中旬,苗龄 30～35 d,抽薹期在次年 2 月中下旬,开花期在 2 月中旬至 4 月上旬,成熟采收期在 4 月中旬至 5 月上旬。

二、主要气象灾害

(一)寒冻害

1. 危害指标

油菜越冬期气温降至 5 ℃以下,油菜停止生长,极端最低气温在 −3～−5 ℃时,油菜叶片受冻,−5～−8 ℃时,油菜出现中度冻害,−8 ℃以下时,油菜出现重度冻害;油菜蕾花期日平均气温 10 ℃以下,不利油菜开花,低于 5 ℃则不开花,极端最低气温低于 0 ℃,油菜花蕾易受冻害,正在开放的油菜花会大量脱落。

油菜寒冻害指标分干湿两类。干冷型:日平均气温≤5 ℃或极端最低气温≤2 ℃,且连续 5 d 以上;湿冷型:日平均气温≤5 ℃或极端最低气温≤2 ℃,且出现 5 d 以上连阴雨,阴雨叠加低温对油菜危害更大。

2. 主要危害

油菜寒冻害与品种特性、植株生育状况和生理特性有密切关系,一般白菜型油菜和甘蓝型油菜春性品种容易受冻;油菜植株中含水量较多,组织比较柔嫩,越冬时容易遭受低温冻害,造成部分叶片干枯;蕾薹期易受春季冻害影响,颜色会呈黄红色;嫩薹受冻后破裂,甚至折断下垂,直至枯死;开花期寒冻害易使油菜出现华而不实和分段结实现象,造成生殖生长受阻,影响产量。

3. 灾害个例

1975 年 12 月 4—14 日,福建大部日平均气温过程降温幅度在 16~20 ℃,寿宁县和周宁县极端最低气温分别达－8.2 ℃和－9.2 ℃,另外有 13 个县(市)最低气温≤－5 ℃;同时伴随雨雪天气过程,全省 52 个县(市)出现 1~4 d 降雪,降雪范围广、积雪深,导致 80% 的油菜叶片冻伤变色。

2010 年 3 月 6—11 日,福建西部、北部地区达到寒潮天气标准,其中中低海拔区域极端最低气温达－3~0 ℃,高海拔山区达－5~－3 ℃;中部地区和南部的内陆地区达 0~2 ℃,其余地区为 2~4 ℃,极端最低气温出现在 3 月 10—11 日;此时正值福建油菜开花期,寒冻害造成油菜花蕾不同程度受害,导致油菜产量下降。

4. 防御措施

(1)因地制宜地选种耐寒类油菜品种。

(2)调整油菜播植期,使油菜抽薹开花避过寒冻害。

(3)冻前灌水,提高油菜田土壤含水量,可有效减少油菜冻害发生,灌水量以 1 d 内田间完全落干不积水为宜,严重霜冻后,及时灌 1 次"跑马水",可减轻冻害。

(4)冻前采用培土、在油菜行间覆盖稻草、撒草木灰或增施磷钾肥等方式,提高油菜抗寒能力。

(5)油菜冻后,及时摘除冻叶,追施速效肥。

(二)暖害

1. 危害指标

油菜播种后,若秋冬季油菜苗期日平均气温超过 20 ℃,会造成油菜冬季长势偏旺,植株徒长,出现提早抽薹现象。

2. 主要危害

油菜秋季播种过早或者在秋冬季气温较高的情况下,会导致油菜叶片生长速度快,幼苗徒长,油菜易提前抽薹开花,同时抗寒能力下降,花期容易遇上霜冻危害,影响产量;在次年春季气温回升后,植株可能出现疯长、发病、倒伏、翻花,甚至出现分段结实或华而不实等问题,影响油菜正常生长发育和受精结实率,导致产量降低。

3. 灾害个例

21 世纪以来,福建常出现暖冬,如 2013/2014 年、2018/2019 年冬季气温偏高,油菜出现长势过旺,提早抽薹的现象,花期明显提前,不同程度影响了油菜正常生长发育和产量。

4. 防御措施

(1)合理安排油菜播期,避免播种过早导致油菜提前抽薹开花。

(2)对已经出现早薹、早花现象的油菜,选择晴朗天气,及时打掉幼嫩的早薹,一方面防止其过早开花,减少养分无效消耗;另一方面通过控制顶端生长,改变植株体内营养运转的途径,刺激主薹下部的腋芽发育生长,增加有效分枝。

(3)控施氮肥,增施磷、钾肥,同时抓好花期喷硼,促进油菜茎秆更加健壮,增加油菜抗倒伏能力,防止油菜生长后期病害加重、倒伏返花。

(4)结合中耕除草,斩断表土中部分油菜根系,短时抑制油菜生长发育进程,进而防范油菜早薹早花现象发生。

(5)喷施多效唑、矮壮素等生长抑制剂,采取化学调控方法,防止油菜旺盛生长,以促进油菜植株由旺转壮、推迟抽薹开花时间。

(三)干旱

1. 危害指标

土壤相对湿度≤60%,会影响油菜幼苗生长、移栽成活,造成油菜叶片变小、幼蕾脱落,影响产量;土壤相对湿度≤30%,油菜幼苗出现干旱死亡。

2. 主要危害

秋冬旱常导致油菜播种困难,出苗率下降;造成苗期生长不良,幼苗生长缓慢,易早薹早花;蕾花期和角果发育期干旱,会导致油菜根系水分吸收难以满足叶片蒸腾消耗水分的需要,引起油菜植株早衰,造成叶片卷曲或枯死,花果脱落,生殖生长不良,产量下降。

3. 灾害个例

2019年10月,福建油菜播种育苗期出现秋旱,土壤墒情较差,导致油菜出苗慢,出苗不整齐,苗情较差。

4. 防御措施

(1)选种耐旱性较强的芥菜型和甘蓝型油菜品种。

(2)油菜播种后遇干旱天气,可于每天傍晚用喷壶喷水1次,保持表土湿润。

(3)油菜出苗后注意浇水防旱,也可进行沟灌,灌水深度一般为畦沟的2/3。

(4)油菜遇到干旱,应及时灌水保苗,但以注意避免漫水过畦。

(5)采用稻草等覆盖油菜行间,减少土壤水分蒸发,抗旱保墒。

(6)受旱的油菜田块,应及时做好查苗补缺。

(四)连阴雨

1. 危害指标

通常连阴雨持续3~5 d,油菜有轻度危害,持续5~7 d有中度危害,持续7 d以上有重度危害。油菜移栽后,土壤相对湿度≥90%,容易出现渍害,土壤湿度愈大,持续时间越长,油菜烂根死苗率就越高。

2. 主要危害

油菜春怕涝,连阴雨是导致油菜移栽后烂根死苗的主要原因。油菜春季处于蕾薹期至角果成熟期,若出现3 d以上连阴雨天气,土壤湿度高于90%,田间土壤水分处于饱和状态,易导致油菜根系发育受阻,甚至出现烂根死苗;尤其是油菜蕾薹期和花期湿害,会致使油菜落花落蕾,且诱发其他生理性病害和传染性病害,导致油菜光合产物减少,造成产量和品质下降;油菜花角期遇连阴雨,会造成田间荫蔽、湿度较大,土壤松软,不利于油菜根系的固持作用,易发生倒伏,影响油菜生长速度,使株高、茎粗、单株一次分枝数、单株有效角果数及千粒重减小,菜籽含油量降低。

3. 灾害个例

2012年1月至3月中旬前期,福建出现持续低温阴雨寡照天气,大部时段持续低温阴雨过程,对油菜抽薹和开花十分不利。

4. 防御措施

(1)选择地势较高,透气排水良好的地块栽培油菜。

(2)油菜田间水分过多易产生渍害,在春雨来临前,应做好油菜田清沟,做到 3 沟(畦沟、腰沟、围沟)相通,排水通畅,防止田间积水,雨后田干无渍水。

(3)春前油菜田间结合清沟培土,防渍防倒伏,并做好油菜病害防治。

(4)油菜渍害会造成沤根死株,且直播油菜扎根浅,易倒伏,因此,在油菜团棵期,应结合中耕,进行清沟、培土固根,预防油菜渍害与倒伏。

第五章　水果主要气象灾害及其防御

第一节　龙眼

一、概况

龙眼为亚热带常绿果树,属于无患子科龙眼属。我国龙眼分布在华南、华东和西南的亚热带地区,其中主要分布在福建东南部、广东、广西、四川南部和台湾中南部。福建是我国第 3 大龙眼主产区,龙眼主要分布于东南部沿海地区,并集中在低丘陵和台地上,福清市以南沿海地区主要种植早中熟龙眼,以北沿海地区(含福清市)主要种植晚熟龙眼,其中福安市是我国龙眼种植的最北缘地区。2018 年福建省龙眼总产量 25.6 万 t,龙眼产量从高到低的地市排序是:漳州>福州>厦门>莆田>泉州>宁德>龙岩,南平市和三明市无龙眼种植,产量最高的是漳州市,占全省龙眼总产量的 43.2%;产量最高的县(区)为漳浦县,其次为诏安县、同安区、云霄县、福清市、集美区、闽侯县等[12]。

福建龙眼栽培历史悠久,品种资源十分丰富,主栽的龙眼品种有福眼、松风本、立冬本、乌龙岭、油潭本、储良、东壁、赤壳、水涨、扁核针、水南 1 号、水南 2 号、八一早等。

福建是我国中晚熟龙眼主产区,主栽品种 2 月开始花芽分化,3 月抽生花穗,4 月下旬至 5 月中旬开花,5 月中旬至 6 月上旬第一次生理落果,6 月中旬至 7 月上旬第二次生理落果,6—8 月处于果实发育期,9—10 月处于成熟采收期,11 月进入秋梢抽生期,12 月至次年 1 月处于休眠期和冬梢抽生期。

二、主要气象灾害

(一)寒冻害

1. 危害指标

冬季极端低温是限制龙眼经济栽培区的主要因素,越冬期的温度条件对其生存和产量都有很大影响。龙眼喜温忌冻,耐寒力较差,气温降至 0 ℃时龙眼幼苗受冻,−0.5～−1.0 ℃时大树表现出不同程度的冻害,−4 ℃时成龄树地上部死亡。

不同龙眼品种的冻害指标有所差异,不同冻害强度对龙眼生长发育和产量影响也不同。考虑福建龙眼主栽品种的生物学特性以及冻害对大树(结果树)的影响,极端最低气温(T_d)表征龙眼不同程度冻害等级(表 5.1)。

表 5.1　龙眼冻害等级指标 单位：℃

冻害等级	轻度	中度	重度	严重
极端最低气温（T_d）	$-1.5{\leqslant}T_d<-1.0$	$-2.5{\leqslant}T_d<-1.5$	$-3.5{\leqslant}T_d<-2.5$	$T_d<-3.5$

2. 主要危害

冻害会造成龙眼新梢冻枯，叶片冻伤或冻焦，枝条受冻，严重时造成龙眼苗和幼树冻死，甚至造成龙眼成龄树主干受冻或植株全部冻死。

3. 灾害个例

福建冬季常出现不同程度的龙眼冻害，尤以 1999/2000 年冬季冻害最为典型，龙眼种植区气象观测站点的极端最低气温达到 -6.9 ℃（福鼎）～4.7 ℃（东山），大部龙眼种植区极端最低气温在 0 ℃以下，导致龙眼不同程度受冻，受灾龙眼产量损失率达 50% 以上，全省龙眼平均单产量由 1999 年的 390.21 kg/亩，大幅下降至 2000 年的 240.02 kg/亩，降幅达 38.49%。

1991 年 12 月 26—29 日，受北方强冷空气南下影响，仙游县 48 h 内过程降温幅度达 12.8 ℃，12 月 29 日日平均气温达 3.5 ℃，极端最低气温达 -1.4 ℃，其中度尾镇极端最低气温达 -2 ℃，导致全县大部分龙眼树冠受冻。

1999 年 12 月 17—23 日，福建遭到强寒潮袭击，全省日平均气温过程降温幅度大部在 11～13 ℃，66 个台站中有 53 个极端最低气温在 0 ℃以下，大部分县（市）出现霜冻或结冰现象，给龙眼带来严重危害。厦门市龙眼树普遍遭受冻害，是新中国成立以来厦门地区龙眼受冻面积最广、程度最重、经济损失最大的一次，据同安区及集美区统计，两区龙眼受冻面积 0.33 万 hm²，占种植总面积的 32.7%。其中，轻度至中度冻害（1～2 级：叶片部分至大部分受冻，枝条未冻，1 年生枝条的 1/3 以上受冻）0.273 万 hm²，占种植总面积的 27.0%；重度冻害（3 级或以上：叶片全部受冻，1～2 年生枝条大部受冻，主干受冻）573 hm²，占种植总面积的 5.7%；莆田市辖区的庄边、白沙、新县、常太等山区乡（镇），龙眼苗和幼树全部被冻死，青壮年龙眼树也大都被冻至主干以下；地处我国龙眼栽培最北缘地带的宁德市，龙眼受冻严重，平地 1～3 年生幼树抗冻能力较弱，受冻程度达 5 级（即完全冻死）的植株达 90% 以上；平地 1～3 年生青壮年树冻害较重，1～3 年生枝条基本冻死，冻害等级达 4～5 级；8 年生以上大树的 1～2 年生枝条全部冻死，3 年生枝条部分受冻，部分植株主干冻至离地 40 cm 处，冻害等级达 3～4 级[13]。

2005 年 1 月上旬，福建除南部沿海的部分县（市）外，最低气温都在 0 ℃以下，导致新嫁接的龙眼苗木和幼龄树因冻害损失严重。

2010/2011 年冬季，宁德市连续受到 4 次寒冻害的影响，平地 1～3 年生幼龄龙眼树与高接换种树抗冻能力较弱，幼龄树冻害等级达 5 级，完全冻死；1～3 年生高接换种树冻害达 3～5 级，福安市 2010 年高接换种的龙眼树死亡率达 40%；全市龙眼树受冻面积达 80% 左右，产量损失在 65% 以上[14]。

4. 防御措施

（1）灌水法。霜冻前对龙眼果园进行灌水，改善土壤热特性，减轻霜冻危害。

（2）树干涂白法。以石灰水加少量食盐涂抹龙眼树干，树干涂白后，阳光被反射掉，树干在白天和夜间的温度相差不大，不易冻裂，对树干起保护作用，也可减轻冻害。

（3）培土法。霜冻发生前进行 1 次培土，加厚土层，培土可使龙眼根系相对加深，增加土温，减轻或避免低温对根系伤害。

（4）覆盖法。采用稻草、薄膜等对龙眼幼苗进行蓬面覆盖；用地膜覆盖树盘，起保温、保湿和保护根系的作用，以此来防寒防冻。

（5）熏烟法。以谷壳、木屑等熏烧来增加龙眼园地气温，起防寒防冻作用；熏烟在气温下降到龙眼寒冻害临界温度时点燃，并控制浓烟使烟雾覆盖在园地内的空间，以每亩果园堆 5～6 堆为宜，待次日太阳出来后停止。

（6）树体包扎法。树体采用稻草或草绳缠绕龙眼主干、主枝进行包扎以防寒防冻。

（7）喷药法。寒冻害来临前对果树叶面喷施植物龙、植物动力 2003 等生长调节防寒剂（果树防冻剂）；以及喷施磷酸二氢钾、钙镁锌等微量元素，增强植株抗逆性，减轻寒冻害。

（8）施肥法。增施热性磷钾肥，提高果树自身抗寒能力。

（9）喷水法。在霜形成的凌晨，用清水喷射植株，冲洗霜粒，减轻霜粒对龙眼叶片造成的危害。

（二）花芽分化前及分化期的暖害

1. 危害指标

龙眼花芽分化前（花芽生理分化期）要求有相对低温，在不受寒冻害的前提下，温度越低越有利于花芽分化，日平均气温在 10 ℃ 以下，对龙眼营养生长有抑制作用，并且低温抑制有累积作用；花序形态分化如果温度持续偏高，则难以形成果枝，形成"暖害"。研究认为：冬季低于 10 ℃ 的总寒积量在 50～120 ℃·d 为丰产年，小于 25 ℃·d 为歉年；适当的冬季低温寒积量，有利于龙眼高产，而低温寒积量太小（总寒积量≤10 ℃·d），会因"暖害"造成龙眼减产。

采用低温寒积量（k_g）指标表征龙眼暖害，低温寒积量是指 12 月至次年 3 月日平均气温低于某一界限温度期间，界限温度与日平均气温差值的累积，龙眼低温总寒积量计算公式为：

$$k_g = \frac{1}{4} \sum (10 - T_{\min})^2 / (\overline{T_i} - T_{\min}) \qquad (T_{\min} \leqslant 10 \ ℃)$$

式中，i 为日平均气温低于 10 ℃ 的日数，$T_{\min}$ 为 12 月至次年 3 月某日最低气温，$\overline{T_i}$ 为 12 月至次年 3 月某日平均气温。

将龙眼花芽分化及前期（12 月至次年 3 月）暖害分为轻度和重度等级（表 5.2）。

表 5.2　龙眼花芽分化及前期暖害等级指标　　　　　　　　　　单位：℃·d

暖害等级	轻度	重度
低温寒积量（k_g）	$25 \leqslant k_g < 40$	$k_g < 25$

2. 主要危害

龙眼冬春相对低温（8～14 ℃）有利于秋梢结果母枝的充实老熟和花芽发育成纯花穗，相对低温持续时间越长越好，可以诱导龙眼营养生长休眠，控制冬梢抽生，积累更多营养物质，利于促进花芽形成。温暖多湿极易诱导龙眼冬梢抽生，消耗树体冬前营养，削弱结果母枝质量，生长弱；春季花芽分化期温度超过 17 ℃，就会使龙眼花穗逆转成营养枝，发生花穗"冲梢"而减产。

导致龙眼"冲梢"的主要原因首先是温度，其次是树势。花芽形态分化及花穗发育过程中，需要较低的温度，在气温 14 ℃ 以下的时段多，有利于龙眼花穗正常发育；反之，气温高于18 ℃，龙眼则易抽生嫩梢。如果龙眼秋梢生长旺盛，冬季进入休眠状态不深，或解除休眠较早，在较高温度下，新梢易萌发而造成"冲梢"。

3. 灾害个例

1982 年,泉州市和厦门市的龙眼花芽分化期出现高温,出现了龙眼花穗严重"冲梢"现象,导致减产。

1998 年冬春季,漳浦县 1 月前半月气温持续保持在 15～25 ℃,导致全县龙眼 90％以上抽发冬梢,致使营养大量消耗,影响龙眼花芽分化;3 月 25 日至 4 月 24 日又持续近 30 d 气温偏高,日平均气温≥18 ℃,最高气温达 32 ℃,导致全县龙眼普遍冲梢或抽春梢。泉州市 3 月 26 日至 4 月 10 日,除 4 月 2—3 日两天外,其余时间日平均气温均高于 18 ℃,最高气温达 25.4 ℃,4 月上旬平均气温高达 22.4 ℃,致使泉州市龙眼花穗"冲梢"严重,全面减产[15]。

2002 年冬春季,冬季(1—2 月)福建气温较往年偏高,出现暖冬,气温偏高对龙眼花芽分化不利,冬梢抽生;春季(3 月至 5 月上旬)异常偏暖,其中 3 月平均气温较常年同期偏高 3～4 ℃,4 月气温偏高 2～3 ℃,5 月上旬气温偏高 3～4 ℃,同时中南部地区降水严重偏少,干旱加剧,温度过高造成龙眼出现"冲梢"。

4. 防御措施

(1)龙眼冬梢的生长会消耗大量的营养,对花芽分化不利,因此,冬季要注意做好控水、控肥,抑制冬梢抽发。

(2)龙眼秋梢结果母枝老熟后,对龙眼进行断根并结合螺旋环剥,破坏地上部与地下部的平衡,人为措施迫使龙眼暂时停止枝叶营养生长,控制冬梢的抽生,促使龙眼的花穗在 2 月份稍冷的气温中缓慢地发育成纯花穗,是防止花穗"冲梢"最有效措施。

(3)龙眼春芽抽出 2～3 cm 时,喷乙烯利、多效唑,控梢控穗。

(4)龙眼花穗主轴 5～6 cm 时,喷细胞分裂素,促进花穗发育,防止"冲梢"。

(5)龙眼幼年结果树,对树干或骨干枝进行环割或环扎,促进花穗发育。

(6)龙眼"冲梢"时,采用人工摘除叶片、花穗主轴,或用药物杀叶,防止"冲梢"。

(三)开花至成熟期风害

1. 危害指标

福建龙眼果实膨大期(7—9 月)正值福建台风季节,8 级以上的大风就会使龙眼折断树枝,打落果实,影响产量。以日最大风速表征龙眼开花期至果实膨大期(5—9 月)不同强度风害等级(表 5.3)。

表 5.3　龙眼开花至成熟期风害等级指标　　　　　单位:m/s

风害等级	轻度	中度	重度	严重
日最大风速(V)	10.8≤V≤17.1	17.2≤V≤24.4	24.5≤V≤32.6	V>32.6

2. 主要危害

风是影响龙眼生长发育的一个重要因子。龙眼在强风影响下,蒸腾作用加剧,水分失去平衡,光合作用下降,会严重影响龙眼的生长发育。5—9 月是福建台风发生季节,此时福建龙眼正值开花期至成熟期,对处于开花期的龙眼而言,大风易使柱头干枯凋萎,沾满沙土影响授粉,导致落花落果,或花器之间相互摩擦造成损失,甚至吹掉花器不能坐果;对处于果实发育期的龙眼而言,台风会导致落果、断枝,严重影响产量,8 级以上大风就有很大的破坏力,尤其是 12 级以上大风会把龙眼树吹倒或连根拔起,导致颗粒无收。

3. 灾害个例

2004 年 8 月 25 日，18 号台风"艾利"在石狮市登陆，登陆时风力 12 级，26 日又在龙海区港尾镇二次登陆，登陆时风力 11 级。台风登陆时正值福建龙眼果实发育期，莆田市、福州市、泉州市、厦门市以及漳州市龙眼大量落果，部分龙眼树倒伏，其中厦门市集美区龙眼园在台风中落果率达 5%～6%，产量损失 10%～12%；翔安区龙眼产量损失超过 1000 t，产量损失率达 10%～15%。

2005 年 8 月 12—15 日，受 10 号强热带风暴"珊瑚"影响，福建中南部地区的部分县（市）先后出现 8～12 级大风，沿海地区出现大范围持续暴雨到大暴雨，局部特大暴雨，导致中南部沿海地区的龙眼出现掉粒现象。

2015 年 8 月 8 日，13 号台风"苏迪罗"在莆田市秀屿区沿海登陆，登陆时台风中心最大风力 13 级。受其影响，登陆前福州市沿海东北风 10～11 级，阵风 12～14 级，登陆后转偏南风 9～10 级，阵风 11～13 级，福州市马尾区出现特大暴雨，导致琅岐镇龙眼大量落叶、落果，枝条折断，挂果留树的早熟龙眼许多果壳开裂、烂果，果穗与枝丫严重交叉和颠覆，影响叶片光合作用[16]。

4. 防御措施

(1) 台风来临前，对龙眼树体进行加固。

(2) 成熟的龙眼在台风影响前应及时抢收。

(3) 台风灾后应根据龙眼不同受灾程度进行处理，被台风连根拔起的树应进行清理；吹歪的树体应及时扶正和回缩，并立支柱予以加固；折断的树干应及时短截处理，同时通过培土和施肥等田间管理，以恢复龙眼树势。

（四）花期连阴雨

1. 危害指标

龙眼开花期（4—5 月）若出现持续 3～5 d 阴雨天气，就开始影响开花授粉，若连阴雨持续时间更长，雨量、雨日过多，会导致龙眼出现严重落花落果，降低坐果率，影响产量。降水对龙眼产量呈负面效应，雨日更能反映此间气候对龙眼授粉受精过程的影响。以连阴雨天数（D_d）表征龙眼开花期（4—5 月）不同强度连阴雨湿害等级（表 5.4）。

表 5.4　龙眼开花期连阴雨湿害等级指标　　　　　　　　　　单位：d

湿害等级	轻度	中度	重度
连阴雨天数（D_d）	$D_d \leqslant 2$	$3 \leqslant D_d \leqslant 4$	$D_d \geqslant 5$

2. 主要危害

福建龙眼开花期在 4—5 月，此时正值福建春雨季和雨季，常出现连阴雨天气。龙眼花期若遇连阴雨，会引起花穗变褐和沤花，妨碍龙眼雄花散粉，严重时造成烂花，在多雨天气中，花蜜接触雨水氧化后成褐状黏液，使柱头、子房甚至幼果被腐蚀脱落；花粉长时间泡在水里，会恶性膨胀，最后管壁破裂，原生质外流，这些因素均会导致授粉受精不良，对龙眼开花造成不利影响，严重时造成烂花；低温连阴雨还会造成疫霉病大量蔓延，对龙眼生长发育造成严重影响，影响龙眼产量。

3. 灾害个例

1999 年 4 月 30 日至 5 月 3 日，漳浦县连续 3 d 连续下雨，5 月立夏至小满节气期间，雨日达 21 d；此时正值漳浦县龙眼开花期，连阴雨天气造成龙眼落花、花粉不散发，大量雌花不授粉受精,导致落花落果而减产。

2005 年 4 月 22 日至 5 月 3 日,泉州市鲤城区出现连续 12 d 连阴雨,降雨量达 97.6 mm;连阴雨天气造成龙眼雌花柱头糖液浓度低,花粉萌发率低,导致龙眼落花落果、坐果率降低。

4. 防御措施

(1)及时摇树枝,摇落花穗上的水珠以及凋谢的花朵,避免龙眼花穗腐烂。

(2)喷水洗花穗,减少龙眼花蜜接触雨水后形成的褐状黏液。

(3)注意做好龙眼疫霉病等检查防治。

第二节　荔枝

一、概况

荔枝为无患子科,属常绿乔木,原产我国,有 2000 多年的栽培历史,是典型的亚热带果树,以广东、广西、福建、四川、台湾、云南等地栽培最多。福建是中国荔枝的第 3 大产区,种植历史悠久,品种资源丰富,漳州市还被国家林业和草原局命名为"中国荔枝之乡"。福建荔枝主要分布在沿海地区,在荔枝生长发育过程中,常遭受极端气候的影响,寒冻害、暖冬、连阴雨、干旱、台风等农业气象灾害均会对荔枝产量构成不同程度的影响。

2018 年福建省荔枝总产量 14.3 万 t,荔枝产量从高到低的地市排序是:漳州＞福州＞泉州＞厦门＞莆田＞宁德,龙岩市、南平市和三明市无荔枝种植,产量最高的是漳州市,占全省荔枝总产量的 91.4%[1],可见福建荔枝主要集中在漳州市;产量最高的县(区)为漳浦县,其次为诏安县、云霄县、龙海区等。

福建属于中晚熟荔枝产区,主栽的品种有兰竹、乌叶、早红、东刘一号、陈紫、下番枝、宋家香、绿荷苞和元红等,其中宁德市是我国晚熟荔枝主产区,其中霞浦县是我国最北缘荔枝种植区,主栽元红、陈紫等中晚熟品种。荔枝主要品种的物候期是 11—12 月花芽分化,12 月至次年 1 月开始抽穗,4 月开花,5—6 月果实发育,自雌花开放至果实成熟约需 70 d,成熟期在 6 月上旬至 8 月上旬,8—10 月秋梢抽生和老熟。

二、主要气象灾害

(一)寒冻害

1. 危害指标

荔枝喜温忌冻,耐寒力较差,极端低温在 0～3 ℃时,荔枝枝叶会遭受不同程度伤害,－2 ℃是荔枝冻害的临界温度,－4 ℃是荔枝致死的临界低温,当最低气温降至－2.0 ℃以下时,就会严重影响荔枝产量。从荔枝组织器官寒冻害指标来看,老熟枝条能耐短时间的－2～－3 ℃,在－3～－5 ℃时就会受到明显冻害,嫩梢则在稍低温度下就会遭受寒害,极端低温－4 ℃左右时,花器官被冻死。以极端最低气温(T_d)表征荔枝不同强度冻害等级(表 5.5)。

表 5.5　荔枝冻害等级指标 　　　　　　　　　　　　　　　　　　　　　单位:℃

冻害等级	轻度	中度	重度	严重
极端最低气温(T_d)	$-2.0 \leqslant T_d < 0$	$-3.0 \leqslant T_d < -2.0$	$-4.0 \leqslant T_d < -3.0$	$T_d < -4.0$

2. 主要危害

寒冻害会造成荔枝叶片焦枯,芽眼和嫩枝受冻、枝梢枯死,枝皮开裂流胶,枝干出现干枯、爆皮,甚至出现枯死等现象,严重时造成荔枝花器官、幼树被冻死。

3. 灾害个例

1991 年 12 月 29 日,地处福州市郊区的福建省农业科学院果树研究所内,最低气温达 —3.5 ℃,造成平地果园种植的荔枝树大都被冻到主干,山地果园种植的冻到二、三级主枝;29 日漳州市最低气温达 0.2 ℃,龙海区九湖镇"兰竹"荔枝叶芽花穗很多受冻枯萎,迟迟难以返青复原,导致 1992 年荔枝减产。

1999 年 12 月下旬,受强冷空气影响,漳州市大部分地区的极端低温均在 —2 ℃ 以下,并伴有结冰和霜冻,中北部山区达 —5 ℃ 以下,出现大范围霜冻、冰冻天气,给漳州市荔枝生产造成了严重危害,漳州市近 7 成的荔枝树受到冻害影响,80% 以上的荔枝树叶片枯红,挂树不落,手捏干脆易碎,芽眼和嫩枝受冻,主枝新梢和芽枯死变黑,枝干出现干枯、爆皮甚至枯死等现象。部分树体大的骨干枝和根茎被冻裂,枝干也出现干枯、爆皮甚至枯死等现象。受冻害幼树伴随着严重的抽条现象,成年荔枝树出现叶片焦枯、枝梢不同程度枯死和枝皮开裂流胶等症状[17]。

4. 防御措施

(1)开展荔枝寒冻害风险区划,合理规划布局荔枝种植区域,规避寒冻害危险。

(2)荔枝寒冻害应急防御措施同龙眼(见本章第一节龙眼寒冻害的防御措施)。

(3)冻后适时修剪受冻枯枝,不宜立即修剪,要等到新梢萌芽,生死界线明显时,从新梢上部剪掉枯枝;并在气温回升后合理施肥,促使荔枝树势尽快恢复。

(二)开花至成熟期风害

1. 危害指标

8 级以上大风,就会使荔枝折断树枝,打落果实,影响产量,尤其是 6—7 月出现的台风对荔枝果实的危害最大,可导致大量落果。以日最大平均风速表征荔枝开花至成熟期(4—7 月)不同强度风害等级(表 5.6)。

表 5.6　荔枝开花至成熟期风害等级指标　　　　　　　　　　　　　单位:m/s

风害等级	轻度	中度	重度	严重
最大平均风速(V)	10.8≤V≤17.1	17.2≤V≤24.4	24.5≤V≤32.6	V>32.6

2. 主要危害

风是影响荔枝生长发育的一个重要因子。福建常发生台风、雷雨大风,对荔枝生长发育构成威胁,8 级以上大风,就会使荔枝果实被刮掉;生产实践证明,大风对荔枝的生理损害比枝叶机械损害更为严重,大风时其同化作用的产物大量下降,影响产量。4—6 月是福建强对流天气常发生的季节,对处于开花期的荔枝而言,大风大大抑制和损害荔枝的生长和花器发育,开花期间遇干热大风会造成大量落花,受强风长时间吹害的果树部位,是不可能成花和开花的;对处于果实发育期的荔枝而言,局地的雷雨大风会造成果实损害,严重时导致落果;7 月是福建台风发生季节,此时福建荔枝处于成熟期,台风影响时会导致荔枝大量落果、枝叶损伤和枝条折断,风力极大时还会把荔枝树吹倒或连根拔起,影响产量。

3. 灾害个例

1996 年 7 月 28 日,平和县安厚镇出现 20 min 的雷雨大风,导致安厚荔枝场 198 株 8 年生树龄的乌叶荔枝倒伏,陆续干枯死亡。

2006 年 5 月 18 日,第 1 号强台风"珍珠"在广东省饶平登陆,然后进入福建境内,正面袭击漳州市,台风中心附近风速在 35 m/s 左右(风力 12 级以上);强台风对漳州水果造成了严重危害,处于果实发育期的荔枝遭受很大损失。

2018 年 7 月 11 日,第 8 号台风"玛莉亚"在连江县沿海登陆,登陆时中心附近最大风力 14 级,中北部沿海出现 11～13 级大风,阵风 14～17 级,导致宁德市蕉城区三都镇的荔枝损失约 20 万 kg,损失约 750 万元。

4. 防御措施

(1)做好荔枝园地选择,避免在风口地带建园。

(2)荔枝园周围建立防风林带,减轻台风等大风影响。

(3)台风来临前,对荔枝树体进行加固。

(4)成熟的荔枝在台风影响前应及时抢收。

(5)台风灾后,应根据荔枝不同受灾程度进行处理,被台风连根拔起的荔枝树应进行清理;吹歪的树体应及时修剪和打桩固定;折断的树干应及时短截处理;同时通过培土和施肥等田间管理,以恢复荔枝树势。

(三)花芽分化期暖害

1. 危害指标

荔枝花芽分化期最佳气候为晴冷少雨型,最差气候为阴热多雨型。荔枝冬季要求有一段低温时期,以促进花芽分化。荔枝花芽分化需要一定时间的低温诱导,如果温度持续偏高,则难以形成果枝,成为"暖害",通常采用花芽分化期极端最低气温或平均气温来表征暖害情况。一般认为,冬季期间日平均气温 0～10 ℃ 时,如能持续一段时间,虽嫩叶有轻微冻伤,但有利于花芽分化,并能促进花穗分枝多,雌花比例多,是丰年之兆。

荔枝花芽分化期日平均气温 14 ℃ 以上则不利于花芽分化和发育,温度越高时间越长,越有利于小叶发育而抽发冬梢,消耗了养分,花穗发育不良;或认为极端最低气温在 4～5 ℃ 出现轻度暖害,5～7 ℃ 出现中度暖害,≥7 ℃ 出现严重暖害。以极端最低气温(T_d)表征荔枝花芽分化期(12 月至次年 3 月)不同强度暖害等级(表 5.7)。

表 5.7　荔枝花芽分化期暖害等级指标　　　　　　　　　　　　　　　　单位:℃

暖害等级	轻度	中度	重度
极端最低气温(T_d)	$4.0 \leqslant T_d < 5.0$	$5.0 \leqslant T_d < 7.0$	$T_d \geqslant 7.0$

2. 主要危害

荔枝花芽分化要求冬季在安全越冬的条件下,应有适度低温,通常荔枝在 11～14 ℃ 情况下花枝和叶都可以同时缓慢发育成有经济价值的花穗,0～10 ℃ 时间长和温度低更有利于花枝和花的分化,形成的植株花穗多、单穗分枝多、花穗大、雌花也多;因此,日平均气温 1～10 ℃ 最适宜荔枝花芽分化,可为荔枝优质高产打下基础。不同荔枝品种类型其花芽分化对低温的要求也不同,早熟品种花芽分化对低温要求不高,但大多数中、迟熟品种如黑叶、糯米糍等对低温要求较严格,在花芽分化期间,要求有一段日平均气温低于 10 ℃ 的低温期,且连续时间越长,越容易成花,并能促进花穗分枝多,雌花比例多,温度达 18 ℃ 以上时难成花。随着气候变暖,福建冬季平均气温上升较为明显,暖冬给荔枝花芽分化带来了不利影响,因此,荔枝的花芽分化期存在较为明显的暖害问题,影响产量。

3. 灾害个例

1994 年 12 月,莆田市平均气温 17.3 ℃,比历年偏高 3.4 ℃;降水量 95.3 mm,比历年偏多 71.2 mm,导致荔枝冬梢抽发特多,次年花穗很少[18]。

2002 年 1—2 月,福建气温较往年偏高,出现暖冬,气温偏高对荔枝花芽分化不利,冬梢抽生;春季(3—4 月)异常偏暖,3 月全省平均气温较常年同期偏高 3~4 ℃,4 月偏高 2~3 ℃,中南部地区温度过高,造成荔枝出现"冲梢"。

2013 年 3 月上旬,福建气温偏高,导致中南部沿海地区荔枝树发生"冲梢"现象,不利于花穗发育。

4. 防御措施

(1)培养健壮荔枝结果母枝,防止暖冬的冬梢抽生。

(2)对树势较旺的荔枝树,秋梢老熟后及时采用深翻断根、露根、环割的方法,控制水分,以抑制冬梢萌发,促进营养物质积累和花芽分化。

(3)抽冬梢的荔枝树,要及时进行人工抹梢,摘除荔枝新梢,喷控梢灵,抑制叶片生长,促进花穗发育。

(四)开花期连阴雨

1. 危害指标

荔枝开花期连阴雨天气日数达 2 d 为轻度危害,3~4 d 为中度危害,≥5 d 为重度危害。荔枝开花期若出现 5 d 以上的低温阴雨,日照 100 h 以下,雨量 100 mm 以上会严重影响开花授粉,导致大量的败花败果,坐果率显著降低。以连阴雨天数(D_d)表征荔枝开花期(3—4 月)不同强度连阴雨湿害等级(表 5.8)。

表 5.8　荔枝开花期连阴雨湿害等级指标　　　　　　　　　　　　　　　　单位:d

湿害等级	轻度	中度	重度
连阴雨日数(D_d)	$D_d=2$	$3\leqslant D_d\leqslant 4$	$D_d\geqslant 5$

2. 主要危害

荔枝开花期最忌连绵阴雨,福建荔枝开花期在 3—4 月,此时正值福建春雨季,连阴雨天气常对荔枝开花造成不利影响。开花期遇长时间的连阴雨,一是容易造成烂花;二是造成花药不开裂,会使花粉发育受阻,花粉粒发芽势明显减弱,有些花粉粒发育不正常,小而畸形;三是造成雨水冲淡雌花柱头上的黏液而粘不牢花粉,花粉黏着力下降,达不到受精的目的;四是在荔枝开花消耗掉大量营养物质后,由于低温阴雨,光合效率低,碳水化合物无法及时得到补充,难以供给全部幼果的生长发育,导致大量落果,降低坐果率,影响产量;五是湿度太大,影响到花粉在空气中的传播及导致霜疫霉病等病害发生蔓延。

3. 灾害个例

1990 年 4 月,漳州市荔枝盛花期出现罕见的低温阴雨天气,雨量偏多,造成荔枝疫霉病严重,而败花失收[19]。

1997 年春季,莆田市荔枝花穗期气温高,雨水多,日照少,导致荔枝霜疫霉病大发生,有的地方荔枝颗粒无收,损失为历史罕见。

4. 防御措施

(1)选种合适的荔枝品种,合理安排花期,规避低温阴雨时段开花。

(2)荔枝花期遇低温阴雨天气,应及时进行摇树枝,抖落柱头上的水滴,促进花药开裂和开花授粉。

(3)荔枝花期遇连续阴雨低温,应及时喷洒保花保果剂,以提高坐果率。

(4)摇去雨后残花,不让残花粘附在荔枝花穗和叶片上,避免沤花。

(5)荔枝花期放蜂,以提高开花授粉率。

第三节　香蕉

一、概况

香蕉是常绿性的多年生大型草本植物,通常将食用香蕉分为香牙蕉(简称香蕉)、粉蕉(又称糯米蕉)、龙牙蕉(又称美蕉)和大蕉(又称芭蕉)4大类。福建主栽的香蕉品种有台湾蕉和天宝蕉,其中天宝香蕉是福建传统名果,在漳州市已有1300年栽培历史,其特点是果皮薄、果肉柔软、味甜、香味浓、品质佳。

2018年福建省香蕉总产量42.1万t,香蕉产量从高到低的地市排序是:漳州＞福州＞泉州＞莆田＞龙岩＞三明＞厦门＞宁德＞南平,产量最高的是漳州市,占全省香蕉总产量的87.6%,可见福建香蕉主要集中在漳州市;产量最高的县(区)为南靖县,达23.5万t,占全省香蕉总产量的55.9%,其次为华安县、芗城区、漳浦县、龙海区、长泰区等[1]。

香蕉按种植季节分为正造蕉(留芽蕉)和春植蕉(反季节蕉)。福建正造蕉(留芽蕉)通常在5—6月留芽,次年5—7月抽蕾、7—10月采收;春植蕉在春季(3—4月)定植,次年仲春至初夏(2—5月)采收。栽培的主要品种有天宝矮蕉(度蕉)、天宝长蕉(白蕉)、台湾蕉、美蕉、粉蕉、柴蕉、墨西哥蕉、菲律宾蕉、威廉斯B6、洪都拉斯蕉、台湾北蕉、仙人蕉、广东611、广大711等17个品种。

二、主要气象灾害

(一)寒冻害

1. 危害指标

最低气温低于5℃时,香蕉除上部3～5片幼叶外,下部的老叶多数受低温危害,会出现小块枯斑或黄化,并逐渐扩大至全叶枯死;当最低气温低于2℃时,大部分新老叶全部冻枯;最低气温低于0℃时,幼株假茎冻枯;最低气温低于-2℃时,老株假茎冻枯,第2年必须从地下茎分生幼苗。综合考虑福建各主栽香蕉品种的生物学特性,以极端最低气温(T_d)表征香蕉不同强度寒冻害等级(表5.9)。

表5.9　香蕉寒冻害等级指标　　　　　　　　　　　　　　　　单位:℃

寒冻害等级	轻度	中度	重度	严重
极端最低气温(T_d)	$3.0 \leqslant T_d < 5.0$	$1.0 \leqslant T_d < 3.0$	$-1.0 \leqslant T_d < 1.0$	$T_d < -1.0$

2. 主要危害

冬季低温霜冻危害是限制香蕉地理分布的主要因素,不同香蕉类型其耐寒性有所不同,一一般大蕉耐寒性较强,粉蕉次之,香牙蕉不耐寒。香牙蕉怕低温,忌霜冻,耐寒性比芭蕉、粉蕉弱,当气温降至 5 ℃时,香牙蕉叶片受寒害,1~2 ℃时,叶片枯萎,当气温降至 0 ℃以下,出现霜冻,叶片全部冻死,气温再降至 −2 ℃,假茎也受冻害;果实若长时间处在 5 ℃以下,也会受冻伤[20]。

福建香蕉寒冻害的天气类型有辐射霜冻和平流霜冻,出现霜冻后,香蕉叶片干枯,甚至整株死亡。辐射型霜冻出现时间很短,但破坏力很大,只要有霜,香蕉叶片都会冻死,一个晚上短时 0 ℃的霜冻会把香蕉叶片冻枯,温度再降到 −2 ℃时,叶片、假茎也都受冻害;平流型霜冻(低温阴雨型),即使气温在 4.5 ℃左右,也会引起香蕉烂心致死,尤其是香蕉果实成熟期抗寒能力最低,气温 5~7 ℃时蕉果就会受冻变黑,不能正常成熟,品质差[21]。

3. 灾害个例

1999 年 12 月 17—23 日,福建出现强寒潮天气过程,大部分地区过程降温达 10~12 ℃,最低气温出现在 12 月 23 日,日极端最低气温除中南部沿海地区外都低于 0 ℃,全省大部地区出现霜冻,这是继 1991 年之后的再次大冻害年,尤其是福建东南部地区,如南靖县、平和县极端最低气温达 −2.9 ℃,诏安县达 −1.3 ℃,均打破了 1961 年以来的最低气温记录,造成南亚热带果树冻害严重,漳州市香蕉受灾面积达 45.5 万亩,绝收 37.5 万亩,平和、南靖和长泰等县的香蕉几乎全被冻死。

2005 年 1 月 1—2 日,受强冷空气影响,福建各地出现强降温天气,大部分县(市)过程极端最低气温在 0 ℃以下,香蕉遭受严重冻害,部分香蕉绝收。

2009 年 1 月 8—17 日,受强冷空气影响,全省自北向南出现明显降温过程,日最低气温持续明显下降,漳州市香蕉冻害较重。

2010 年 12 月 15—17 日,全省持续低温寡照,大部县(市)异常偏低,日平均气温距平为 −5~−2 ℃,极端气温低,月极端最低气温为 −7.1~5.3 ℃,日照不足,持续低温使得香蕉遭受大面积寒冻害,尤以南亚热带地区香蕉寒冻害最为严重,枝叶枯萎,影响光合作用,果实偏小,部分低洼地带香蕉枯死。

2012 年 12 月 29—31 日,强降温造成全省性寒潮天气过程,31 日各地最低气温均出现入冬以来的最低值,东南部沿海地区的最低气温降至 2~4 ℃,低温过程致使香蕉遭受不同程度的寒冻害。

2016 年 1 月 22—26 日,受强冷空气影响,福建出现大范围低温雨(雪)天气,过程极端最低气温达 −10.7 ℃(屏南)~2.5 ℃(东山),低温雨雪冰冻灾害导致福建南亚热带区域香蕉出现严重寒冻害。

4. 防御措施

(1)园地选择。根据香蕉寒冻害危险性区划结果,合理布局香蕉种植带,有效规避寒冻害风险。

(2)熏烟法。霜冻来临时,在果园利用谷壳、木屑等熏烧,减低地面有效辐射,使近地层气温提高 1~3 ℃,来有效防寒防冻。

(3)灌水法。强冷空气来临前 1~2 d 给果园灌水,因水温高于地表温度,并改善近地层湿度条件,可有效减轻香蕉寒冻害。

(4)覆盖法。强冷空气来临前,用薄膜、稻草等覆盖蕉园地面,以减少热辐射损失。

(5)培土法。强冷空气来临前,进行高培土,加厚土层,增加土温,有利香蕉过冬。

（6）增施热性肥料法。霜冻来临前,通过施磷钾肥,提高香蕉植株抗逆性,减轻寒冻害。

（7）套袋法。霜冻来临前,将塑料袋套在香蕉果柄上绑紧,提高袋内温度,减少寒风对香蕉果实的直接吹打,减轻寒冻害。

（二）大风

1. 危害指标

风力达4～6级时,香蕉叶片会被吹裂,撕裂蕉叶平行脉,并影响光合作用;7～8级大风,香蕉叶片被吹成破碎,植株倾斜;9～10级大风,香蕉假茎被吹断,特别是挂果蕉更易断,有的连根拔起;10级以上大风,香蕉遭到毁灭性危害。以日最大平均风速表征香蕉不同强度风害等级（表5.10）。

表 5.10　香蕉风害等级指标　　　　　　　　　　单位:m/s

风害等级	轻度	中度	重度	严重
日最大平均风速(V)	$5.5{\leqslant}V{\leqslant}10.7$	$10.8{\leqslant}V{\leqslant}17.1$	$17.2{\leqslant}V{\leqslant}24.4$	$V{\geqslant}24.5$

2. 主要危害

福建沿海地区经常发生台风等风害,台风是香蕉栽培中较严重的农业气象灾害之一。香蕉叶片大,假茎高且质脆,没有主根且根系浅,容易遭受风害而折茎、倒伏;当风速大于6.9 m/s,香蕉叶片会被撕烂,叶柄会被吹折,风速大于18.1 m/s,假茎会被打断或整株被吹倒,风速大于27.8 m/s,能将整个蕉园摧毁。

3. 灾害个例

2004年8月25日,第18号台风"艾利"前后在福建省福清市、石狮市2次登陆,26日第3次登陆龙海区港尾镇,福建全省普降暴雨到大暴雨,降雨量达50～100 mm的有27个县,导致莆田市、福州市、泉州市、厦门市以及漳州市香蕉大面积倒伏,漳浦县、龙海区的香蕉损失尤为严重。

2006年5月18日,第1号强台风"珍珠"在广东省饶平县登陆,台风登陆后进入福建境内,向北偏东方向移动,正面袭击漳州市,中南部沿海风力达10～13级,风速以东山县38 m/s为最大;强台风对漳州水果造成了严重危害,平和县等地香蕉遭受到很大损失。

2015年7月28日,漳州市辖区、龙海区、华安县和长泰区等地出现短时雷雨大风,局部还出现冰雹和龙卷风,导致受灾区域香蕉损失严重;其中芗城区天宝镇出现的雷雨大风风力达6～7级,阵风8级,局部风力可能更高,导致全镇400亩左右的香蕉被吹倒或折断。

4. 防御措施

（1）做好园地规划,选择避风地带种植香蕉。

（2）营建防风林带,减轻香蕉风害影响。

（3）选种中矮秆抗风香蕉品种,多用嫁接苗繁殖,培育矮化树型,以增强抗风能力。

（4）香蕉可采取立蕉桩、设置风障等措施,防止倒伏和折枝。

（5）台风来临前,已成熟或基本成熟的香蕉要进行抢收;未成熟的要采取"插杆"加固等措施,巩固树体和枝干,防止香蕉大面积倒伏、折断。

（6）做好蕉园水道疏通,防止田间积水,保证香蕉根系正常生长发育。

（7）避免偏施氮肥,以免造成香蕉植株徒长而易遭受风害。

（8）受台风、暴雨袭击而造成倒伏、树枝折断的蕉园,必须及时进行清园、扶正、树冠修整、培土增肥,以加快恢复香蕉生长势。

(9)香蕉被台风暴雨吹打后易感染病菌,应注意病害检查防治,防止蔓延。

(三)暴雨洪涝

1. 危害指标

暴雨极易引起蕉园土壤积水,造成香蕉涝害。据观察,旬降水量超过 150 mm 时,香蕉株高、茎粗生长量及新叶抽生速度直线下降,影响香蕉生长发育和产量。雨水过多会使蕉园土壤达到饱和状态并引起水浸,则会出现"湿脚"现象,水浸 24 h,香蕉根系就会死亡,叶片变黄;浸水 4 d 以上,香蕉根群窒息,以至全株死亡。以日降水量表征香蕉不同强度暴雨洪涝灾害等级(表 5.11)。

表 5.11 香蕉暴雨洪涝灾害等级指标　　　　　　　　单位:mm

暴雨洪涝灾害等级	轻中度	重度	严重
日降水量(R)	$50 \leqslant R < 100$	$100 \leqslant R < 200$	$R \geqslant 200$

2. 主要危害

香蕉根系生长需要良好的通气状态,蕉园积水或被淹,会导致根系缺氧而生长不良,轻者叶片发黄,易诱发叶斑病,产量下降;重者(浸水 4 d 以上)根群窒息腐烂,植株死亡。香蕉在不同的生长时期,对涝害的敏感程度也有差异,以抽蕾期最为敏感。

3. 灾害个例

2006 年 6 月,漳州市继 5 月遭受 1 号强台风"珍珠"袭击之后,6 月上中旬又连续遭遇暴雨,灾情加剧,持续暴雨导致漳州市芗城区浦南镇福林村的九龙江北溪堤岸决口,造成 250 多亩待收成的香蕉全部被淹死,每亩损失数千元。

4. 防御措施

(1)选择地势较高,排灌方便的地带种植香蕉,避免在低洼地带种植。

(2)做好蕉园水道疏通,遇强降水及时开沟排水,降低地下水位,避免积水,以免出现香蕉伤根和烂根现象。

(3)采用高畦深沟栽培,减轻暴雨对香蕉影响。

(4)暴雨过后及时中耕,以增强土壤通透性,促进香蕉根系恢复正常生长。

(5)暴雨过后,蕉园及时培土、施肥,以恢复香蕉树势。

(四)干旱

1. 危害指标

(1)夏旱

夏季出现半个月以上的持续无降水,就会导致香蕉出现不同程度的干旱危害。香蕉主要生长季节,若旬雨量少于 50 mm,抽生叶数、株高、茎粗生长量均明显下降,当连续 2 旬降水少于 30 mm 时,又没有灌溉的蕉园,会导致老蕉叶折断,多数叶片枯黄,蕉果短小。以 7—9 月日雨量小于 2 mm 的连旱天数(D_d)表征香蕉不同强度夏旱等级(表 5.12)。

表 5.12 香蕉夏旱等级指标　　　　　　　　单位:d

夏旱等级	轻度	中度	重度	严重
连旱天数(D_d)	$16 \leqslant D_d \leqslant 25$	$26 \leqslant D_d \leqslant 35$	$36 \leqslant D_d \leqslant 45$	$D_d \geqslant 46$

（2）秋冬旱

秋冬季出现1个月以上持续无降水,会导致空气湿度小,蒸发量大,造成香蕉干旱危害,影响香蕉生长发育和产量。以10月11日至次年2月10日连旱天数(D_d)表征香蕉不同强度秋冬旱等级(表5.13)。

表5.13 香蕉秋冬旱等级指标 单位:d

秋冬旱等级	轻度	中度	重度	严重
连旱天数(D_d)	$31{\leqslant}D_d{\leqslant}50$	$51{\leqslant}D_d{\leqslant}70$	$71{\leqslant}D_d{\leqslant}90$	$D_d{\geqslant}91$

2. 主要危害

（1）夏旱

夏旱是福建最主要的干旱类型。福建夏季(7—9月)常出现夏旱,影响正造蕉果实膨大及春植蕉抽蕾;同时香蕉根系浅生,叶片宽大,植株生长迅速,生长量大,需要大量的水分来满足生长发育的需要,怕干旱;香蕉通常要求月降水量大于100 mm,若月降水量小于50 mm,香蕉会因缺水导致抽蕾期延长,果指短、单产低;若10 d没有下雨,又没有浇透水,叶的边缘就开始干枯,影响香蕉正常生长发育,造成减产;而久旱逢雨,便会造成裂果。

（2）秋冬旱

秋冬季正值香蕉生长后期,根系老化,如果长期无雨,土壤湿度小,蒸发量大,则香蕉很容易受旱,造成蕉株早衰,严重者地上部分枯死。

3. 灾害个例

2002年2月中旬至5月9日,福建中南部地区出现了2个时段的连旱过程,出现了典型的"南部干旱型"春旱,对漳州市等地香蕉的威胁很大,造成部分香蕉地上部枯死,处于营养生长期的香蕉营养器官发育不良。

2003年7—11月,福建持续高温干旱天气,蒸发量大,水库蓄水锐减,全省遭受了1939年以来最严重的干旱,导致香蕉果实失水,严重影响产量。

2009年1月,漳州市南靖县、平和县、诏安县、东山县、华安县和长泰区连旱日数超过90 d,漳州其他县(市)连旱日数也超过70 d,出现旱情,干旱导致香蕉田沟渠出现干裂,香蕉生长发育受到影响。

4. 防御措施

（1）香蕉遇旱时,及时采取沟灌、喷灌和滴灌等方式进行灌溉,保证香蕉正常水分需求。

（2）蕉园覆盖稻草,减少土壤水分蒸发,以保墒减轻干旱危害。

（3）种植耐旱性强的香蕉品种,增强抗旱能力。

第四节　柑橘

一、概况

柑橘是福建省种植面积最大的水果,种植种类包括柑、橘、柚、橙等,宽皮橘类有芦柑、福橘、桶柑、温州蜜柑、本地早、马鼻蜜橘、南丰蜜橘、瓯柑等,其中芦柑主要分布在漳州市、泉州市和厦门市一带,以永春芦柑最著名;福橘是福建橘类的典型代表,主要分布在闽江下游地区。

柚类主要有坪山柚、文旦柚、琯溪蜜柚、下河蜜柚、度尾蜜柚、四季柚、渡口蜜柚、芦芝柚等,四季柚主要分布在福鼎市;文旦柚主要分布在莆田市、长泰区等地;下河蜜柚主要分布在云霄县;坪山柚主要分布在华安县等地;琯溪蜜柚主要分布在平和县等。甜橙类主要有雪柑、印子柑、夏橙、改良橙、锦橙、血橙、哈姆林橙、脐橙。金柑类有金弹、金枣、金豆等,其中雪柑主要分布在闽江中下游和闽东地区,以闽侯县和闽清县的雪柑最著名。此外还有酸橙、葡萄柚、柠檬、木黎檬、枸橼等零星种植。

2018年福建柑橘类种植总面积13.2万 hm²,产量33.9万 t,柑橘面积从高到低的地市排序是:漳州>三明>龙岩>南平>宁德>福州>泉州>莆田>厦门,面积最大的是漳州市,占全省柑橘总面积的43.1%;面积最大的县(区)为平和县,达4.6万 hm²,占全省柑橘总面积的35.1%,其次为建瓯市、尤溪县、永安市、上杭县、顺昌县、霞浦县和永定区等[1]。

福建柑橘类通常在2月开始幼芽萌动,3月处于萌芽期和春梢抽发期,4月开花,4月中旬至5月中旬处于生理落果期,5—9月处于果实膨大期,9月早熟柚类和特早熟温州蜜柑成熟上市,10—12月柑橘处于果实成熟期。

二、主要气象灾害

(一)冻害

1. 危害指标

柑橘是热带、亚热带常绿果树,生产上栽培的主要种类有甜橙类、宽皮柑橘类、杂柑类、柚与葡萄柚类。冬季低温常引起柑橘冻害,冻害的临界温度指标因不同的柑橘种类、品种、树龄和器官而异。从柑橘种类耐寒力来看,耐寒力由大到小的顺序是金柑类、宽皮柑橘类、甜橙类、柚类和柠檬类,各种类柑橘受冻临界温度分别为:金柑类为 $-10\ ℃$,宽皮橘类为 $-9\ ℃$,椪橘和有柑类为 $-8\ ℃$,甜橙类和柚类为 $-7\ ℃$,柠檬类为 $-3\ ℃$。各器官受冻临界温度分别为:花蕾、幼果为 $-1\ ℃$,花、嫩芽为 $-2.8\ ℃$,未熟青果为 $-1.9\sim-1.4\ ℃$,半熟果为 $-2.2\sim-1.7\ ℃$,成熟果为 $-2.8\sim-2.2\ ℃$,成长叶为 $-3\ ℃$。幼龄树由于营养生长期长,抗寒力弱,壮龄树耐寒力最强,而衰老树耐寒力又趋下降。

2. 主要危害

柑橘寒冻害主要有越冬期冻害和春季晚霜冻。越冬期冻害会造成柑橘树体内部结冰,轻的冻害会导致枝叶冻伤,小枝枯死;严重冻害将导致枝干皮裂或整株树死亡。春季晚霜冻会造成柑橘幼芽、嫩梢和花蕾受冻。

影响柑橘冻害的因子可分为气象学因子和植物学因子,柑橘受冻程度除与低温强度、降温幅度、持续时间、低温出现时间、气温日较差和风速等的因子有关外,还与柑橘树自身耐寒性、树势强弱、栽培管理水平、树龄、砧木、地势、土壤肥力以及防御措施是否到位有关,此外,柑橘园的立地条件如海拔高度、离水体远近、外围地形、坡度坡向的不同使得柑橘园小气候特点也不相同,也影响着柑橘受冻害的程度。

3. 灾害个例

1991年12月下旬,受强冷空气影响,南平市气温骤降,普降大雪,强寒潮导致降温幅度大、波及范围广、极端气温低、持续时间长、地面积雪厚,使南平市柑橘生产遭受严重损失。12月29日南平市10个县(市)的极端最低气温在 $-4.5\sim-10.8\ ℃$,柑橘受冻面积31.3万亩,占柑橘总面积的74.0%,其中1级冻害占20.8%,2级冻害占34.6%,3级冻害占28.0%,4级冻害占 13.7%,5 级冻害占 2.6%;按品种分,受冻温州蜜柑占 63.3%,雪柑占 10.0%,芦柑占 21.4%,福橘占 3.3%[22]。

1999 年 12 月 17—23 日,闽北连续 4 d 最低气温在 −7 ℃ 以下,最低气温达 −10.2 ℃,柑橘遭受了严重冻害;三明市冻害最重的是柚类和橙类,其次是芦柑、温州蜜柑,受冻叶片发生蜷缩、青枯,用手捏即成碎状,且冻后的叶片挂树不易自行脱落;枝梢受冻后小枝干枯,大枝皮层断续开裂。

2003 年 12 月至 2004 年 2 月,三明市区极端低温达 −2 ℃,明溪县极端低温达 −4.7 ℃,清流县极端低温达 −5 ℃,尤溪县极端低温达 −4.2 ℃,高海拔地区预计达 −6～−7 ℃,造成三明市脐橙、雪柑、柚受冻较重,尤以高接换种脐橙的幼龄树或枝梢未充分老熟的受冻为重,枝叶受冻干枯,柑橘受冻面积达 3128.7 hm^2,占柑橘总面积的 8.1%[23]。

2010 年 3 月 6 日,受强冷空气南下影响,福建省 9—11 日天气急剧转晴出现夜间辐射降温,3 月 10 日西部、北部地区极端最低气温达 −3～0 ℃(高海拔山区达 −5～−3 ℃),中部地区和南部的内陆地区达 0～2 ℃,其余地区为 2～4 ℃。西部、北部地区出现严重晚霜冻,南缘海拔 ≥500 m 的地区与北缘均有结冰,此时福建柑橘正值春梢抽生、花芽分化期和现蕾期,柑橘受冻面积占比达 30.9%,在海拔 400～500 m 区域的柑橘新梢受冻,海拔 ≥700 m 区域的柑橘老叶受冻,海拔 ≥850 m 的柑橘 2 年生枝条受冻;受冻程度大小表现为:甜橙类(纽荷尔脐橙)>早熟温蜜>中熟温蜜、柚类>椪柑;柚类花芽多着生在树冠内膛,因而减产程度相对较轻[24]。顺昌县海拔 170 m 的城区极端最低气温达 −0.2 ℃,海拔 270 m 的郑坊村低温达 −3.5 ℃,对处于现蕾期的脐橙、雪柑、芦柑造成了毁灭性灾害,全县各类柑橘减产幅度均达 40%～70%[25]。

2010 年 12 月至 2011 年 1 月,尤溪县出现罕见的降雪、低温和霜冻天气,而 12 月至次年 1 月正值尤溪县金柑成熟采摘期,寒冻害导致未采摘的金柑果实有 1/3 被冻坏;海拔 700 m 以上的管前镇、八字桥乡的金柑果实全部被冻坏,部分果树树枝冻伤,嫁接的嫩树枝梢有 90% 被冻死。

2016 年 1 月 21—26 日,强寒潮席卷福建,受其影响,大田县柑橘发生严重冻害,海拔 500 m 以上地区极端低温在 −8 ℃ 以下,全县 80% 以上的柑橘遭受不同程度的冻害,受害植株出现青枯、黄枯和大量落叶;其中"春香橘柚"1 级冻害占 54.0%,2 级冻害占 24.0%,3 级冻害占比 16.0%,4 级冻害占 5.1%;屏南县连续 3 d 极端最低气温降至 −6 ℃ 以下,全县 5 个镇 6 个乡的脐橙冻害严重,成年脐橙树全方位受害,表现为叶片失绿、卷曲、青枯,数日后呈现橘红(或白枯)落叶,幼年树叶片脱落较成年树多,树冠上嫩梢受冻,当年生枝梢从上向下枯死,有的整株枯死。

4. 防御措施

(1)根据柑橘气候适宜性区划和寒冻害风险区划结果,合理布局柑橘园,规避寒冻害风险。

(2)利用大型水体和山地逆温层的局地小气候资源,种植适宜的柑橘品种,避免或减轻冻害威胁。

(3)因地制宜选种耐寒类柑橘品种。

(4)冻前柑橘果园用地膜或稻草(杂草)覆盖,若能在覆盖物上再加盖一层土则防冻效果更好,以增温并减少昼夜温差。

(5)冻前果园灌水,最好在霜冻前 10 d 左右灌水,灌透 1～2 次,以提高土壤保温能力及热容量;注意灌水时间不能太迟,若在冻害前1～2 d灌水反而会加剧冻害。

(6)冻前柑橘树干刷白,树干基部培土,幼树主干包扎草绳或稻草。

(7)冻前柑橘树冠用遮阳网、草帘和塑膜等进行覆盖。

(8)霜冻天晚上采取柑橘园熏烟的增温措施,熏烟可用木屑、杂草或稻草等,每亩均匀安置4～6个烟堆,使烟雾弥漫全果园,以减缓地面散热降温。

(9)冻前喷施磷酸二氢钾等营养剂以及抗寒剂,以提高柑橘树体抗寒能力。

(10)秋季多施磷钾肥和有机肥,促进细胞组织充实,提高柑橘树抗寒能力。

(11)入冬前彻底抹除柑橘晚秋梢和冬梢,防止冻口下延。

(12)柑橘园营造防护林,以有效减弱风速,减少叶片水分蒸腾和树体热量的散失,提高柑橘园温度,改善橘园小气候。

(13)柑橘冻后,根据不同受冻程度,在气温稳定回升后,采取轻冻摘叶、中冻剪枝、重冻锯干的措施,适时适当修剪枝、叶,尽量保留未冻部分,及时摘除柑橘枝梢上枯萎或枯死叶片,以减少树体水分和养分损失,防止枝梢进一步脱水枯死;并加强树冠护理,及时采取中耕松土、早施春芽肥等措施,促进受冻柑橘的树势恢复。

(二)干旱

1. 危害指标

柑橘生长发育期内通常要求每月有120～150 mm的降水量,若月降水量小于120 mm,就会出现供水不足;一般连续20 d无降水,就会引起柑橘严重缺水,当土壤含水量小于14％时,柑橘就会出现干旱,影响柑橘植株生长和果实膨大。

2. 主要危害

夏秋季福建柑橘处于果实膨大和成熟期,夏秋旱会导致柑橘叶片萎蔫卷曲、叶色焦黄,影响光合作用,进而影响果实膨大,造成果实小、落果现象,柑橘品质变差;干旱后遇雨还会导致温州蜜柑、脐橙和蜜柚等品种出现裂果;干旱严重时还会导致植株死亡。

3. 灾害个例

1987年8月,顺昌县出现夏旱,导致园艺场柑园20 cm土壤含水量仅为13.3％,路马头林场柑园土壤含水量为13.0％,导致两片共计54 hm² 的柑园叶片严重卷曲,叶色焦黄;顺昌县0.8万 hm² 的柑园中,夏旱导致的柑树受害面积达0.6万 hm²,占70％,并造成果实变小,减产500～600 t,减产率达10％左右[25]。

2003年夏秋季,福建出现高温干旱天气,对柑橘果实发育十分不利,果实膨大受影响,出现果小的情况,部分山地上种植的柑橘由于缺水出现死亡。平和县6月29日至8月11日共44 d的过程降雨量仅为57.3 mm,比常年同期减少8成,高温干旱导致蜜柚果实被烈日灼黄,8月15日后,出现数场大雨、暴雨天气过程,导致柚果大量吸收水分,造成严重裂果,致使当年蜜柚产量比上年减产3成多。

2014年9—11月,全省晴热少雨,平均气温偏高1.4 ℃,降水偏少近5成,中南部沿海和闽西局部的降水量偏少7成以上,全省大部分县(市)出现气象干旱,其中闽西南部及中南部沿海部分县(市)达气象重旱、局部出现特旱。这次干旱过程影响范围大、持续时间长,给柑橘果实膨大造成一定程度的不利影响。

2019年7月下旬至10月底,福建出现持续干旱,导致部分柑橘果园出现果实偏小、落果现象,柑橘产量和品质下降。

4. 防御措施

(1)加强柑橘园排灌水利设施建设,保证果园有水灌溉。

(2)干旱时柑橘园应及时引水灌溉,最好采用喷灌、滴灌等方式灌溉,保证柑橘正常水分需求。

(3)旱前柑橘园进行松土灌水,覆盖秸秆或干草 10～20 cm,减少土壤水分蒸发。

(三)台风

1. 危害指标

通常 8 级以上的台风大风,就会不同程度造成柑橘枝叶和树体的危害,造成柑橘落叶、枝条折断,导致柚子、柑橘落果,严重时导致枝干倾斜、树体倒伏。

2. 主要危害

台风大风对柚子、柑橘枝叶生长发育、果实发育的影响较大,可导致枝叶机械损伤,造成大量落果,甚至树体连根拔起,影响柑橘和蜜柚产量。

3. 灾害个例

2013 年 9 月 22 日,"天兔"台风在广东汕尾沿海登陆,受其外围环流和冷空气共同影响,21—23 日,福建沿海出现 8～11 级大风,中北部沿海地区和南部地区的部分出现暴雨到大暴雨天气,尤其是漳州市南部部分县(市)出现了特大暴雨。台风造成沿海地区柚子树折枝落叶,出现落果。

2016 年 9 月 15 日,第 14 号台风"莫兰蒂"在厦门市翔安区沿海登陆,登陆时中心附近最大风力 15 级,给全省大部带来严重的风雨影响;此时漳州市、泉州市等地的蜜柚处于果实成熟期,柑橘处于果实膨大期;台风导致部分蜜柚、柑橘树枝干倾斜、枝条折断,落果严重。

2018 年 7 月 11 日,第 8 号台风"玛莉亚"在连江县沿海登陆,近中心最大风力 14 级(42 m/s,强台风级),导致连江县蓼沿乡溪东村种植的脐橙果树落果 10% 以上。

4. 防御措施

(1)做好柑橘园地选择,避免在风口地带建园。

(2)建立防风林带,减轻台风等大风对柑橘生长发育影响。

(3)台风来临前,对蜜柚、柑橘树体进行加固。

(4)成熟的蜜柚在台风来临前及时抢收。

第五节　葡萄

一、概况

葡萄,属葡萄科葡萄属植物,是世界上最古老、分布最广的一种水果之一,有欧亚种群、东亚种群和北美种群,全世界葡萄品种有 8000 多个,我国有近千余个品种,但广泛栽培的不超过 200 个。葡萄按葡萄核有无分类,可分为有核葡萄和无核葡萄;按果实用途分类,可分为鲜食葡萄、酿酒葡萄、制汁葡萄和制干葡萄;按品种成熟期分类,可为早熟、中熟和晚熟葡萄,早熟品种有京亚、京秀、夏黑等,生长发育期 100～130 d,中熟品种有巨峰、峰后等,生长发育期 130～145 d,晚熟品种有红地球、美人指等,生长发育期 145 d 以上。

福建省种植的葡萄品种 90% 以上为巨峰,品种结构较为单一。1984 年福建引进巨峰葡萄并试种成功，葡萄生产迅速发展起来，2018年葡萄总产量达20.8万t，葡萄总产量从高到低的地市排序是：宁德＞南平＞三明＞福州＞龙岩＞泉州＞莆田＞漳州＞厦门，产量最高的是宁德市，占全省葡萄总产量的50.0%，产量最高的县（区）为福安市，达7.9万t，占全省葡萄总产量的37.7%，其次为建瓯市、建阳区、梅列区、霞浦县、闽清县等。

福建葡萄通常在3月萌芽，4月进入春梢萌发、花穗抽生时期，早熟品种4月下旬开始开花，5月处于开花坐果期，6—7月处于果实发育期，早熟品种7月上旬成熟，中熟品种7月中下旬成熟，晚熟品种8月成熟，8月逐步进入采后恢复期，9—10月处于营养积累期，11月处于生长期向休眠期的过渡期，12月至次年2月进入休眠期。

由于福建葡萄生长发育期间雨量多，湿度大，病害多发等问题，葡萄生长发育受到影响，品质难以提升，与市场优质需求之间的矛盾日益凸显。目前随着设施避雨栽培技术、早春增温破眠促早、花果精细管理、控产提质增色、病虫综合防控等关键栽培技术的应用，促进了福建葡萄面积、产量和质量的提升。

二、主要气象灾害

（一）冻害

1. 危害指标

福建葡萄冻害主要是对春季萌发的芽、叶、梢和花穗等器官的危害。通常葡萄膨大芽眼能忍受−1℃低温，−3～−4℃时会发生冻害；葡萄嫩梢和叶片在气温−1℃时开始受冻，0℃时葡萄花序受冻，−1℃时葡萄幼果受冻。

2. 主要危害

福建葡萄冻害危害主要发生在春季，春季葡萄处于萌芽期、春梢萌发和花穗抽生，晚霜冻会造成葡萄嫩芽、嫩叶、嫩梢和花穗等器官受害，芽眼受冻后，主芽绿色部分变成褐色，枝叶也变为褐色，新梢和花穗萎缩、枯死。

3. 灾害个例

2010年3月6—11日，受强冷空气影响，南平市10—11日连续2 d极端低温低于0℃（−2.4～−0.2℃），出现历史罕见的晚霜冻，其低温达到了葡萄嫩梢耐寒性的极限温度；早熟的"京亚"和"北醇"品种，由于2月出现阶段性高温，几乎全都萌芽长梢，一般有10～20 cm长，花序3～5 cm，导致冻害严重；而中熟、晚熟的"巨峰"品种，由于萌芽迟或刚开始萌动，受冻较轻。南平市63个乡（镇）130多个葡萄种植村的0.3万hm²葡萄园均遭到不同程度冻害，其中0.2万hm²葡萄冻害严重；被冻葡萄叶片、幼嫩枝梢和花序变为黑色，萎缩、干枯，产量损失20%～30%，冻害严重的减产50%～70%，少数果园几乎绝收[26]。闽西北地区葡萄受冻面积达0.3万hm²，占葡萄种植总面积的60.4%，产量损失约34%。

2010年3月10—11日，受强冷空气影响，古田县大部分地区持续强降温，县气象站3月10日和11日最低气温降至−0.6℃以下，有霜和结冰，该县农业科技示范场（城东街道旺村洋村，海拔325 m）实测两天最低温度均为−1.5℃；海拔更高的地方极端低温达−3～−4℃；此时葡萄各品种均处于新梢至花穗抽生期，受冻后葡萄新梢和花穗全部枯死，全县有95%以上的葡萄出现严重冻害，其中以"黑王""红地球"品种受冻最为严重，"藤稔"和"高妻"等品种次之；全县葡萄受灾面积达164.7 hm²。

2018年4月7日，屏南县出现晚霜冻，造成地处屏南县岭下村的屏南瑞恒农业发展有限公司的葡萄园新抽发的葡萄春梢全部被冻伤、萎蔫,造成很大损失[27]。

4. 防御措施

(1)采用大棚设施栽培葡萄,保温避雨。

(2)葡萄果园四周营造防护林,降低风速,缓和葡萄园气温骤变。

(3)春季强冷空气来临前,葡萄园采用灌溉、熏烟、增施磷钾肥等增温措施,来缓解气温骤降,减轻寒冻害对葡萄芽、叶、花的危害。

(4)葡萄冻后,及时采取修剪受冻枝梢、喷洒杀菌剂、补施速效肥或叶面肥等补救措施,促进葡萄恢复正常生长发育。

(二)连阴雨

1. 危害指标

3 d 以上的连阴雨天气,就会造成葡萄根系生长受到抑制,光照强度减弱,影响葡萄光合作用;并影响葡萄开花授粉和果实发育,甚至造成葡萄果粒遭受病菌侵染或裂果,导致葡萄果实腐烂。

2. 主要危害

连阴雨影响葡萄根系呼吸,抑制根系生长发育;会影响葡萄开花授粉,造成授粉受精不良,易大量落花落果,同时花芽不易形成;葡萄果实发育期和成熟期多雨,不但会降低葡萄果实含糖量,还会引起葡萄裂果、腐烂,降低产量和品质。

3. 灾害个例

2012 年 4 月下旬至 5 月中旬,福建北部地区葡萄花期出现多场暴雨过程(2012 年 4 月 25 日雨季开始,4 月 24—25 日、4 月 28 日至 5 月 2 日、5 月 3—4 日、5 月 8—10 日、5 月 12—13 日、5 月 14—15 日出现暴雨),导致北部地区葡萄梢、果营养竞争矛盾突出,花和幼果养分供应不足,灰霉病等多种病害发生蔓延,造成葡萄花穗授粉不良,落花落果发生范围广、面积大、程度重,给果农造成重大损失。

4. 防御措施

(1)采用大棚避雨栽培葡萄,在葡萄萌芽期开始大棚覆膜,防止持续阴雨造成葡萄大量落花落果,减少雨水与花穗、果穗接触的机会,有效降低因雨水造成的多种病害的发生,尤其是减少易发、高发的霜霉病。

(2)葡萄栽培大棚选择透光率高的棚膜,并经常清洗棚膜上的灰尘、杂物,提高透光率;棚内可铺设反光地膜,或在墙上悬挂镀铝膜,增强反射光照,来增加光照时间,减轻阴雨寡照的影响。

(3)露地栽培的葡萄,可采取果园深挖排水沟,做好葡萄园内清沟排水,防止田间积水,做到雨停畦干;地势低洼处果园,积水排干后要及时采取中耕松土等降湿措施,以保证葡萄正常生长发育。

(4)采用果实套袋,减轻高湿造成的病害发生蔓延和葡萄裂果等危害。

(三)台风

1. 危害指标

6—7 月福建葡萄处于果实发育和成熟上市期,此时出现 8 级以上的台风大风,就会造成葡萄栽培大棚薄膜被毁,甚至倒架,果园被淹;并造成葡萄大量落叶落果和果实损伤。

2. 主要危害

福建葡萄台风危害主要发生在果实发育期和成熟期,台风大风常吹折葡萄枝梢、刮掉果穗,甚至摧毁葡萄架,造成葡萄栽培大棚被毁,大量落叶落果,折枝伤根,果实损伤;台风暴雨还会造成葡萄果园被淹。

3. 灾害个例

2015年8月8日,第13号台风"苏迪罗"在莆田市秀屿区沿海再次登陆,登陆时中心附近最大风力13级,中北部沿海地区大风达10~12级。受其影响,宁德市、福州市和莆田市的葡萄受灾,葡萄避雨大棚薄膜被风撕裂,部分大棚倒塌,造成葡萄树折枝伤根,叶片受损,果实掉落,部分葡萄园被水浸泡,全省葡萄栽培受灾面积973.3 hm²,经济损失约2.0亿元[28]。

2018年7月11日,第8号台风"玛莉亚"在连江县沿海登陆,近中心最大风力14级(42 m/s,强台风级),导致霞浦县1200亩葡萄大棚损毁;造成寿宁县葡萄大棚倒塌,直接压坏即将成熟的葡萄;造成永泰县红星乡葡萄大棚被强风摧毁,葡萄棚架倒塌,即将采摘或成熟的葡萄被风吹落,藤蔓、枝条损毁;造成连江县东岱镇阳光红心火龙果农业合作社基地的露天葡萄落果、裂果严重。

4. 防御措施

(1)葡萄果园周围营造防护林,减少大风影响。

(2)台风来临前,加固葡萄大棚,并及时揭膜。

(3)台风来临前,葡萄果园及时疏通水道,确保排水顺畅。

(4)台风来临前,及时抢收成熟的葡萄果实。

(5)台风过后,及时整修葡萄大棚,尽快排出园内积水,清除植株上泥浆、杂物;倒伏的树体应及时扶正,并设支架支撑,外露根系应适当修剪,并培土覆盖;追施肥料,促进根系恢复生长;剪除受损严重的枝蔓果穗;注意病虫害防治。

第六节　枇杷

一、概况

枇杷,为蔷薇科枇杷属植物,是我国亚热带地区的特色水果。福建省广泛栽培枇杷,主产区在东南部沿海地区,主要分布在云霄县、福清市和莆田市,其中莆田市常太镇被誉为"中国枇杷第一乡"。

2018年福建省枇杷总产量达30.5万t,枇杷总产量从高到低的排序是:漳州市>福州市>莆田市>三明市>宁德市>泉州市>南平市>龙岩市,产量最高的是漳州市,占全省枇杷总产量的33.3%;产量最高的县(区)为云霄县,达9.4万t,占全省枇杷总产量的31.0%,其次为福清市、莆田市辖区、仙游县、永泰县、连江县、罗源县等[1]。

福建主栽的枇杷品种有解放钟、早钟6号、长红3号、梅花霞、白梨、坂红、霞种、太城4号、香钟11号和晚钟518等;其中解放钟、白梨枇杷主要分布在莆田市,早钟6号和长红3号主要分布在云霄县、莆田市和福州市一带,太城4号全省各地均有栽培。

福建枇杷通常在6—7月进入夏梢抽生期,7—8月花芽开始分化,9—10月进入秋梢抽生期,10—12月处于开花期,1—2月处于幼果发育期,3月份南部地区早熟品种(早钟6号、长红3号)进入成熟期,4月处于果实膨大期、早中熟品种成熟期,5月中晚熟品种进入成熟期。

二、枇杷主要气象灾害

(一)寒冻害

1. 危害指标

枇杷属亚热带果树,性喜温暖,忌严寒,枇杷营养器官耐寒性强,冬季最低气温即使达 −18.0 ℃,树体尚无冻害,但枇杷的生殖器官耐寒性较弱,花器冻害的临界温度指标为 −5 ℃,幼果冻害的临界温度指标为 −3 ℃。冬季极端低温是限制枇杷经济栽培区的主要因素,冻害是影响枇杷产量的最主要农业气象灾害,枇杷通常以花果越冬,一般花蕾只能耐 −5 ℃低温,幼果在 −3 ℃受冻,−4～−5 ℃已达半致死临界状态,−6 ℃几乎全部冻死,低温持续时间越长,受冻越严重。

枇杷花果中以花蕾最耐寒,其次是刚开的花朵,幼果较不耐寒,果越大耐寒力越差,−3 ℃幼果开始受冻害,据研究,−4 ℃经历 2 h,−3 ℃经历 4 h,枇杷幼果冻死率在 40% 左右;−5 ℃花蕾开始受冻害。综合考虑福建各主栽枇杷品种的生物学特性,以极端最低气温(T_d)表征枇杷花果不同强度冻害等级(表 5.14)。

表 5.14　枇杷冻害等级指标　　　　　　　　　　　　　　　　单位:℃

冻害等级	轻度	中度	重度
极端最低气温(T_d)	$-3.0 \leqslant T_d < -2.0$	$-5.0 \leqslant T_d < -3.0$	$T_d < -5.0$

2. 主要危害

福建出现的低温冻害对枇杷树体本身没有危害,但枇杷以花果越冬,冻害对枇杷的危害体现在对花和幼果的危害,气温在 −5 ℃以下,花蕾严重受冻,影响开花;幼果在 −3 ℃以下严重受冻,持续时间越长,受冻害越严重;枇杷幼果耐冻性弱于花蕾耐冻性,同等低温冻害强度下,幼果受冻程度重于花期受冻,果实越大,受冻越严重,冻害会导致枇杷种子、果肉褐变,果实发黑,严重时绝收。

3. 灾害个例

1999 年 12 月下旬,受强冷空气持续影响,福建省出现罕见的连续低温霜冻天气,给枇杷造成严重损失。莆田市枇杷主产区的枇杷幼果普遍受冻,不同品种幼果受冻程度有所不同,早熟品种(早钟 6 号)因幼果发育较早而受冻最为严重,受冻的幼果表现僵果及种胚发黑,同时苗木与幼树也出现有嫩叶受冻现象[29]。莆田市常太镇早开花、已坐果的枇杷,减产或绝收的面积超过 1000 hm²,直接经济损失 7000 多万元;霜冻严重的内陆山区,枇杷幼苗新梢和幼叶被冻焦枯,"早钟 6 号""长红 3 号"等早熟品种的幼果种子被冻发黑,导致严重落果。部分内陆山区如武平县十方镇、莆田市大洋乡和福清市一都镇的晚熟枇杷也遭受严重冻害,"解放钟"等晚熟枇杷的花穗也多被冻坏,造成大幅减产[30]。

2005 年 1 月 2 日,永春县最低气温达 −1.0 ℃,全县 80% 以上的"早钟 6 号"枇杷受到不同程度的冻害,受灾面积达 698.3 hm²,占全县枇杷种植面积 71.4%,海拔较高的吾峰、蓬壶、仙岭等乡镇,枇杷冻害尤其严重,严重的颗粒无收,直接经济损失 8000 万元以上[31]。

2004 年 1 月中旬,连城县莒溪镇最低气温 −4 ℃,持续 70 h,枇杷果实冻害达 80% 以上,损失产量 500 kg;2005 年 1 月中旬莒溪镇最低气温 −5.6 ℃,持续 65 h,枇杷果实冻害 95% 以上,损失产量 6500 kg。该时期冻害均发生在枇杷幼果期,主要为早、中花所结幼果受冻,晚花所结幼果受冻较轻[32]。

2004年1月19日至2月5日,莆田市遭受4次强冷空气影响,其中1月23—25日,莆田山区极端最低气温在−2 ℃以下,导致全市53.8%的枇杷受冻,其中海拔300 m以上区域种植的枇杷幼果均遭受较为严重的冻害,受冻率达60%以上,严重的达100%[33]。

2004年12月29日至2005年1月中旬,福建出现严重霜冻,莆田市、永春县、福清市等枇杷主产区成为重灾区。莆田市全市枇杷受灾面积达1.4万hm²,占全市枇杷面积的80.3%,枇杷种子、果肉褐变,冻害严重的果实萎蔫;永春县1日凌晨平原最低气温达−0.8 ℃,高海拔地区的锦斗、吾峰、蓬壶、仙岭等乡(镇)气温达到了−8 ℃,枇杷出现严重冻害,导致全县枇杷幼果冻死面积达698 hm²,基本绝收;福清市一都镇、东张镇的平原地、山坳、山顶的枇杷幼果受冻,特别是山区高海拔的一带最低气温降到−3～−4 ℃,幼果冻害严重[34]。

2009年1月11—15日,莆田市出现持续低温,涵江区所属山区乡(镇)遭受严重冻害,−4 ℃气温持续了2个多小时,枇杷受冻损失惨重,其中大洋乡冻害最严重,全乡1.5万亩枇杷中,约2000亩"早钟六号"枇杷全部受冻绝收,其他1.3万亩"解放钟"枇杷也不同程度受冻。

2020年12月31日至2021年1月2日,福清市一都镇枇杷主产区最低气温连续3 d低于0 ℃,尤其是1日早晨基本上均低于−2 ℃,其中一都镇善山村最低气温过程降幅达16.9 ℃,极端最低气温达−3.4 ℃;此时正值枇杷幼果期,枇杷遭受严重冻害;此外,莆田市涵江区新县镇处于幼果期的枇杷也遭受中度冻害。

4. 防御措施

(1)合理布局。建园时要严格选择园址,在枇杷气候适宜区和寒冻害轻风险区种植,避免在寒冻害危险性区域的地方建园,如山凹地冷空气容易沉积的地域,冻害最为严重。

(2)品种选择。因地制宜地选择耐寒性强的枇杷品种,在易冻地区要选择开花较迟、花期较长的品种。

(3)熏烟法。强冷空气来临前,在果园利用谷壳、木屑等熏烧,减低地面有效辐射,使近地层气温提高1～3 ℃来防寒防冻。

(4)灌水法。强冷空气来临前1～2 d给果园灌水,因水温高于地表温度,并能改善近地层湿度条件,可有效减轻枇杷冻害。

(5)覆盖法。用地膜、稻草等覆盖枇杷树盘,以减少热辐射损失。

(6)包裹法。将枇杷花穗下部的叶片向上把花穗束裹,或将大枝互相捆拢,以减轻枇杷花穗和幼果受冻,或把花穗用纸袋套住。

(7)培土法。强冷空气来临前进行高培土,加厚土层,增加土温,减轻冻害危害程度。

(8)增施热性肥料法。通过施磷钾肥,提高枇杷植株抗逆性,减轻冻害影响。

(9)套袋法。对处于果实发育期的枇杷进行套袋,以提高袋内温度,减少寒风对枇杷果实的直接吹打,保护果实,减轻枇杷果实冻害。

(10)灾后管理。及时摘除受冻枇杷幼果,采用磷钾肥进行根外追肥,也可在土中追施速效肥料;并进行浅中耕松土,促进枇杷恢复树势。

(二)干旱

1. 危害指标

(1)开花至幼果期干旱

枇杷开花期在10—12月,幼果期在1—2月。若出现秋冬旱,则影响枇杷开花授粉,会降低坐果率,影响产量。因此,以连旱日数(D_d)表征枇杷开花至幼果期(10月至次年2月)不同强度秋冬旱等级(表5.15)。

表 5.15　枇杷开花至幼果期干旱等级指标　　　　　　　　　　　　　　单位:d

干旱等级	轻度	中度	重度	严重
连旱日数(D_d)	$31 \leqslant D_d \leqslant 50$	$51 \leqslant D_d \leqslant 70$	$71 \leqslant D_d \leqslant 90$	$D_d \geqslant 91$

（2）果实膨大期干旱

枇杷果实膨大期正处于春季(2—5月),若出现春旱,会影响枇杷果实膨大,引起落果或造成裂果。因此,以2月11日至雨季开始期间日雨量<2 mm的连旱天数(D_d)表征枇杷果实膨大期不同强度干旱等级(表5.16)。

表 5.16　枇杷果实膨大期干旱等级指标　　　　　　　　　　　　　　单位:d

干旱等级	轻度	中度	重度	严重
连旱日数(D_d)	$16 \leqslant D_d \leqslant 30$	$31 \leqslant D_d \leqslant 45$	$46 \leqslant D_d \leqslant 60$	$D_d \geqslant 61$

2. 主要危害

（1）开花至幼果期干旱

枇杷根浅不耐旱,秋冬干旱会抑制枇杷的生长发育,引起大量落叶、树势衰弱,干旱严重时造成花芽分化过程缩短,花期提前,坐果率下降,果实生长发育慢,果实小、成熟期推迟,品质下降;干旱会影响枇杷新梢的正常生长发育,使新梢的萌发数量少,短梢多,叶片小且少,落叶严重;秋冬干旱轻则使枇杷根系发育受阻,重则使根系死亡,甚至全树枯死。

（2）果实膨大期干旱

枇杷早春果实发育期和新梢生长期,要求水分充足,春旱对枇杷生长及结果不利,影响果实膨大,引起落果;同时枇杷果实膨大期若遇高温干旱、强日照,果面温度容易升高,水分供应不足,容易造成果实萎蔫和日灼,若在久晴少雨、土壤干旱情况下突降大雨,枇杷果肉细胞将迅速膨大,导致果皮破裂,造成大量裂果,影响产量和质量。

3. 灾害个例

2003年7—11月,福建全省出现夏秋连旱,持续旱情导致枇杷开花受到很大影响,枇杷花质普遍降低,影响次年产量。

2015年2月6日至5月24日,福建降水量异常偏少,出现严重春旱。2月上旬,南平市局部率先出现气象干旱;2月中旬,气象干旱发展,西北内陆地区出现重旱至特旱;2月15日至3月6日,北部地区出现多次降水,旱情基本解除,但中南部地区气象干旱持续,旱情中心由北向南转移;3月中旬至4月上旬,全省温高雨少,中南部干旱进一步发展,部分县(市)连旱日数超过70 d,出现重旱至特旱,春旱给处于果实发育期的枇杷造成不利影响,导致中南部地区枇杷果实偏小,上市时间比常年推迟。

4. 防御措施

（1）加强枇杷园水利设施建设,干旱时果园及时灌溉,最好采用喷灌和滴灌。

（2）选种耐旱枇杷品种,提升枇杷抗旱能力。

（3）采用蓄水沟、树盘覆盖稻草等方法,减轻干旱对枇杷的影响。

（4）施用抑制蒸发剂,减轻干旱对枇杷生长发育的影响。

（三）风害

1. 危害指标

大风会造成枇杷机械损伤和落叶落果，影响枇杷生长发育和产量提高。枇杷果实膨大期正值福建春季，时有雷雨大风，使枇杷折断树枝，打落果实，影响产量；夏季台风大风会造成枇杷折枝、倒树。根据风力对枇杷影响情况，以日最大平均风速表征枇杷不同强度风害等级（表5.17）。

表 5.17 枇杷风害等级指标   单位：m/s

风害等级	轻度	中度	重度	严重
日最大平均风速（V）	$10.8 \leqslant V \leqslant 17.1$	$17.2 \leqslant V \leqslant 24.4$	$24.5 \leqslant V \leqslant 32.6$	$V > 32.6$

2. 主要危害

枇杷树冠高大，叶大而密集，透风性差，根系浅，抗风能力弱，易受大风危害，6级以上大风可造成枇杷枝叶机械损伤和落叶落果，8级以上大风就会造成枇杷折枝倒树，同时大风使枝叶受害，影响光合作用，导致枇杷产量和品质下降。对于枇杷产量直接影响的风害，主要是果实发育至成熟阶段出现的雷雨大风。

3. 灾害个例

2006年5月17—19日，受1号强台风"珍珠"影响，17日傍晚起福建沿海风力明显加大，中南部沿海风力达10～13级，中南部沿海地区的部分县（市）出现大暴雨，南部地区的部分县（市）出现特大暴雨，强风暴雨导致云霄县枇杷受灾，出现枇杷落叶落果、折枝或倒树，遭受很大损失。

4. 防御措施

（1）枇杷园周围营造防护林，降低大风对枇杷生长发育的影响。

（2）通过枇杷矮化密植、撑杆、支条和整形，增强枇杷抗风能力。

（3）受大风损害的枇杷植株，应视受灾程度，采取固干培土、疏剪枝梢、喷灌薄肥等措施进行灾后补救，促进枇杷树势恢复。

第七节 橄榄

一、概况

橄榄又名黄榄、白榄、青榄、山榄、黄榄果，属于橄榄科橄榄属，是我国著名的亚热带特色果树，有2000多年栽培历史，主要分布在福建和广东，是福建的特色名果。福建是我国橄榄的主产区，主栽黄榄（又称白榄、青榄），2018年福建省橄榄总产量达13.1万t，橄榄总产量从高到低的排序是：福州市＞漳州市＞宁德市＞莆田市＞三明市＞泉州市＞龙岩市＞南平市，产量最高的是福州市，占全省橄榄总产量的78.0%；产量最高的县（区）为闽侯县，达4.9万t，占全省橄榄总产量的37.4%，其次是闽清县，达4.0万t，占30.5%，诏安县2.1万t，占16.0%，其余依次为连江县、永泰县、福安市等[1]。

福建橄榄主要分布在福州以南的沿海县（市），以闽侯县、闽清县、诏安县为主产县；种植的橄榄（白榄）品种主要有惠圆橄榄、檀香橄榄、霞溪本橄榄，其中惠圆橄榄主要分布在福州市，檀香橄榄原产于闽清县安仁溪一带,现已扩展到闽侯县、连江县、永泰县、长乐区、莆田市等,霞溪本橄榄主要在莆田市栽培。

福建鲜食橄榄品种有檀香、霞溪本、厝后本、糯米橄榄和黑肉鸡等,鲜食加工两用品种有惠圆、檀头等 6 个品种,加工品种有自来圆、黄大、黄接木等。橄榄品种主要分为闽江流域品种系统和莆田地区品种系统,闽江流域品种系统主要有檀香、惠圆、自来圆、黄大、长梭、长穗、长营、羊矢等品种,莆田地区品种系统主要有公本、刘族本、霞溪本、黄接本、黄柑味、白太、厝后本、六分本、一月本、尖尾钻、糯米橄榄、黑肉鸡、秋兰花、橄榄干。

福建橄榄定植时间通常在 3—4 月(春植)和 10 月中下旬(秋植)。橄榄花芽分化通常从 3 月下旬开始,5 月下旬基本结束,5 月现蕾,5 月中下旬始花,5 月下旬至 6 月上旬盛花,6 月上中旬终花,授粉后幼果迅速生长膨大,生理落果期在 6 月上旬至 7 月中旬,至 7 月中旬果实大小基本稳定,7 月中旬至 10 月初为果核硬化、果肉充实期,早熟种在 10 月中下旬成熟,中熟种在 11 月上中旬成熟,晚熟种在 11 月下旬以后成熟;12 月后进入冬休期,至次年 3 月初芽开始萌动。

二、主要气象灾害

(一)冻害

1. 危害指标

檀香橄榄在气温 0 ℃时就开始受害,长营、惠园等品种在 −2 ℃时也开始受害,最低气温低于 −2 ℃时,橄榄叶片受冻;气温低于 −3 ℃时,橄榄枝条受冻。以极端最低气温(T_d)表征橄榄不同强度冻害等级(表 5.18)。

表 5.18　橄榄冻害等级指标　　　　　　　　单位:℃

冻害等级	轻度	中度	重度	严重
极端最低气温(T_d)	$-1.0 \leqslant T_d < 0$	$-2.0 \leqslant T_d < -1.0$	$-3.0 \leqslant T_d < -2.0$	$T_d < -3.0$

2. 主要危害

橄榄不耐低温霜冻,檀香橄榄在 0 ℃时就开始受害,长营、惠园等品种在 −2 ℃时也开始受害,尤其是遇前冬霜冻严重的年份,在未经气温逐渐下降的适应性过程,其耐寒性更差,秋梢、嫩枝损伤就更为严重,结果枝被冻伤冷坏,不能形成丰产,在极端最低气温 −3 ℃下持续 3 h 并连续 2~3 d,就会造成 2~3 年生的橄榄枝条死亡,影响开花结果和枝梢生长,2~3 年生的幼树也会死亡。冻害会导致橄榄叶片脱落,枝条冻死干枯,甚至造成植株死亡。

3. 灾害个例

1991 年 12 月下旬,福建遭受强寒潮袭击,闽清县橄榄受到不同程度的冻害,其中 0 级冻害(枝叶无冻或轻微冻)2005 亩,占全县橄榄面积 10.3%,1 级冻害(20% 叶受冻,树顶当年生枝条受冻)3000 亩,占 15.4%,2 级冻害(50% 叶受冻,1 年生枝条受冻,)3500 亩,占 17.9%,3 级冻害 8500 亩(叶片全部受冻,2 年生枝条受冻),占 43.9%,4 级以上冻害 2500 亩(叶片全部受冻,3 年生以上枝条及主干受冻),占 12.8%;同时此次霜冻为雨雪后的霜冻,比以往无雨雪的霜冻对橄榄危害更要严重[35]。上杭县 12 月 29 日最低气温 −5 ℃的持续时间达 15 h,极端低温达 −6 ℃,严重冻害导致橄榄叶片全部脱落,小枝条全部冻死,幼年树主枝全部冻死干枯,果园迎风面遭冻害严重,幼年树树体组织直到髓部呈褐色,背风面较次,树体大部分冻害至韧皮部、形成层,橄榄遭受历史以来最为严重一次的冻害。

1999年12月下旬,闽清县遭遇强寒潮影响,出现持续8 d霜冻灾害,12月23日的极端低温达-4.1 ℃,橄榄出现严重冻害。此次冻害来临前,闽清县出现长期干旱少雨,气候干燥,干旱后遭遇连续多天的强烈辐射降温,形成危害极大的燥冷型冻害。严重冻害造成橄榄幼苗(树)和衰弱老树死亡,嫁接树接穗生长部分冻伤枯死,未投产树和初投产树的主干部分或全部枯死,较大植株的枝、叶枯死,有的殃及主干,并造成此后多年树势衰弱,影响产量,未能及时采收的鲜果坏死脱落,此次冻害过程造成全县90%以上橄榄受冻,仅闽江两岸及城区周围约40 hm²橄榄受冻较为轻微,其余山地果园橄榄严重受冻,叶片干枯,3级以上冻害面积约2800 hm²,占全县橄榄总面积的97.6%,幼龄树全株冻死的约有45 hm²;另有约60 hm²的未能及时采收的鲜果果肉坏死,导致2000年除沿江少量果园外,全县90%以上橄榄投产园歉收,橄榄减产7成左右,损失严重[36]。

2004年1月21—25日,上杭县受较强冷空气影响,南部橄榄种植区气温急剧下降至-2 ℃,持续时间4~6 h,造成稔田镇库区橄榄受冻,受冻面积达135 hm²,占全县橄榄面积的48%,其中1~2级冻害占50%,3级冻害占30%,4级冻害占10%,完全冻死占10%,26%的3年生大树主枝冻死,主干被冻伤;冻害程度呈现山脚、坡底、风口处比山腰、避风、水湿条件较好的位置受冻程度重的特点[37]。

2004年12月29日至2015年1月4日,受强冷空气影响,闽清县东桥镇1月2日极端最低气温达-5.9 ℃,导致橄榄严重受冻,冻害面积达101.8 hm²,占橄榄种植面积的94.3%,新植橄榄全部冻死,沿江3个村的成年橄榄树20%的叶和新生枝条受冻,内陆15个村橄榄受冻严重,1~2年生的橄榄树全部冻死,成年树受冻程度达3级[38]。

2005年1月,上杭县橄榄种植区气温下降至-3.5 ℃,-2 ℃以下持续时间约7 h,导致稔田镇库区橄榄受冻严重,面积达240 hm²,占全县橄榄种植面积的86%,其中1级冻害占15%,2~3级冻害占20%,4级冻害占40%,冻死株达25%[39]。

4. 防御措施

(1)选择橄榄气候适宜区进行种植,规避寒冻害危险;次适宜区应尽量选择离大水体近的地方建园,避免在低凹地带建园。

(2)强冷空气来临前,用薄膜或稻草包扎橄榄树干或涂白,以减少树干昼夜温差,避免冻裂,以减轻冻害。

(3)用地膜、稻草或杂草进行树盘覆盖,以提高橄榄根际周围的温度。

(4)橄榄幼年树树冠搭架进行稻草等覆盖,成年树可用薄膜或遮阳网等遮盖树冠,以减轻冻害威胁。

(5)增施腐熟有机肥和磷钾肥,喷施叶面肥或磷酸二氢钾,促进橄榄枝梢壮实,提高树体抗寒力。

(6)在霜冻日凌晨,用锯屑或谷糠堆放于橄榄园底部上风口进行熏烟,每亩堆火堆4~6个,让烟雾弥漫整个果园,以抵抗冷空气下降沉积,提高果园温度。

(7)霜冻发生时,在清晨喷水洗霜,以提高橄榄园的温湿度,防止果树树体因日出后气温骤升而导致霜块急速熔化吸热而加重冻害。

(8)加强橄榄园冻后管理,待春天发芽后,根据受冻情况进行修剪,锯掉主枝或主干受冻部分,然后用嫁接蜡封住伤口;采取薄肥勤施的原则,施用磷钾肥或进行根外追肥,以恢复橄榄树势。

（二）冬休期至花芽分化期暖害

1. 危害指标

橄榄越冬期要求日平均气温≤16 ℃,在无冻害的前提下,温度越低越有利于树体休眠而减少物质消耗,以保证更多的能量和物质积累,用于春季的花芽分化及开花结果;同时橄榄花芽分化也需要一定时间的低温诱导,花芽分化期以日平均气温13～18 ℃,并有一段持续10 d以上日平均气温≤15 ℃的低温过程为宜,有利于抑制营养生长,促进花芽形成[40-41]。如果气温持续偏高,则橄榄难以形成果枝,成为"暖害"。采用低温寒积量(k_g)指标表征橄榄暖害等级指标,低温寒积量是指在日平均气温低于某一界限期间,界限温度与日平均气温差值的累积,橄榄低温总寒积量计算公式为:

$$k_g = \frac{1}{4} \sum (10 - T_{min})^2 / (\overline{T_i} - T_{min}) \qquad (T_{min} \leqslant 10 \ ℃)$$

式中,i 为日平均气温低于10 ℃的日数,T_{min} 为12月至次年3月某日最低气温,$\overline{T_i}$ 为12月至次年3月某日平均气温。

橄榄冬休期至花芽分化期(12月至次年3月)暖害等级见表5.19。

表5.19 橄榄冬休期至花芽分化期暖害等级指标　　　　　单位:℃·d

暖害等级	轻度	重度
低温寒积量(k_g)	$25 \leqslant k_g < 40$	$k_g < 25$

2. 主要危害

橄榄冬休期至花芽分化期(12月至次年3月)日平均气温高于16 ℃,会影响橄榄休眠和花芽分化,导致冬梢抽发、消耗树体营养成分,抽生早花穗。

3. 灾害个例

2001年12月至2002年2月,福建省平均气温较常年同期偏高1.3 ℃,冬季出现暖冬;春季又出现气温持续偏高的情况,3月全省平均气温较常年同期偏高3～4 ℃,导致橄榄冬梢抽发、花穗早抽生,不利花芽分化。

4. 防御措施

(1)冬季注意做好橄榄控水、控肥,抑制冬梢抽发。

(2)暖冬年份,对生长特别旺盛的橄榄树,采用断根、环割方法,迫使橄榄暂停枝叶营养生长,控制冬梢抽生。

(3)暖冬年份,橄榄易抽生早花穗,应及时摘除。

（三）花期连阴雨

1. 危害指标

福建橄榄通常在5月中下旬开始开花,6月上旬盛花,不同品种花期长短不一,需24～37 d。橄榄开花期若雨量、雨日过多,不利于授粉,会导致严重落花落果,降低坐果率,影响产量。以连阴雨天数(D_d)表征橄榄开花期(5—6月)不同强度连阴雨湿害等级(表5.20)。

表5.20 橄榄开花期连阴雨湿害等级指标　　　　　单位:d

连阴雨湿害等级	轻度	中度	重度
连阴雨天数(D_d)	$D_d \leqslant 2$	$3 \leqslant D_d \leqslant 4$	$D_d \geqslant 5$

2. 主要危害

福建橄榄开花期在 5—6 月,此时正值福建雨季,经常出现连阴雨天气,常对橄榄开花造成不利的影响。橄榄开花期忌多雨,连阴雨天气极易造成橄榄华而不实,烂花、沤花或花药不散,无法授粉受精,是造成橄榄落花落果的一个主要影响因素;同时高温高湿的天气,易发生炭疽病,引起落花减产。

3. 防御措施

(1)注意雨季橄榄园田间排水,避免积水,影响橄榄根系生长。

(2)采取重施橄榄花前肥等根外追肥措施,进行橄榄保花保果,促进花蕾健壮,提高橄榄花质和着果率。

(3)通过橄榄园放蜂、叶面喷施生长素等措施,提高橄榄坐果率。

(四)台风

1. 危害指标

橄榄果实膨大期正值福建台风季节,8 级以上的大风就会使橄榄折断树枝,打落果实,影响产量。根据风力对橄榄影响的灾害情况,将风害进行分级,以日最大平均风速表征橄榄果实膨大期(7—9 月)不同强度风害等级(表 5.21)。

表 5.21　橄榄果实膨大期风害等级

单位:m/s

风害等级	轻度	中度	重度	严重
日最大平均风速(V)	$10.8 \leqslant V \leqslant 17.1$	$17.2 \leqslant V \leqslant 24.4$	$24.5 \leqslant V \leqslant 32.6$	$V > 32.6$

2. 主要危害

福建橄榄果实膨大期主要集中在 7—9 月,此期正是福建台风多发季节,常使橄榄秋梢枝叶受损及落果严重,8 级以上的大风就会造成橄榄落果、断枝,影响当年及次年产量。强风还会造成橄榄树蒸腾作用加剧,水分失去平衡,光合作用下降,影响橄榄生长发育;台风对橄榄果实的危害最大,可导致大量落果。

3. 灾害个例

2018 年 7 月 11 日,第 8 号台风"玛莉亚"在连江县沿海登陆,中北部沿海出现大风 11~13 级,阵风 14~17 级;受台风大风影响,闽侯县、闽清县的橄榄出现落叶、落果,其中闽侯县橄榄受灾面积 500 亩,成灾 425 亩,绝收 110 亩。

4. 防御措施

(1)选择避风区域种植橄榄,减轻台风危害。

(2)采取小苗嫁接、幼树打顶、大树高接等措施,进行橄榄矮化栽培,减轻台风影响。

(3)台风来临前,对橄榄主枝进行吊枝、支撑加固,避免或减轻大风造成果实累累的枝条断裂危害。

(4)受台风危害的橄榄,应根据受灾程度采取短截枝干、修剪枝条等措施,促进橄榄新梢抽发。

(五)果实膨大期干旱

1. 危害指标

橄榄果实膨大期正处于夏季,易受干旱影响,通常持续 15 d 以上晴天无雨,就会影响橄榄果实膨大,甚至造成果实脱落,影响产量。因此,以雨季结束至 10 月 10 日期间日雨量<2 mm的连旱天数(D_d)表征橄榄果实膨大期不同强度干旱等级(表 5.22)。

表 5.22　橄榄果实膨大期干旱等级指标　　　　　　　　　　　单位:d

干旱等级	轻度	中度	重度	严重
连旱天数(D_d)	$16 \leqslant D_d \leqslant 25$	$26 \leqslant D_d \leqslant 35$	$36 \leqslant D_d \leqslant 45$	$D_d \geqslant 46$

2. 主要危害

橄榄根系发达,抗旱能力较强,但遇长时间的干旱,如遇持续 15 d 以上晴天无雨,易导致落果;夏季正是橄榄果实膨大期和秋梢抽生期,也是福建干旱发生频次最高的季节,且橄榄主要种植区主要分布在福州以南沿海地区,此区域正是夏旱发生最主要的区域。因此,夏旱对橄榄果实膨大和秋梢抽生构成了不利影响,也不同程度影响橄榄产量。

3. 灾害个例

2003 年 7—11 月,福建出现持续高温干旱,蒸发量大,水库蓄水锐减,全省遭受了 1939 年以来最严重的夏秋连旱,此时正值橄榄果实发育期,高温干旱严重影响果实膨大,橄榄出现果小的情况,导致产量下降。

4. 防御措施

(1)夏秋季橄榄园土壤湿度低于 60% 时,应及时进行灌溉,避免落果。

(2)夏秋季橄榄园干旱时,通过树盘覆草等措施保墒,减少土壤水分蒸发,减轻干旱影响。

(3)橄榄果园内套种豆科牧草,以起到保水增肥作用,减轻干旱危害。

第八节　番木瓜

一、概况

番木瓜,又称木瓜、番瓜、万寿果、乳瓜、石瓜、蓬生果、万寿匏、奶匏;属多年生常绿草本热带果树,原产热带美洲,引入我国栽培已有 300 多年历史。番木瓜生长发育有"五忌",即忌冷、忌旱、忌渍、忌风和忌连作。

福建番木瓜主要分布在漳州市、厦门市和福州市,以漳州市种植面积最大;引种的番木瓜主要品种有从台湾引进的马来 9 号、马来 10 号、日升 10 号、台农 2 号等水果型品种。

番木瓜主要以种子繁殖,以春播和秋播为主,近年推广冬播,果实成熟期也因种植期不同而不同(表 5.23)。以番木瓜秋播冬植为例,9 月育苗,10—11 月幼苗生长,12 月定植,1 月花芽萌动,2 月现蕾至开花,3—4 月果实发育,5—6 月果实迅速膨大,7—8 月果实成熟采收。

番木瓜传统种植模式中,福建南部地区以秋播冬植为主,莆田市以北以秋播春植为主;1 年生或 2 年生。秋播春植的好处是使番木瓜生长结果期大部时段处于高温季节,花叶病危害减轻。

番木瓜传统种植模式是当年种植后,连续采收 2～3 年。现在闽南地区种植水果型番木瓜采用 1 年生栽培模式,即当年春季定植,次年春节前采收结束。采取 1 年生栽培模式的主要优势是:

(1)水果型番木瓜不耐低温,在闽南地区种植,越冬果实极易受寒冻害,受寒冻害果实果肉变硬,味淡微苦,商品价值低,在漳州地区,当年种植的水果型番木瓜10月上中旬开始陆续成熟,避免了冬季寒冻害危险。

(2)水果型番木瓜生长快,2年生植株树冠较高,不利于田间管理及采果等农事操作。

表 5.23　福建番木瓜物候期

发育期	秋播冬植	秋播春植
播种育苗期	9月	11月
幼苗生长期	10—11月	12月至次年2月
定植期	12月(冬植)	3月(春植)
花芽萌动期	1月	
现蕾及开花期	2月	6月中旬至7月上旬 (7—9月边开花边结果)
果实发育期	3—4月	始果6月下旬
果实膨大期	5—6月	7—9月
果实成熟期	7—8月	10—12月

二、主要气象灾害

(一)寒冻害

1. 危害指标

最低气温达5 ℃时,番木瓜幼嫩器官开始出现寒害,3 ℃时果实受寒害,果肉变硬;0 ℃时叶片枯萎,−2 ℃时番木瓜会受到严重冻害,−4 ℃以下番木瓜冻死。以极端最低气温表征番木瓜不同强度寒冻害等级(表5.24)。

表 5.24　番木瓜寒冻害等级指标　　　　　　　　单位:℃

寒冻害等级	轻度	中度	重度	严重
极端最低气温(T_d)	$3.0 \leqslant T_d < 5.0$	$0 \leqslant T_d < 3.0$	$-2.0 \leqslant T_d < 0$	$T_d < -2.0$

2. 主要危害

气温低于3 ℃,番木瓜幼嫩组织会出现寒害,果实受冻,果肉变硬,味淡微苦;气温低于0 ℃,番木瓜叶片受冻,逐渐干枯,出现烂果,落果,严重时造成番木瓜假茎腐烂、植株冻死。

3. 灾害个例

1999年南平市建阳区有60多户农民合计种了280多亩,约1.1万株番木瓜。该年春夏闽北地区气温较高,番木瓜生长迅速,叶绿茎粗;秋季凉爽,结出了硕大的果实,丰收在望;然而1999年12月下旬出现严重冻害,建阳区的气温降至−5 ℃,造成番木瓜全部冻死,损失200多万元,这是一起违背番木瓜生物学特性规律,盲目在番木瓜重度寒冻害危险区种植,而导致番木瓜全部冻死的典型案例[42]。

1999年12月下旬,受强冷空气影响,长泰区番木瓜叶片受冻后产生脱水现象,随后叶片干枯,受冻严重的植株、假茎发生腐烂,从顶部逐渐蔓延至全株。

2008年1月1日至2月16日,受强冷空气影响,龙海区出现较长时间的低温过程,双第华侨农场1月1—3日的极端气温在3 ℃以下,其中1月3日极端气温达0.5 ℃;2月16日极端气温达到－1.1 ℃。通过 1 月 7 日实地冻害调查,该农场番木瓜全株嫩叶枯死,老壮叶边缘受害;2 月 5 日调查看出,番木瓜全株叶枯死,出现烂果,落果,死茎率达 50％以上,其余植株基本无生产价值;2 月 16 日前后的冻害过程对番木瓜影响属于重度程度,造成番木瓜毁灭性损失[43]。

2010 年 12 月 15—17 日,受强冷空气南下影响,福建出现全省性寒潮,此次寒潮过程的特点是影响范围广、最低气温低、沿海地区降温幅度达 14～16 ℃;16—19 日各地持续低温。以番木瓜引种地长泰区和福清市为例,长泰区 12 月 17 日极端最低气温达 1.3 ℃,18 日为 2.4 ℃;根据番木瓜引种地实地调查,长泰雪美果蔬农场的气温要低于长泰区地面气象观测场的气温,达中度至重度寒冻害,农场的番木瓜枝叶受冻,叶片脱落,无法通过光合作用输送营养物质给果实,影响产量;福清市 12 月 17 日极端最低气温达 1.4 ℃,据当地番木瓜冻害调查发现,东张镇、镜洋镇果林场的极端低温分别为－0.7 ℃、0.3 ℃,均出现霜和较厚结冰,番木瓜叶尖受冻变焦,当年种植的番木瓜受冻较严重,前一年种植的木瓜受冻较轻,东张镇果园种植户采取塑料薄膜和稻草遮盖的番木瓜基本未受冻,未遮盖到的番木瓜外尖受冻变焦[44]。

2010 年 12 月,福清市东张镇、镜洋镇、城关、上迳镇和薛港镇的月极端最低气温分别达 0.3 ℃、0.2 ℃、2.8 ℃、2.7 ℃、4.1 ℃,导致东张镇果园未加盖塑料薄膜的番木瓜叶片受冻枯萎;镜洋镇果林场未采取防冻措施的个别木瓜出现枯萎或整株死亡现象;城关附近的番木瓜外围叶片枯萎严重;上迳镇的番木瓜外围部分叶片尾部受冻变焦;高山镇薛港村的番木瓜外围叶片受冻枯萎严重,小型番木瓜果失水萎缩,大部分番木瓜树在 1 月底出现整株死亡现象。

2011 年 3 月上旬末,福清市东张镇的番木瓜果园最低气温达－0.1 ℃,由于未采取防寒防冻措施,致使番木瓜树心裸露在外,受冻死亡[44]。

4. 防御措施

(1)根据番木瓜寒冻害风险区划,合理安排种植区域,避免寒冻害威胁。

(2)番木瓜改多年生种植为 1 年生栽培方式,有效避开冬季霜冻危害。

(3)选种抗寒性强的番木瓜品种。

(4)强冷空气来临前,番木瓜果园搭建简易薄膜大棚,通过大棚保温进行防寒防冻。

(5)霜冻来临时,用稻草扎成一束覆盖番木瓜植株的顶芽,保护顶芽不受霜冻。

(6)霜冻前,在果园采取烧草堆熏烟、灌溉、喷水洗霜、增施磷钾肥等措施,进行防寒防冻。

(7)番木瓜冻后,多施磷、钾肥,使植株增强抗寒力,促进植株恢复生长。

(二)台风

1. 危害指标

番木瓜遇 6 级以上的风就会造成不同程度的风害,尤其是出现 10 级以上大风,就会造成木瓜茎折断,植株倒伏等危害。以日最大平均风速表征番木瓜不同强度风害等级(表 5.25)。

表 5.25 番木瓜风害等级指标

单位:m/s

风害等级	轻度	中度	重度	严重
日最大平均风速(V)	$10.8 \leq V \leq 17.1$	$17.2 \leq V \leq 24.4$	$24.5 \leq V \leq 32.6$	$V > 32.6$

2. 主要危害

番木瓜的茎是中空的,根又浅,不抗风,植株挂果量又多,遇台风茎易折断,植株倒伏,对番木瓜的危害很大;同时台风暴雨带来土壤水分过多,导致番木瓜根系透气不良,长期积水会引起叶片变黄、烂根死苗,根部浸水超过 24 h 即会腐烂,造成植株青枯死亡。

3. 灾害个例

2016年9月15日,第14号超强台风"莫兰蒂"在厦门市翔安区登陆,登陆时中心附近最大风力15级,是1949年以来登陆闽南地区的最强台风;沿海各地市普遍出现8级以上大风,76个站风力达到12级以上,并出现大范围暴雨到大暴雨,局部特大暴雨;受其影响,厦门市和漳州市的木瓜树出现大面积倒伏,部分被连根拔起,果园被淹,损失严重。

4. 防御措施

(1)选择避风向阳、地势高、排灌方便、地下水位较低的地段种植木瓜。

(2)选种矮生、抗风力强的番木瓜品种。

(3)台风来临前,及时采用尼龙绳或竹木立柱对木瓜植株进行支撑加固,可采用三支交叉式或单支直立式,将茎干紧缚于支架,避免或减轻倒伏危害。

(4)注意做好木瓜果园清沟排水,以免土壤积水或过湿造成烂根。

(5)台风来临前,番木瓜进行培土护根,摘除底部木瓜叶片,提高抗风能力。

(6)采用木瓜斜栽矮化技术,即采用45°顺风倾斜种植,定植后15～20 d,当苗高35～40 cm时顺斜栽方向每隔10～15 d拉1次,共拉3～4次,可使番木瓜植株高度降低50～60 cm,增强植株抗风性。

(7)台风来临前,及时采收成熟的木瓜。

(8)台风灾后,根据番木瓜不同受灾程度,及时采取清园、截枝等措施,促进番木瓜新芽再生。

(三)高温干旱

1. 危害指标

35 ℃以上高温会导致番木瓜严重花性趋雄、引起大量落花落果,造成间断性结果,直接影响番木瓜生长速度、器官大小和寿命、花期、坐果率、果实大小和品质等;番木瓜果实成熟期(7—8月)出现持续15 d以上无降水,就会出现不同程度干旱。以日降水量<2 mm的连旱天数(D_d)表征番木瓜不同强度干旱等级(表5.26)。

表5.26 番木瓜干旱等级指标　　　　　　　　　　　　　　　单位:d

干旱等级	轻度	中度	重度	严重
连旱天数(D_d)	$16 \leqslant D_d \leqslant 25$	$26 \leqslant D_d \leqslant 35$	$36 \leqslant D_d \leqslant 45$	$D_d \geqslant 46$

2. 主要危害

番木瓜遇高温干旱,植株生长缓慢,叶片变黄,容易发生落叶、落花和落果,甚至整株死亡。7—8月高温干旱条件下,番木瓜两性株容易出现趋雄现象,即由两性花逐步向雄花过渡,呈现间断结果现象,严重影响当年产量。

3. 防御措施

(1)番木瓜干旱时,应经常灌跑马水,保持果园土壤湿润。通常旱季每月灌水1～2次,灌水高度不可高于畦面,畦沟浸水不超过1 h,土壤湿度控制在70%左右。

(2)番木瓜花果期高温干旱,应及时灌溉,保证果园土壤湿度,最好在早、晚时间段喷水或灌水,给果园降温增湿,以利坐果。

(3)树盘上面覆盖稻草、泥炭土等,减少土壤水分蒸发,减轻干旱对番木瓜影响。

第九节　番石榴

一、概况

番石榴，又称芭乐、鸡矢果、拔仔，为桃金娘科番石榴属植物，原产于美洲秘鲁至墨西哥一带，是典型的热带果树，引入我国种植已有数百年历史。近年来，福建从我国台湾等地引进了一些高产优质的番石榴品种，主要引种区在南亚热带区域，中南部沿海地区有较大的引种面积。

福建引种栽培的番石榴品种主要有台湾珍珠芭乐、胭脂芭乐、新世纪芭乐、水晶芭乐、无籽芭乐等。以珍珠芭乐为例，引种2年后就可结果，产量较高；珍珠芭乐叶对生，枝梢生长旺盛，一年中可多次长出枝梢，结果树发梢2次，一次为春梢，另一次为秋梢，一年四季均能开花，但主要集中在4—5月和8—9月开花，4—5月为正造花，8—9月为番花，花均为完全花，花期15 d左右。正造果果实生育天数60～70 d，番花果果实生育天数80～100 d，风味以番花果为好（表5.27）。

番石榴一年四季均能开花结果，采收期长、产期易调节，但番石榴一年主要有两大批果，正造果在6—8月成熟采收，番花果在10月至次年2月成熟采收。从留果到采收的时间夏秋季需2个月，冬春季需4个月，盛产期2～3个月采收1次，少产期4～5个月采收1次；可通过产期调节，即促进和保留8—9月的花，使大量果实在11—12月成熟采收，以减少冬季低温影响，同时这期间成熟的果实品质好。

福建南部地区番石榴1年收两次果，而福州地区通常只留1次果。番石榴夏季果产量较高，但品质较差，秋季果品质好；同时夏季果上市时正值其他水果旺季，市场竞争激烈，水果过剩，价格不好，此外，由于番石榴花芽分化无须经过低温休眠阶段，只要肥水合理，有嫩梢就可抽生花蕾，是最便于产期调节的果树，因此，福建大都通过产期调节，以收秋季果（番花果）为主，番石榴正造果较少。

表5.27　福建番石榴物候期

发育期	正造果	番花果
萌芽期	2月	—
定植期、春梢期	3—4月	—
开花期	4—5月	8—9月
果实发育期	5—7月	10月至次年1月
成熟采收期	6—8月	10月至次年2月（集中在11—12月）

福建番石榴主要分布在漳州市、福州市、泉州市、厦门市、宁德市和龙岩市，以漳州市种植面积最大，福州市次之。2018年，福建省番石榴总产量7.5万t，总产量从高到低的地市排序是：漳州＞福州＞泉州＞宁德＞厦门＞龙岩＞莆田，产量最高的是漳州市，达6.7万t，占全省番石榴总产量的89.3%；产量最高的县（区）为诏安县，达3.4万t，占全省番石榴总产量的45.1%，其余产量上万吨的县（市）还有平和县和长泰区[1]。

二、主要气象灾害

(一)寒冻害

1. 危害指标

番石榴在极端最低气温达到 5 ℃时,幼树上部枝梢、嫩叶出现寒害;0 ℃时花蕾只露白而不能正常开放;−1～−2 ℃时幼树被冻死,大树的树冠顶部枝梢和叶片干枯,造成落花落果、果实干枯、变黑死亡;−4 ℃时成年树也被冻死。以极端最低气温(T_d)表征番石榴不同强度寒冻害等级(表5.28)。

表 5.28 番石榴寒冻害等级指标 单位:℃

寒冻害等级	轻度	中度	重度	严重
极端最低气温(T_d)	$0.0 \leqslant T_d < 4.0$	$-2.0 \leqslant T_d < 0.0$	$-4.0 \leqslant T_d < -2.0$	$T_d < -4.0$

2. 主要危害

番石榴喜光、忌阴、怕霜冻,温度是影响番石榴生长发育的主要限制因子。当气温下降至 5 ℃时,幼树上部枝梢出现寒害,叶片变为紫红色;0 ℃时花蕾不能正常开放;−1～−2 ℃时,幼树被冻死,会造成嫁接位以上枝叶全部冻枯,大树树冠顶部枝梢干枯,造成番石榴落花落果、果实干枯、变黑死亡;−4 ℃以下成年树会被冻死,必须重新种植或待树基抽发新枝再重新嫁接,损失 1～2 年的产果期。番石榴受冻恢复能力强,次年春季从树干基部或地下部萌发新梢,经 2～3 年生长形成树冠,正常开花结果[45]。

3. 灾害个例

1999 年 12 月 23 日,平和县遭受强冷空气影响,此次冷空气强度大、持续时间长,县城所在地小溪镇(海拔 36 m)极端低温降至−2.9 ℃,芦溪镇、长乐乡、秀峰乡极端低温达−7 ℃,九峰镇、崎岭乡达−6 ℃,霞寨镇、国强乡达−5 ℃,大溪镇、安厚镇达−4 ℃,霞寨镇野外测得的极端最低气温为−7.5 ℃,全县 217 hm² 的番石榴全部受冻,对番石榴造成毁灭性危害。

2004 年 1 月 22—25 日,福建省遭受较强冷空气侵袭,漳州市大部分地区气温低,番石榴遭受不同程度的冻害。

2005 年 1 月 1—2 日,受强冷空气南下影响,福建各地出现强降温天气,过程极端最低气温大部分县(市)在 0 ℃以下,闽东和闽南地区出现霜冻和结冰,番石榴等果树遭受严重冻害。

2005 年 1 月 18 日,对宁德市番石榴引种区的寒冻害实地调查发现,宁德市区 1 月 1 日最低气温达−0.3 ℃,蕉城区郊外的番石榴枝叶受冻;福安市 1 月 1 日最低气温达−2.2 ℃,地处福安市甘棠镇溪东村的番石榴叶片冻枯,冻害严重。

2010 年 12 月 15—17 日,受强冷空气南下影响,福建出现全省性寒潮。从 15 日起全省气温大幅度下降,16—19 日各地持续低温,漳州市平和县 12 月 17 日最低气温达−0.4 ℃。2011年 3 月 3 日,对漳州市平和县五寨镇番石榴引种区进行寒冻害实地调查,发现番石榴叶片脱落,留在树上的部分叶片变黄,属中度冻害;果实无冻,但由于叶片受冻,影响光合作用,对番石榴产量构成不同程度的影响;长泰区雪美果蔬农场番石榴采用遮阳网覆盖,但仍受冻。

4. 防御措施

(1)根据番石榴气候适宜性区划和寒冻害风险区划,选择在寒冻害风险轻度或中度的区域种植,以规避寒冻害威胁。

（2）根据番石榴寒冻害风险预警指标，一旦温度预报可能达到风险预警指标，立即发布番石榴寒冻害风险预警，提前做好番石榴寒冻害防御。

（3）遇强冷空气影响，应提前采取果园灌水、树干包扎和涂白、培土、稻草和薄膜覆盖、熏烟、喷施果树防冻剂、增施热性磷钾肥、果实套袋、喷水洗霜等防寒防冻应急措施，减轻番石榴寒冻害威胁。

（4）受冻的番石榴，可在次年春季可进行短截，剪去受冻枝叶，促使番石榴萌生新枝，也有利于树体更新复壮。

（二）涝害

1. 危害指标

番石榴较为耐涝，根部在连续 7 d 洪水浸泡下不会死亡，但果园渍水会影响番石榴生长发育，若雨季不注意排水，土壤长期过湿，会影响根系生长发育，造成树体生长不良，进而影响果实发育，尤其是果实采收前水分不宜过多，否则果味淡且不耐贮运，影响番石榴果实品质[46]。

2. 主要危害

番石榴根系长期处于过湿的土壤条件下，会出现树体生长不良，果实偏小；若积水受淹，会导致叶片发黄、树体变弱、生长停滞，不能抽发新梢和开花结果，此外还会引起落果，果实发育至成熟期如果水分过多，会导致裂果，同时造成果实含水量增加，酸含量降低，果实味淡，降低番石榴品质；还会感染各种病害，特别是易感炭疽病。

3. 防御措施

（1）做好园区规划，选择排灌方便地段，避免在低洼易涝地带种植番石榴。

（2）遇强降水时，果园及时开沟排水，降低地下水位和田间湿度，避免造成番石榴湿害。

（3）果园渍涝灾后，应加强田间管理，施肥养树，促进番石榴恢复树势。

（4）土壤过湿，有利于番石榴病害发生蔓延，应及时检查防治。

（三）台风

1. 危害指标

番石榴通常遇 8 级以上台风大风就会造成较大危害，尤其是对正造果果实发育和番花果开花授粉影响最大。以日最大平均风速表征番石榴不同强度风害等级（表 5.29）。

表 5.29　番石榴风害等级指标

单位：m/s

风害等级	轻度	中度	重度	严重
日最大平均风速（V）	$10.8 \leqslant V \leqslant 17.1$	$17.2 \leqslant V \leqslant 24.4$	$24.5 \leqslant V \leqslant 32.6$	$V \geqslant 32.7$

2. 主要危害

番石榴属浅根系植物，果实大，树体负荷重，怕台风，台风容易引起植株倒伏受淹、枝叶折断、落花落果和果实擦伤；尤其是 7—9 月台风多发季节，正值番石榴正造果果实发育期、番花果开花期，台风将造成番石榴严重落花落果和果实擦伤；同时台风带来的暴雨会影响番石榴开花授粉和果实发育，如果田间长期积水，还会引起烂根。

3. 灾害个例

2015 年 8 月 8 日，第 13 号台风"苏迪罗"在莆田市秀屿区沿海登陆，登陆时台风中心附近最大风力 13 级。受其影响，登陆前福州市沿海东北风 10～11 级，阵风 12～14 级，登陆后转偏南风 9～10 级,阵风 11～13 级,福州市马尾区出现特大暴雨,导致琅岐镇接近成熟的番石榴大量落果,树上的番石榴由于受到大风猛裂摆动,与树枝、叶片相互摩擦,造成果实局部皮层木栓化,严重影响果实品质[47]。

2016 年 9 月 15 日,第 14 号超强台风"莫兰蒂"在厦门市翔安区沿海登陆,登陆时中心附近最大风力 15 级,沿海各地市普遍出现 8 级以上大风,部分站风力达到 12 级以上,并出现大范围暴雨到大暴雨,局部特大暴雨;受其影响,长泰区十里村的番石榴全部被淹,并出现倒伏。

4. 防御措施

(1)做好园地规划,选择背风向阳的避风区栽培番石榴。

(2)番石榴果园周围种植防风林带。

(3)台风来临前,立支柱稳固番石榴植株,设置护栏支架护树护果。

(4)培育矮化番石榴植株,减轻台风大风影响。

(5)台风来临前,及时抢收成熟的番石榴正造果。

(6)台风灾后,果园及时排水去淤,防止番石榴根部积水,避免缺氧烂根;扶正倒伏植株,修剪受损枝条;根部裸露的番石榴植株,应进行培土;并清除园内枯枝落叶,施一次重肥,以促进番石榴恢复正常生长。

(四)干旱

1. 危害指标

春旱危害番石榴正造花开花授粉,夏旱危害番花开花授粉,秋冬旱影响番花果的果实发育。以日降水量<2 mm 的连旱天数表征番石榴不同强度干旱等级(表 5.30)。

表 5.30　番石榴不同发育期干旱指标　　　　　　　　　　　单位:d

致灾因子	不同干旱等级对应的连旱天数(D_d)			
	轻度	中度	重度	严重
正造花花期 (4—5 月)干旱	$16 \leqslant D_d \leqslant 30$	$31 \leqslant D_d \leqslant 45$	$46 \leqslant D_d \leqslant 60$	$D_d \geqslant 61$
番花开花期 (8—9 月)干旱	$16 \leqslant D_d \leqslant 25$	$26 \leqslant D_d \leqslant 35$	$36 \leqslant D_d \leqslant 45$	$D_d \geqslant 46$
番花果果实发育期 (10 月至次年 1 月)干旱	$31 \leqslant D_d \leqslant 50$	$51 \leqslant D_d \leqslant 70$	$71 \leqslant D_d \leqslant 90$	$D_d \geqslant 91$

2. 主要危害

番石榴是比较耐旱的果树,但长期干旱也会影响枝梢抽发和果实发育,会导致番石榴生长发育不良,造成叶片变小,叶色变红,影响新芽萌发,尤其是花期严重干旱会导致落花,果实发育期干旱会影响果实膨大,造成果小、肉薄,严重时引发落果,降低产量和品质;此外,番石榴成熟期高温干旱,若遇旱后出现降水,容易引起果皮开裂,露出籽粒,降低品质,且不耐贮藏。

3. 防御措施

(1)选择水源充足、排灌良好的地块种植番石榴。

(2)干旱尤其是番石榴开花结果期干旱,应及时灌水,保持土壤湿润,通常出现干旱后,应每周灌溉 1 次,以保证树体正常水分需求。

（3）番石榴遇干旱时，采取喷灌、滴灌等节水方式灌溉。

（4）通过果园覆盖杂草等措施进行保墒，减轻番石榴干旱危害。

第十节　火龙果

一、概况

火龙果，又名青龙果、红龙果、仙蜜果、龙珠果、玉龙果、情人果、仙人掌果等，属仙人掌科三角柱属植物，原产拉丁美洲，是热带、亚热带水果，具有耐旱、耐高温、喜光的特性。福建在20世纪90年代初，开始从台湾引种火龙果，作为新兴果树引入在南部沿海地区零星种植，2001年从台湾引种红皮红肉品种和红皮白肉品种的火龙果；福建火龙果主要分布在福州市、莆田市、泉州市、厦门市和漳州市等东南部沿海区域，龙岩、南平、三明和宁德等地市亦有少量设施大棚栽培；栽培的主要品种有红皮白肉种、黄皮白肉种和红皮红肉种，其中红皮红肉种的种植面积逐年扩大。

福建火龙果以4—7月及9—10月种植最佳，栽后12～14个月开始开花结果，每年可开花12～15次，每批花谢花后经30～40 d果实发育，进入成熟采收期。红肉品种较白肉品种始花期早1个月，末花期迟结束1个月，两个品种的花均在夜间开放，同一批次开花时间约为3 d，4—11月为产果期。福建红肉品种的火龙果始花期出现在4月中旬，终花期在11月下旬，挂果期在4—12月，1年可采收8批果，第1批果在4月中旬挂果，约40 d，至5月下旬成熟；第2～7批挂的果（6—11月），约30 d成熟，第8批（11月）挂的果，经40～50 d成熟，在次年1月采收。白肉品种的火龙果始花期出现在5月中旬，终花期在10月下旬，挂果期在5—11月，1年可采收6批果，第1批果在6月下旬成熟，成熟期约40 d，第6批果在11—12月初采收，成熟期为40～50 d，中间批次的果，成熟期约30 d[48]。

二、主要气象灾害

（一）寒冻害

1. 危害指标

气温低于10 ℃时，火龙果生长停止；气温低于5 ℃，可导致火龙果嫩芽、嫩枝发生寒害，叶片会发生散发性冻伤；气温低于0 ℃，火龙果成熟枝条也会被冻伤；低于−2 ℃且持续时间超过12 h，火龙果会遭受严重冻害；气温达到−4 ℃时，火龙果植株死亡。

从火龙果寒冻害危害程度来看，当极端最低气温（T_d）达到5 ℃以下时，火龙果就会出现不同程度的危害，3 ℃＜T_d≤5 ℃时出现轻度寒害；0 ℃＜T_d≤3 ℃时出现中度寒害；−2 ℃＜T_d≤0 ℃时出现重度冻害；T_d≤−2 ℃时出现严重冻害。

2. 主要危害

寒冻害是火龙果栽培推广的主要限制因子，温度越低，持续时间越长，受害程度越大，温度低于5 ℃，会造成火龙果不同程度的寒冻害，尤其是火龙果幼芽、嫩枝容易受害，造成幼芽、枝条冻伤或冻死，0 ℃以下火龙果成熟枝条、植株出现重度冻害，甚至冻死，茎蔓出现腐烂现象。

3. 灾害个例

1999年12月21—26日，诏安县出现连续5 d的霜冻灾害，最低气温达−1.3 ℃，长泰区出现连续 6 d 霜和结冰天气,最低气温达 −1.6 ℃,除采取保温措施的种植区域,大部分火龙果植株被完全冻死[49-51]。

2004 年 1 月 22—25 日,受强寒潮影响,平和县最低气温达 0.9 ℃,导致县城附近火龙果受害,部分植株茎叶枯死;南靖县龙山镇宝斗村极端最低气温达 2.6 ℃,造成火龙果受冻。

2009 年 1 月 10—14 日,诏安县遭受强冷空气侵袭,极端最低气温 1～3 ℃持续 5 d,太平镇大部分火龙果遭受严重寒害,部分火龙果冻死。

2010 年 12 月 14—18 日,受寒潮天气影响,福清市三华农业示范园极端最低气温达 3.0 ℃,12 月共出现 2 次≤3 ℃的低温,造成火龙果受冻,部分枝条干枯。

2014 年 1 月 15—24 日,诏安县连续 10 d 出现 3～6 ℃的低温天气过程,火龙果出现中等程度的寒害。

2017 年 12 月 25—27 日,受强冷空气影响,福州市长乐区江田镇的 6.67 hm² 火龙果全部冻死,福州市其他火龙果种植场的火龙果均遭受不同程度冻害。

4. 防御措施

(1)选择火龙果寒冻害低风险区种植。

(2)选种耐寒性较强的火龙果品种。

(3)采用温室大棚栽培火龙果,避免或减轻火龙果寒冻害。

(4)遇强冷空气时,采用地布、塑料薄膜覆盖火龙果果园,减少有效辐射和植株散射,减轻寒冻害对火龙果的危害。

(5)冷空气来临前,果园加强水肥管理,增施热性磷钾肥,增强火龙果植株抗低温能力。

(6)火龙果冻后,及时进行修剪、施叶面肥,以促进新梢生长,恢复树势。

(7)火龙果冻后,注意观察软腐病、溃疡病等的发生情况,及时喷药防治,应把腐烂和变色的部分刮除干净,并涂抹杀菌剂,以防病害大面积发生蔓延。

(二)台风

1. 危害指标

台风风力大于 8 级,就会导致火龙果棚架损坏甚至崩塌,造成火龙果折枝倒伏、果实损伤等,风力越大危害越严重;台风暴雨过程带来的果园积水,会影响火龙果根系发育,严重时导致植株死亡。

2. 主要危害

台风大风容易导致火龙果棚架损坏甚至崩塌,火龙果出现断枝,甚至造成植株倒伏;同时台风带来的暴雨天气,易导致果园积水或被淹,尤其是低洼地带的果园会出现长时间的积水,土壤含水量过分饱和,造成火龙果根系通透性差,严重时导致火龙果出现烂根,植株缺氧死亡。

3. 灾害个例

2007 年 8 月 19 日,第 9 号台风"圣帕"在惠安县登陆,受其影响,17 日福建中部沿海地区风力逐渐加强至 6～8 级,部分乡(镇)极大风速达 9～10 级,18 日中北部沿海的部分县(市)出现 9～11 级大风,部分乡(镇)风力达 12 级以上,并出现暴雨或大暴雨,导致福清市火龙果种植果园被淹。

2015 年 9 月 29 日,第 21 号台风"杜鹃"在莆田秀屿区沿海登陆,受其影响,29—30 日,中北部沿海出现 10～12 级阵风,沿海地区普降暴雨到大暴雨,导致福清市火龙果果园受淹,部分植株受淹致死。

2018年7月11日,第8号台风"玛莉亚"在连江县沿海登陆,近中心最大风力14级(42 m/s,强台风级),导致连江县东岱镇阳光红心火龙果农业合作社基地的20多亩火龙果受灾,火龙果出现严重落果、裂果。

4. 防御措施

(1)台风来临之前,做好果园防风工作,加固火龙果棚架,减轻台风危害。

(2)及时做好火龙果果园水道疏通和排涝工作,以防涝害。

(3)暴雨过后,火龙果果园土壤和植株应进行消毒,以防病菌入侵。

(4)被淹后的火龙果,通过修剪减少植株养分消耗,保证植株正常生长。

(三)涝害

1. 危害指标

火龙果根系怕积水,土壤相对湿度超过80%,根系逐渐停止生长,根部在水中浸泡超过1 d,就会导致火龙果根系受伤,植株缺氧死亡。

2. 主要危害

土壤长期积水,火龙果根部长时间处于无氧呼吸状态,几天后部分须根会出现发黑腐烂,枝条变黄,出现萎蔫现象,长势变弱,且易造成烂茎,严重的会导致火龙果植株死亡;同时长时间阴雨会造成果园土壤过分潮湿,容易导致火龙果感染病害,出现茎肉腐烂[52-53]。

3. 防御措施

(1)选择排水良好的田块种植火龙果,避免在低洼地带种植。

(2)强降水来临前,及时疏通果园水道,注意排涝,防止田间积水,避免火龙果烂根。

(3)土壤过湿易导致火龙果病害发生蔓延,应及时检查防治。

(四)高温

1. 危害指标

火龙果最适宜生长的温度为25～35 ℃,当温度高于38 ℃,火龙果停止生长,灼伤枝条。

2. 主要危害

气温超过35 ℃,火龙果花芽分化会被抑制,花果生成严重受阻;夏季温度过高,会导致火龙果停止生长,高强度的日光直射,容易导致火龙果枝条灼伤。

3. 防御措施

(1)采用喷灌、树盘覆盖等方法,降低火龙果树冠温度。

(2)夏季高温季节,采取遮阳网覆盖火龙果,避免成熟枝条因长时间遭受强烈日光照射而灼伤。

第十一节　释迦

一、概况

释迦,又称番荔枝、番鬼荔枝、洋菠萝、佛头果,番荔枝科番荔枝属,多年生半落叶性小乔木植物,原产于热带美洲,喜温暖干燥的环境,多栽种于热带地区,因其外观像牟尼释迦佛祖的头饰物而得名,且来自"番邦"引入,故又称为"番荔枝",引入我国有近400年历史,是世界5大热带名果之一。

释迦种类主要分为土种释迦(原生种)、软枝释迦、大旺释迦、旺来释迦(凤梨释迦);生产上真正成为规模种植的种类主要有台东一号、凤梨释迦、大目释迦、软枝种、粗鳞种等。福建作为我国释迦种植北缘,在漳州市、厦门市等沿海区域少量种植,栽培种类主要是凤梨释迦,品种有"非洲骄傲"和"吉夫纳"等。

福建凤梨释迦通常在3月上中旬萌动抽发春梢,5月中旬至6月上旬抽发夏梢,8月上中旬抽发秋梢,其中以春梢抽生最多;释迦在整个生长季节都能开花结果,具有多次开花、边开花边结果的习性,以春季花(正造花)较多,秋季花次之。正造花一般在4月中下旬现蕾,4月下旬至5月中旬始花,5—6月盛花,5月下旬至7月上旬终花,5—7月幼果形成,9月中旬至11月下旬果实成熟,果实生长发育期约120 d;秋花一般在8—9月开花,盛花期在9月,次年1—3月果实成熟,秋花果生长发育期为140~160 d[54-55]。

福建凤梨释迦栽培通常根据不同上市时间及当地气候条件,通过整枝修剪方法进行释迦产期调节,通过冬季修剪培养夏季果,通过夏季修剪培养冬季果和秋季果。夏季果通常在2—3月进行修剪,以促进侧枝萌发,培养结果枝条;冬季果通常在6—9月进行修剪,分多次进行短截修剪留长10~20 cm,当新梢长至20~30 cm时,及时进行摘心,以促进养分积累和壮花保果,经过150~180 d,可于12月至次年3月采收冬春果,通过产期调节可把果期延至次年3月,此期果较大,品质较优,上市季节佳、价格好;秋季果在冬季采果后进行重剪,在次年9—11月果实成熟。

二、主要气象灾害

(一)寒冻害

1. 危害指标

凤梨释迦抗寒性介于普通番荔枝类品种和秘鲁番荔枝类品种之间,幼树可耐短时间内的0 ℃低温,成年树可耐短时间的-1 ℃低温,通常气温0 ℃以下,凤梨释迦幼树受冻或冻死,成年树枝条受冻,气温-3 ℃时,可导致凤梨释迦植株死亡[56]。以极端最低气温(T_d)表征凤梨释迦不同强度寒冻害等级(表5.31)。

表5.31　凤梨释迦寒冻害等级指标　　　　　　　　　　　单位:℃

寒冻害等级	轻度	中度	重度
极端最低气温(T_d)	$0 < T_d \leqslant 3$	$-3 < T_d \leqslant 0$	$T_d \leqslant -3$
灾害症状	枝条不会受冻,落叶增多	幼树受冻或冻死,成年树枝条受冻	成年树主枝受冻或冻死

2. 主要危害

释迦幼树或小苗在长时间4 ℃或霜冻时会发生寒害,叶片发黄脱落,幼龄树可耐短暂0 ℃低温,气温0 ℃以下,释迦成年树枝条受冻,严重时植株死亡;此外,释迦秋花果的果实发育后期处于冬季,气温相对较低,通常13 ℃以下的低温,会引起释迦果实裂果。

3. 灾害个例

2004年12月22日,仙游县鲤城街道来洋村种植的"吉夫纳"凤梨释迦果园最低气温达-6 ℃,果园里的凤梨释迦叶片、主枝严重受冻[57]。

2005年12月30日,仙游县城关来洋台商果场遭受低温冻害,较平坦及低洼地种植的3年生番荔枝树地上部主干受冻严重,栽培的4 hm² 番荔枝仅剩下3333.33 m²[58]。

2009年1月,漳州市天宝镇五峰农场出现短时−0.9 ℃低温,2年生的凤梨释迦树枝条出现轻微受冻,长势较差的幼树冻死[59]。

4. 防御措施

(1)根据凤梨释迦寒冻害危险性区划,选择在低风险区种植。

(2)释迦寒冻害风险较高的区域,采用塑料大棚保温栽培。

(3)强冷空气来临前,果园提早采取灌水、熏烟、果实套袋、喷施防冻液等防寒防冻方法,减轻释迦寒冻害。

(4)寒冻害来临前,及时抢收成熟的释迦果实,避免寒冻害引起释迦果实发黑而造成损失。

(二)台风

1. 危害指标

8级以上的台风大风就会导致释迦落叶、落花、果实机械损伤和折枝倒树;释迦怕积水,台风暴雨带来的短时间积水也会引发释迦根腐病发生,严重时导致植株死亡。

2. 主要危害

释迦抗风力弱,台风大风轻者引起释迦落叶、落花、伤根、擦伤果面,重者造成折枝倒树;同时台风暴雨会造成释迦果园积水,容易诱发烂根,引发根腐病发生,严重时导致植株死亡;此外,暴雨过程不利于释迦授粉受精和坐果。

3. 防御措施

(1)释迦宜选择向阳避风、土质疏松、通气性好、排水性佳的沙质土或沙壤土种植。

(2)释迦果园营造防护林,减轻台风大风影响。

(3)2~3年生释迦幼树枝条较脆弱,遇台风易折断,栽培时应立支柱加固。

(4)释迦怕积水,在台风暴雨前后,应做好果园水道疏通,及时排水防涝,避免田间积水,预防根腐病发生。

(5)台风来临前,提早采收成熟的释迦正造果(春花果)。

(三)干旱

1. 危害指标

干燥环境下,释迦尚能生长,但长势差,影响产量和品质。空气相对湿度低于70%,凤梨释迦花的柱头干化,落花增加,坐果减少,尤其是相对湿度低于40%,会造成凤梨释迦花粉寿命缩短、活力降低,柱头黏液干枯,导致大量落花,坐果率下降[60]。

2. 主要危害

释迦根系浅生,多分布在15~35 cm土层,不耐旱。干旱会导致释迦植株生长不良、萌芽不整齐、叶片卷皱、幼果大量脱落、果实发育不良和裂果率大量增加。释迦开花期遇干旱,会造成花量增加,坐果数也增加,但果实变小;尤其是在果实长至200 g以上时,更应注意保持土壤湿度均衡,久旱骤雨,会引起释迦大量落果、裂果,导致产量和品质下降。

3. 防御措施

(1)释迦果园建设喷灌设施或蓄水池,以备干旱时浇灌。

(2)释迦遇旱叶片卷皱时,要立即淋水或灌水,淋水或灌水要均匀;开花授粉时要进行树冠喷水,以增加空气湿度,以利授粉,提高坐果率;果实发育期要注意保持果园土壤湿润,切忌暴晒骤灌,以免导致释迦大量裂果、落果。

(3)释迦树冠四周覆盖稻草,或种植百喜草,减少土壤水分蒸发,减轻干旱影响。

(4)夏秋季释迦果园浇水应在 10 时前或 16 时后进行,冬季或早春可在午后气温较高时进行,以避免土壤温度剧烈变化,影响释迦植株生长。

第十二节　莲雾

一、概况

莲雾,又名洋蒲桃、水蒲桃、辇雾、琏雾、爪哇蒲桃、水石榴等,是桃金娘科蒲桃属的热带常绿果树,原产于马来西亚及安达曼群岛。我国莲雾最早引种地是台湾,主产区为台湾、海南、福建、广东和广西,在云南和四川等也有少量栽培,在我国华南沿海地区,莲雾一年四季均可开花结果。

福建莲雾主要分布在漳州市的东山县和长泰区、厦门市、泉州市的晋江等地,引种的莲雾主要品种有黑珍珠莲雾、黑金刚、黑钻石、黑霸王、黑导弹和德男泰国种等。

在闽南地区自然条件下,春季是莲雾花芽、叶芽同时萌发的时期,花芽萌发至开花需 1.5~2 个月,莲雾一年一般两次开花,通常都在每年 3—5 月(正造花)和 8—9 月,开花到果实成熟需 1.5~2 个月,果实发育期在 5—7 月,自然产期在夏季(正造果在 6—7 月成熟)。而莲雾进行人工产期调节则花期不限,可以多次开花,通过产期调节,使产期提早至 12 月至次年 4 月。福建莲雾正造果和反季节果的种植面积差不多,反季节果的投入要大,但效益较正造果好。福建可通过花期调节进行莲雾反季节生产,使其成熟期在 10 月至次年 4 月。

二、主要气象灾害

(一)寒冻害

1. 危害指标

莲雾喜温怕寒,气温低于 7 ℃,莲雾停止生长、梢部受害;花期遇到 7 ℃以下低温时,花芽和叶芽均会受到损害,花蕾及幼果会受寒害而脱落;气温低于 1 ℃,莲雾主枝也会遭受寒冻害,造成当年不能正常开花结果,气温降至 −3 ℃时,直接导致莲雾幼树死亡。干冷型天气对莲雾危害最为严重,长时间维持干冷,会导致莲雾大量落果。以极端最低气温(T_d)表征莲雾不同强度寒冻害等级指标(表 5.32)。

表 5.32　莲雾寒冻害等级指标　　　　　　　　　　　　　　单位:℃

寒冻害等级	轻度	中度	重度	严重
极端最低气温(T_d)	$4.0 \leqslant T_d < 7.0$	$1.0 \leqslant T_d < 4.0$	$-1.0 \leqslant T_d < 1.0$	$T_d < -1.0$

2. 主要危害

寒冻害对莲雾的危害主要体现在:一是导致莲雾叶片脱落或干枯,枝梢受冻而坏死;二是造成反季节莲雾花蕾及果实脱落,果实遇寒冻害会造成果皮凹陷、落果及裂果;三是冻害严重时,会造成莲雾植株死亡,尤其是泰国莲雾种耐低温能力比台湾莲雾种差,更易受寒冻害。

3. 灾害个例

2009 年 1 月中旬,平和县五寨农场极端最低气温达 -0.5 ℃,连续 7 d 出现霜日,莲雾出现重度冻害,绝大部分离地 1 m 的植株枝条受冻严重,导致 2009 年莲雾正造果绝收;南靖县高港试验点极端最低气温达 -4.6 ℃,平和县崎岭试验点极端气温达 -2.3 ℃,试验种植的莲雾整株冻死,出现严重冻害[61]。

2010 年 12 月 17 日,受强冷空气南下影响,长泰区极端最低气温达 1.3 ℃,18 日为 2.4 ℃;通过对长泰区雪美果蔬农场莲雾引种地的冻害实地调查,果场的莲雾枝叶受冻,叶片脱落,部分尾部枝干冻干,但主干未受影响,次年可恢复正常生长,大树(5 年生)尚留绿叶,受冻程度比小树轻;从莲雾叶片脱落度来看,为重度冻害,从枝干受冻程度来看,属中度冻害,总体上呈现中度至重度冻害,并导致 2011 年该果场莲雾减产。

2011/2012 年冬季,长泰区极端最低气温达 0.6 ℃,导致种植的莲雾叶片发红,边缘卷曲,叶片上有红斑点,叶梢边缘冻焦,叶片及梢部受冻严重,落叶率达 30%～60%,影响莲雾树势和结果[62-63]。

2012/2013 年冬季,长泰区出现极端最低气温 0.6 ℃,造成莲雾新梢干枯,出现大量落叶,树势差。

2016 年 1 月 22—26 日,福建出现强寒潮天气过程,东山县极端最低气温达 2.5 ℃、云霄县 1.7 ℃、漳浦县 -0.3 ℃、长泰区 0 ℃,福州市 -1.9 ℃,导致漳州市东山县前楼镇叶厝村、樟塘镇南埔村莲雾种植场的莲雾轻微受冻;漳浦县绥安镇正茂莲雾场、漳浦县农业科学研究所莲雾基地的莲雾轻度受冻,多数莲雾树体的树冠顶部和外围叶片以及末级枝梢受冻,为轻微至轻度受冻;长泰区国美果蔬专业合作社、绿港园生态农场露地栽培的莲雾出现轻度至重度冻害;福建省农业科学院果树研究所莲雾品种园,露地和大棚栽培的莲雾出现重度或极重冻害[62]。

4. 防御措施

(1)选择莲雾寒冻害中低风险区域种植,尤以低风险区为佳;重度以上风险区不适宜引种,若要引种,一定要采取大棚保护地栽培。

(2)采用温室大棚栽培莲雾,避免或减轻莲雾寒冻害。

(3)采取莲雾产期调节规避寒冻害,在莲雾适宜引种区,除生产正造果(5—7 月)外,还可通过花期调节控制花果期,通常从催花开始到果实成熟,约需 4 个月,因此,可在 6—8 月催花,果实在 10—12 月成熟上市,使其主要花果期不出现在最冷的冬季时段,以有效规避莲雾花果期寒冻害风险。

(4)强冷空气来临前,采取防寒防冻应急措施(同番石榴)。

(5)莲雾冻后,根据不同受冻程度,采取合理修剪、喷施有机叶面肥等措施,促进树体恢复和新梢萌发。

(二)台风

1. 危害指标

莲雾遇到 8 级以上的台风大风,容易造成正造果落果,莲雾落叶、落花,严重时甚至出现折枝、倒树。以日最大平均风速表征莲雾不同强度风害等级(表 5.33)。

表 5.33　莲雾风害等级指标　　　　　　　　　单位:m/s

风害等级	轻度	中度	重度	严重
日最大平均风速(V)	$10.8{\leqslant}V{\leqslant}17.1$	$17.2{\leqslant}V{\leqslant}24.4$	$24.5{\leqslant}V{\leqslant}32.6$	$V{\geqslant}32.7$

2. 主要危害

台风会造成莲雾正造果果实损伤或掉落,造成莲雾落叶、落花、折枝,严重时造成莲雾树体被吹歪或被连根拔起;此外,台风还常造成莲雾种植大棚被损毁。

3. 防御措施

(1)莲雾果园周边营造防护林,减轻台风大风危害。

(2)培育健壮莲雾植株,施肥促进果枝增粗,提高莲雾抗风能力。

(3)莲雾果实进行套袋,增强莲雾抗风能力。

(4)台风来临前,提早采摘成熟的莲雾正造果。

(5)台风过后,及时采取果树扶正、修剪和果园排涝等措施,以恢复莲雾树势。

(三)连阴雨

1. 危害指标

莲雾花期和果实发育期若出现连续 3 d 以上连阴雨天气,且空气湿度超过80%,会造成莲雾落花、落果;出现 5 d 以上连阴雨天气,则莲雾落花、落果严重,影响产量和质量。以连阴雨日数(D_d)表征莲雾连阴雨湿害等级(表 5.34)。

表 5.34　莲雾花期和果实发育期连阴雨湿害等级指标　　　　　单位:d

湿害等级	轻度	中度	重度
连阴雨日数(D_d)	$D_d=2$	$3{\leqslant}D_d{\leqslant}4$	$D_d{\geqslant}5$

2. 主要危害

莲雾需水量大,较耐湿,但忌积水。花期连阴雨影响莲雾开花授粉,会导致莲雾落花;果实发育期水分过多,会引起落果,果实发育后期遇连续下雨,会影响果实正常生长发育,出现裂果;连阴雨严重时还会导致莲雾烂根死亡。

3. 灾害个例

2012 年 3 月 9—13 日,长泰区出现连续 5 d 日平均气温低于 12 ℃ 的倒春寒天气,空气相对湿度达到90%以上,3 月 25—27 日又出现连续 3 d 最低气温低于 10 ℃,其中 26 日最低气温达 6.4 ℃,空气相对湿度达 90%;持续低温阴雨导致长泰区莲雾落花严重,落花率达到 70%[63]。

4. 防御措施

(1)选择在疏松肥沃、潮湿而排水良好的土壤种植莲雾,避免在低洼易积水的地带种植。

(2)采用温室大棚种植莲雾,避免或减轻连阴雨对莲雾开花和果实发育的不利影响。

(3)持续降水过程应及时做好果园排水,避免莲雾田间积水。

(4)莲雾花期应及时做好疏叶疏花,保证充足养分及空气流通。

（四）干旱

1. 危害指标

长时间干旱会对莲雾生长发育带来严重影响,通常夏季超过半个月以上、秋冬季超过1个月以上连续无降水,就会造成莲雾出现不同程度的干旱危害。以日降水量<2 mm的连旱日数(D_d)表征莲雾不同时期干旱等级(表5.35)。

表 5.35　莲雾干旱等级指标 　　　　　　　　　　　　　　　　　　　单位:d

致灾因子	不同干旱等级对应的连旱天数(D_d)			
	轻度	中度	重度	严重
正造果果实成熟期干旱 （7—8月）	$16 \leqslant D_d \leqslant 25$	$26 \leqslant D_d \leqslant 35$	$36 \leqslant D_d \leqslant 45$	$D_d \geqslant 46$
反季节果果实发育期干旱 （10月至次年2月）	$31 \leqslant D_d \leqslant 50$	$51 \leqslant D_d \leqslant 70$	$71 \leqslant D_d \leqslant 90$	$D_d \geqslant 91$

2. 主要危害

莲雾需水量大,怕旱。莲雾花芽形成后至果实发育期出现干旱,会造成落花和落果,尤其是果实发育期出现干旱,就会造成莲雾幼果和叶片之间的养分争夺,影响莲雾果实膨大,出现果实小或落果情况,导致产量和品质下降,若久旱骤雨,容易造成莲雾落果、裂果。长时间干旱,莲雾根系生长发育受影响,会导致莲雾枝叶萎蔫,影响光合作用,严重时植株出现死亡。

3. 防御措施

(1)莲雾除休眠及花芽分化期果园宜适度干旱外,其他生育时期均需保证充足水分供应,干旱时应及时灌溉,保持土壤湿润。

(2)莲雾果园采取覆盖杂草、地膜等保墒措施,以减少土壤水分蒸发,减轻干旱危害。

(3)采用莲雾设施栽培、果实套袋技术,避免或减轻因久旱骤雨导致的落果、裂果。

第十三节　杨桃

一、概况

杨桃,又名阳桃、五敛子、洋桃等,属酢浆草科,五敛子属,是典型的热带水果之一。杨桃分甜杨桃和酸杨桃两大类,经济栽培主要是甜杨桃。福建省漳州市是国内甜杨桃主产区,其中栽培面积最大的是云霄县,其次是漳浦县和长泰区,主要栽培品种有台湾软枝杨桃、马来西亚种杨桃、红杨桃、台农2号等,本地的虎尾、两山种栽培面积也相对较大。

杨桃喜高温湿润、半阴环境,怕霜冻、干旱、强日照、水渍,忌台风。福建甜杨桃最适宜定植期在3—4月,定植后经1年培育即可陆续开花结果。甜杨桃有多次开花结果的习性,通常一年开花4次,从4月开花结果到次年1月止,边开花边结果,开花坐果率高,产量高,果实成熟期自6月到次年3月止。通过修剪等产期调节,南部地区头造果6—7月成熟,正造果9～10月成熟,三造果1—2月成熟;中部地区头造果7—8月成熟,正造果11—12月成熟,三造果2—3月成熟;北部地区头造果8—9月成熟,正造果12月至次年1月成熟,三造果3—4月成熟。

二、主要气象灾害

(一)寒冻害

1. 危害指标

极端最低气温 4 ℃时,杨桃出现轻微寒害;3 ℃时出现中等寒害,幼龄树受冻较重,成年树出现落叶和枯枝;气温 0 ℃以下,杨桃出现严重冻害,幼龄树冻死,成年树枯枝和落叶,果实受冻;气温低于 −2 ℃,杨桃树整株冻死。其中台湾软枝甜杨桃较为耐寒,果实在 −2 ℃时才受冻,树体在 −3 ℃时才出现枝叶受冻。

2. 主要危害

马来西亚种甜杨桃抗寒力比台湾软枝甜杨桃差,遇到霜冻天气,叶片出现花青素,甚至导致叶片边缘焦化,以致落叶,如遇较重霜冻,会导致甜杨桃叶片大量脱落,果实小,品质差。

3. 灾害个例

1999 年 12 月 17—25 日,长泰区出现连续 6 d 霜冻和结冰天气,极端最低气温达 −1.7 ℃,导致杨桃幼龄树严重受冻,结果树枯枝和落叶,果实轻微受冻;福州市出现连续 5 d 霜冻天气,杨桃果园极端最低气温达 −2～−5 ℃,成年树冻到嫁接口以下。

2004 年 1 月 22—25 日,长泰区遭受较强冷空气侵袭,极端最低气温较低,杨桃遭受不同程度的冻害。

2016 年 1 月 22—26 日,漳浦县出现霜冻天气,受其影响,漳浦县盘陀镇官陂村杨桃出现提早发黄、溃烂的灾害。

4. 防御措施

(1)根据不同品种杨桃的抗寒性,做好园区规划,避开寒冻害。

(2)杨桃树盘采用稻草覆盖,提高根部地温。

(3)杨桃幼龄树树冠采用薄膜或稻草覆盖,以减少有效辐射和植株散热。

(4)冷空气来临前,杨桃果园采取灌水、熏烟、增施热性肥料等措施,增强植株抗寒力,减轻寒冻害威胁。

(二)干旱

1. 危害指标

土壤相对湿度低于 60%时,就会影响杨桃生长发育。

2. 主要危害

杨桃性喜湿润环境,根系较浅,忌旱。杨桃花果期干旱,会造成杨桃大量落叶、落花,叶片容易变黄脱落,导致植株坐果率减少,果实发育不良或落果。

3. 灾害个例

1995 年 9 月 23 日至 1996 年 2 月 17 日,闽南地区发生秋冬连旱,长泰区累计降水量仅 10.6 mm,云霄县累计降水 2.2 mm,干旱导致该地区杨桃果实发育不良、产量低、品质差。

2003 年 10 月 15 日至 2004 年 1 月 19 日,长泰区发生秋冬连旱,累计降水量仅 16.9 mm,导致杨桃果实发育不良,果实品质受影响[64]。

4. 防御措施

(1)选择水源充足、排灌便利的园区种植杨桃。

（2）干旱季节杨桃果园每隔 10～15 d 灌水 1 次。

（3）在早、晚时间段向杨桃树冠喷水,最好采用定期滴灌或喷灌。

（4）杨桃果园采用稻草覆盖等措施进行保墒,减轻干旱危害。

（三）台风

1. 危害指标

当台风阵风风力≥8 级,日降水量≥50 mm,就会造成杨桃折枝倒树、落花落果等危害。

2. 主要危害

台风多发季节,正值福建杨桃果实发育至成熟期,而杨桃枝梢较细弱、柔软,果梗比较纤弱,台风容易把杨桃枝条吹折断,并造成落花落果,甚至造成植株倾斜、倒伏;台风暴雨带来的积水,还容易导致杨桃烂根、树势衰弱,叶片出现黄斑而脱落。

3. 防御措施

（1）因地制宜选择杨桃种植园区,避免在低洼地带种植杨桃。

（2）杨桃园四周种植防风林或设置防风墙,减轻台风风害影响。

（3）台风来临前,用竹竿支撑或用绳子吊起杨桃果枝,以防折枝落果。

（4）台风过程,杨桃园注意及时清沟排水,降低地下水位,以防杨桃根部渍水而引起烂根。

（5）台风灾后,及时对杨桃的断枝、折枝进行修剪,清理果园,喷药防治病害。

第十四节　青枣

一、概况

青枣,学名为毛叶枣,原产于印度,属热带、亚热常绿小乔木果树。台湾青枣根系十分发达,生长速度快,具有当年种植当年结果的习性;果树寿命较长,一般达 20～30 年,丰产期可达 20 年以上,但由于台湾青枣生长速度快,挂果又多,挂果后的枝条容易老化,需要每年进行主干更新,否则树势生长弱,果实变小,品质变差。台湾青枣果实成熟期正值冬春季节,是水果淡季,因此,近年来福建将其作为短、丰、快的新兴果树种类引种推广,经济效益显著。

福建引种的台湾青枣主要品种有高郎 1 号（又名:五十种）、黄冠、脆蜜和新世纪等。青枣一年四季均可栽植,但以 2—5 月栽植成活率最高;在闽南地区,台湾青枣花芽分化期在 1—2 月,春梢抽生期在 3—4 月,春梢老熟期在 5—6 月,开花期在 5—11 月,果实发育期在 6—12 月,成熟期在 11 月至次年 3 月。

2018 年福建省青枣总产量 12.8 万 t,主要集中在漳州市,产量达 12.7 万 t,占全省青枣总产量的 99.4%,其中云霄县产量最大,产量达 4.0 万 t,其余依次为漳浦县、南靖县、诏安县和平和县,产量均在 1 万 t 以上;其他地市也有小面积或零星种植的青枣[1]。

二、主要气象灾害

（一）寒冻害

1. 危害指标

冬季极端低温决定台湾青枣露地栽培能否越冬成活,同时冬季青枣正处果实发育至成熟期,寒冻害还会造成青枣落果。极端最低气温达到 5 ℃以下并持续 5 d 以上,青枣幼果会受寒害;气温低于 0 ℃时,青枣枝叶受冻;−1~−2 ℃时,青枣枝条、花果冻死;−4 ℃以下,成年枣树地上部分被冻死。以极端最低气温(T_d)表征青枣不同强度寒冻害等级指标(表 5.36)。

表 5.36 青枣寒冻害等级指标

单位:℃

寒冻害等级	轻度	中度	重度	严重
极端最低气温(T_d)	$1.0 \leqslant T_d < 5.0$	$-1.0 \leqslant T_d < 1.0$	$-3.0 \leqslant T_d < -1.0$	$T_d < -3.0$

2. 主要危害

影响台湾青枣生长的主要限制因子是温度,在年平均气温高于 19 ℃,霜期短的地方都可以种植。台湾青枣最适宜生长发育的温度为 20~35 ℃,在平均温度 15 ℃以下生长缓慢,气温下降至 5 ℃以下,叶片、幼果会出现不同程度的寒害,下降至 0 ℃以下时,枝叶、幼树和花果出现冻害;−4 ℃时成年枣树冻死。

据研究,在极端最低气温 1 ℃的天气条件下,低温持续 3 d 以内,台湾青枣植株的叶片、果实受寒害影响较轻,植株恢复生长迅速;持续 4 d,青枣植株的叶片、果实受寒害影响,会产生较明显受害症状,植株恢复生长较迅速;持续 5 d,青枣植株的叶片、果实受寒害影响,会产生明显受害症状,50%幼果出现干枯,80%叶片干枯脱落;持续 6~7 d,青枣植株叶片、果实受寒害影响,会产生严重受害症状,表现为叶片、果实干枯脱落,但枝丫仍有生长能力[65]。

3. 灾害个例

1999 年 12 月 23 日,受强冷空气持续影响,福清市最低气温达 1.0 ℃,城郊一年生青枣有 50%树体嫁接口以上枝干冻死;同安区最低气温达 0 ℃,上浦镇下梧村种植的青枣果实与叶片受冻,部分末级枝梢枯死[66];平和县小溪镇极端低温降至 −2.9 ℃,芦溪等乡(镇)降至 −7 ℃,全县种植的 116 hm² 青枣枣树和果实全部受冻。

1999 年 12 月 21—26 日,永定区出现连续 6 d 霜冻天气,23 日极端低温达 −5.1 ℃,于 7—8 月露天种植的青枣树大部分被冻死,但树体较大的青枣植株于次年重新萌发结果[67]。

2001 年 12 月 22 日,明溪县良种场气温降到 −2.5 ℃以下,在霜冻的次日观察,未盖膜的枣树枝叶、果实全部受冻;霜冻持续 10 d 左右,青枣树全部冻死,而薄膜大棚种植的青枣树安然无恙[68]。

2004 年 1 月 23 日,南靖县龙山镇宝斗村野外测得的极端最低气温为 −2.6 ℃,种植的青枣出现严重冻害,果实出现脱落、腐烂。

2005 年 1 月 1 日,宁德市霞浦县最低气温达 −0.8 ℃,导致该县青枣遭受冻害;1 月 18 日对宁德市霞浦县沙江镇水潮村青枣引种区的实地调查表明,该种植园区的最低气温要低于霞浦县本站气温,水潮村引种的台湾青枣枝叶和果实遭受重度以上冻害,青枣叶片枯黄、部分果实脱落、腐烂。

2010 年 12 月 15—17 日,福建省出现全省性寒潮,漳州市平和县 12 月 17 日最低气温达 −0.4 ℃;通过对漳州市平和县青枣寒冻害实地调查,在平和县郊区露天栽培的青枣,幼果遭受冻害,部分脱落,留在树上的果实长势较差,影响产量,但枝叶无冻、不冻树,属中度冻害。

4. 防御措施

(1)选择青枣寒冻害低风险区种植,并利用有利地形,选择南坡和西南坡种植,同时避免在狭窄幽深、封闭低洼的谷地种植,以规避冷空气堆积对青枣产生的寒冻害。

（2）冻害来临前 1～2 d，青枣果园采用灌水方法，提高土壤热容量，减轻冻害危害。

（3）强冷空气来临前，采用塑料薄膜、干草等材料进行青枣植株遮盖，以减少有效辐射和植株散热，减缓温度下降。

（4）强冷空气来临前，在青枣果园燃烧干草、叶秆或烟雾剂，减少地面有效辐射，增加果园近地层气温，减轻寒冻害威胁。

（二）台风

1. 危害指标

8 级以上的台风大风就会导致青枣枝梢机械损伤，甚至造成折枝、倒树，并影响青枣开花、坐果。

2. 主要危害

青枣枝干斜生、软脆，枝梢细长且脆，树冠大，结果多，抗风力差，台风大风容易造成青枣棚架倒塌，损伤叶片、枝条折断；台风暴雨若造成长时间果园积水，土壤水分长期处于饱和状态，青枣根部、植株地上部分被水浸淹，土壤通气不良，则影响青枣生长发育，生长速度慢，浸水程度严重时会导致青枣落叶，使树势衰弱，甚至出现烂根死苗。

3. 灾害个例

2016 年 9 月 15 日，第 14 号超强台风"莫兰蒂"在厦门市翔安沿海登陆，登陆时中心附近最大风力 15 级，沿海各地市普遍出现 8 级以上大风，76 个站风力达到 12 级以上；全省出现大范围暴雨到大暴雨，局部特大暴雨。受其影响，长泰区武安镇十里村的青枣全部被淹，并出现倒伏。

4. 防御措施

（1）选择避风、排灌方便的山坡地种植青枣。

（2）加固青枣种植棚架，防止台风造成棚架倒塌和枝条折断。

（3）通过生长期桥接，然后用黑胶布绑紧，1 个月后解缚，使青枣主枝形成近似三角形的稳固支撑，增强青枣树防风护树能力。

（4）加强青枣果园水道疏通，做好开沟排水，防止果园积水。

（5）台风灾后，及时进行枣树扶正、修剪和清理，促进青枣恢复正常生长。

（三）干旱

1. 危害指标

青枣营养生长期土壤湿度低于 60%，生殖生长过程的开花期、幼果期、肥果期、采收期果园土壤湿度分别低于 50%、60%、80%、70%，就会不同程度影响青枣生长发育；土壤湿度低于 40% 时，青枣就会出现较为严重干旱，会导致青枣落叶、落花和落果。

2. 主要危害

青枣开花期干旱会影响枣花盛开，花药易干枯，花蜜浓度大，不利于授粉受精，造成华而不实或落花；青枣果实发育期，枝梢也在继续生长，迫切需要水分，此时若出现干旱，不仅影响新梢生长，而且影响果实发育，果实变小变硬，品质差，甚至导致青枣落叶、落果，尤其是骤干骤湿会导致青枣裂果、落果。

3. 灾害个例

2002 年 2 月中旬至雨季开始（5 月 9 日），福建中南部地区出现了 2 个时段的连旱过程，春旱导致漳州、厦门、莆田、泉州和福州五市的沿海县（市）以及龙岩市南部县（市）降水持续偏少，严重缺水，给青枣生长发育造成不利影响，影响青枣春梢抽生和花芽分化。

4. 防御措施

(1)青枣开花期至果实发育期遇干旱，土壤表层出现干旱龟裂时，可轻度淋水或灌跑马水，但注意保持湿润即可。

(2)青枣果实发育期地面覆盖稻草，以保持土壤湿润，切忌骤干骤湿，以避免落果。

(3)干旱时果园采用滴灌和喷灌方法灌溉，防旱效果最好。

第十五节　百香果

一、概况

百香果，学名西番莲，俗称鸡蛋果、爱情果、巴西果，属西番莲科西番莲属，为多年生常绿藤本植物，原产阿根廷北高、巴西南部一带，生长于热带、亚热带地区，被誉为"天然水果之王"。

百香果商业栽培的种类主要有黄色百香果、紫色百香果、紫红色百香果等。黄色百香果的优点是生长旺、开花多、产量高、抗病力强，但耐寒性差，代表品种有"黄金百香果""满天星"等，通常分布于中低海拔地区；紫色百香果相对来说种植方法较简单，生长速度快，自然授粉率较高，通常分布于中高海拔地区，代表品种有"紫香1号"等；紫红色百香果是黄、紫两种百香果杂交的优良品种，果皮紫红色、星状斑点明显，果形较大，抗寒抗病力强，长势旺，可自花授粉结果，代表品种有"福建百香果1号""福建百香果2号""福建百香果3号""台农1号""巨无霸"，适宜于夏季凉爽的地方种植。

福建2005年从台湾引种"台农1号"百香果，2015年从广西钦州市引种"巨无霸"百香果，到2017年百香果种植面积达到15万亩，产值30亿元；种植的主要品种有"台农1号""紫香1号"和"黄金百香果"等。

福建百香果繁殖方式以扦插、嫁接为主，一年四季均可种植，但以3—4月和9—10月定植最佳。通常春季种植的百香果，当年4—5月开始开花，到第2年之后，每年开始开花时间为3—4月，且多批次开花结果，年内可开花5~6批，每隔20 d左右开一批，到果实成熟时间需60~70 d，收果期从5月持续到次年2月；反季节栽培可在9—10月种植。

福建春季种植的黄色百香果花期通常在4—12月，每日12时以后陆续开放，至晚间闭合，当年4—5月开始开花结果，以后边生长边开花结果，7—8月高温季节，花量较少，坐果率低，9月以后又开始大量开花结果，产期在5—12月。春季种植的紫色百香果（如紫香1号）扦插苗6月就可开花，8月即有少量果实上市，第2年进入正式结果期，每年3—11月可多次开花，果实成熟所需的时间因开花季节不同而异，5—6月开的花，花后50~60 d成熟，8—9月开的花需要70~90 d成熟，10月以后开的花需要100~120 d成熟[69]。春季种植的紫红色杂交种花期比黄色百香果早，果实成熟所需时间因季节不同而有所差异，5—6月挂果的需40~60 d成熟，7—8月挂果的需60~80 d成熟，9—10月挂果的成熟时间较长，需80 d以上。

由于百香果种植2年后，连茬极易引发茎基腐病和病毒病，生长结果情况变差，因此，通常采用1年1植或2年1植的栽培模式。低海拔地区采用1年1植种植模式的，自育苗应在8—10月，3月上中旬集中抚育大苗，4月上旬大苗定植，4—5月始花，6—7月产果，7月果实采收完进行回缩修剪,10月上中旬疏花疏果,10—12月产果,暖冬年份采果期可延至次年2月;中高海拔地区1年1植的,3月中下旬集中育苗,4月下旬进行大苗定植,5—6月始花,9月中下旬疏花疏果,7—11月产果[70]。

二、主要气象灾害

(一)寒冻害

1. 危害指标

百香果原产热带地区,喜温怕冻,通常在气温不低于0℃的条件下生长良好,5℃左右百香果嫩芽及幼叶出现轻微受害;温度低于0℃,会造成树冠枯黄、枝叶冻伤,果实发育不良,畸形果增加;温度低于-2℃,成年百香果植株会遭受严重冻害,甚至出现死亡。不同百香果品种的耐寒性不同,紫果种较耐寒,通常能耐受-4~-3℃低温,黄果品种耐寒性不如紫果品种[71-72]。

2. 主要危害

寒冻害会造成百香果树冠枯黄,幼苗、叶片、枝条和主茎等不同程度冻伤,造成生长发育受阻,引起大量落叶、落果,造成果实腐烂,严重时造成百香果整株死亡,尤其是对较不耐寒的黄果品种危害更大,黄金百香果通常在0℃时即受冻害。

3. 灾害个例

2017年3月6日,新罗区白沙镇绿又佳果园大棚内低温达-1℃,造成种植的紫色百香果嫩梢受冻,导致枝梢生长延缓和开花结果推迟。

2017年12月下旬,清流县龙津镇基头村果园出现轻微霜冻天气,种植的黄金百香果受冻明显,出现大量落叶落果,而福建百香果1号只是部分叶片被冻伤,没有出现明显落果现象。

2017年12月,闽西北及闽东大部分百香果产区出现大范围0℃以下低温,造成百香果枝叶受冻,甚至出现树体冻死情况。

2018年1月,平和县出现两次较明显的冷空气过程,百香果生产基地极端最低气温分别达到1.6℃和1.0℃,导致黄金百香果叶片冻伤,落叶率达40%~60%,畸形果增多,果实外壳粗糙不平,落果较严重,尤其是低洼地带百香果受冻严重[73]。

2018年2月4—5日,福州市出现低温霜冻天气,福建省农业科学院果树研究所果园极端低温达-3℃,闽侯县荆溪镇关源里仁洲村果园极端低温达-6℃,导致各品种百香果出现不同程度冻害,主要表现为百香果叶片、枝条、主茎等不同程度坏死干枯,甚至整株死亡,但品种间冻害程度有所不同,紫果种冻害程度轻于黄果种[79]。

2018年4月8日,龙岩市和三明市等地受强冷空气影响,4月中旬之前定植的百香果植株生长不良,造成百香果幼苗生长受阻,缓苗期长。

2020年12月29日至2021年1月2日,受强寒潮影响,华安县大部分乡(镇)极端最低气温在0℃以下,其中高车乡达-3.0℃,导致沙建联众百香果基地等种植的黄金百香果基本绝收。

2021年1月9日,福建遭受强寒潮袭击,连城县极端最低气温达-5.1℃,导致林坊镇兴年农业发展有限公司基地大棚种植的黄金百香果植株全部冻死,茎叶枯死、果实腐烂。

4. 防御措施

(1)根据不同品种百香果的抗寒性,因地制宜合理布局引种。

（2）采用大棚保温过冬育苗，次年春天气温回升后再定植大苗。

（3）有霜冻的地区种植较不耐寒的黄色百香果，应采用大棚等设施栽培。

（4）强冷空气来临前，果园采取增施热性肥料、灌水、熏烟、树盘培土覆盖、主干包扎稻草等增温措施，避免或减轻百香果寒冻害。

（5）采用1年1植的百香果栽培模式，避开冬季寒冻害，并解决百香果连作障碍问题。

（6）百香果冻后，应及时清除病叶、病株和枯枝落叶，并移出园区集中烧毁，同时进行土壤消毒。

（二）高温干旱

1. 危害指标

黄色百香果较耐热，气温达32 ℃时植株依然可以生长并开少量花，但坐果很少；紫色百香果较不耐热，当气温达30 ℃左右就无法结果，35 ℃以上高温对枝叶生长都有明显抑制作用，气温38 ℃以上会导致少数紫色百香果死亡；"满天星"百香果最不耐热，当气温38 ℃以上时，会造成"满天星"百香果植株死亡[70]。此外，连续无雨天数达20 d以上或土壤相对湿度低于60%，就会导致百香果出现不同程度干旱。

2. 主要危害

百香果属浅根系植物，主根不明显，抗旱性较差，干旱会使百香果茎干变细，叶片和花朵变小，叶片变黄甚至脱落，侧根变少，节间变短，节数减少，影响花芽分化、藤蔓发育及开花结果，严重时造成枝条枯萎；日最高气温≥35 ℃时，容易造成百香果叶片及嫩芽被灼伤，导致生长停滞，高温还会导致百香果花器发育不健全，花期高温干旱，雌蕊柱头黏度差，花粉管萎缩，雄花花粉发芽和花粉管伸长受影响，不利授粉受精，导致花量减少，出现明显枯花、落花现象；结果期出现日最高气温≥38 ℃的高温干旱天气，会导致百香果无法挂果，果实不发育，落果多，坐果率低。

3. 灾害个例

2016年8月21—31日，南靖县连续11 d出现最高气温大于35 ℃的高温天气，导致百香果生长缓慢，叶片出现不同程度的萎蔫现象。

2017年7—9月，平和县出现持续高温天气，五寨镇百香果开花受高温干燥天气影响，黄金百香果花出现明显枯花、落花现象，坐果率低，挂果率只有20%左右[73]。

2017年秋至2018年春，福建省出现干旱，部分百香果园无水灌溉，导致闽西北地区3月上中旬新植的百香果，小苗缓苗期长达25 d以上，部分果园出现百香果定植后1个多月不生长[70]。

2018年3月下旬至8月下旬，漳州市出现春夏连旱，影响百香果生长发育，导致漳州市百香果亩产量只有500 kg/亩，单产量只有2017年的一半，出现大幅减产[74]。

4. 防御措施

（1）合理安排百香果定植期，选择大苗早种，争取在高温出现前有一批花开放，避开高温，提高坐果率。

（2）干旱期百香果果园盖草保湿，在早上或傍晚引灌跑马水，通常每隔10～20 d灌水1次。

（3）百香果花期和果实发育期遇高温干旱，注意浇水，最好采用滴灌或喷灌等方式进行灌溉，降低田间温度，保证土壤水分供应，防落花落果。

(4)百香果定植穴周围盖草保墒,并适当遮阴防止日烧病。

(5)旱季来临前,百香果及时培土、松土保墒。

(三)渍害

1. 危害指标

百香果田间土壤相对湿度保持在 60% 左右为宜。在遭受雨水浸渍后,不仅会增加植株的湿度,还会导致百香果茎基腐病等多种病害发生,长时间浸泡还会导致百香果植株出现死亡。

2. 主要危害

百香果怕积水、不耐湿,果园渍水会导致百香果烂根死苗,诱发茎基腐病等病害发生蔓延。

3. 灾害个例

2016 年 3—4 月,南靖县多次出现暴雨过程,降水量较历年同期异常偏多,导致百香果生长中后期出现生长缓慢现象,部分植株出现茎基腐病病状。

2016 年春季,漳州市出现持续阴雨天气,3 月 8—15 日出现连续 8 d 阴雨天气,4 月 9—18 日出现连续 10 d 阴雨天气。长时间阴雨天气,导致黄金百香果移栽时间较常年推迟 10~15 d,并导致根系无法正常生长,移栽至始花时间比正常年份推迟 10~12 d[73]。

4. 防御措施

(1)百香果忌积水,应避免在低洼易积水地带种植。

(2)百香果果园建立排灌系统,雨季及时开沟排水,防止烂根,预防茎基腐病、根腐病发生蔓延。

(3)采用高畦深沟栽培百香果,防止果园田间渍水。

(四)台风

1. 危害指标

8 级以上的台风大风,会造成百香果枝叶、果实损伤,易造成落叶、落花及落果,12 级以上大风,会造成百香果栽培棚架倒塌、植株被吹倒;台风暴雨过程带来的果园长时间积水,会导致百香果烂根。

2. 主要危害

台风会导致百香果藤蔓攀缘困难,易造成落叶、落花及落果,造成百香果植株损伤、果实被碰伤,严重时导致棚架倒塌,植株被吹倒;同时台风暴雨会大幅降低百香果坐果率,带来的积水若时间过长,会导致百香果烂根。

3. 灾害个例

2015 年 8 月 8 日,台风"苏迪罗"在莆田市秀屿区沿海 2 次登陆,登陆时近中心最大风力 13 级,并带来持续强风和暴雨;受其影响,永泰县处于收获期的百香果损失惨重,清凉镇山田村的百香果种植基地的藤蔓竹架倒塌,花朵和果实被吹落,果子浸泡在水里腐烂,出现绝收。

2016 年 9 月 15 日,第 14 号台风"莫兰蒂"在厦门市翔安区沿海登陆,登陆时中心附近最大风力 15 级(48 m/s,强台风级),给福建大部带来严重的风雨影响,中南部沿海县(市)陆上阵风达到 10~13 级,导致漳州市、泉州市等地处于果实成熟期的部分百香果藤架倒塌、落果严重。

4. 防御措施

(1)选择在向阳背风的地带种植百香果,减轻台风影响。

(2)台风来临前,做好百香果棚架、藤蔓的防风加固措施。

（3）做好果园清沟排水工作，特别是百香果开花坐果期要注意排水，以提高坐果率和果实品质。

（4）成熟的百香果在台风来临前进行抢收。

第十六节　芒果

一、概况

芒果，又称杧果、檬果、漭果、闷果、蜜望、望果、面果和庵波罗果，为漆树科芒果属植物，原产于印度，在我国已有 1300 多年的栽培历史，是世界著名的热带水果，有"热带果王"之称。福建于明末清初开始引种芒果，已有 300 多年栽培历史，栽培区域主要分布在福州以南的南亚热带地区，宁德市沿海区域有少量种植。

全球芒果品种约有 1000 多个，其中我国有 100 多个。传统芒果品种有柴檬、吕宋芒、紫花芒、泰国芒、桂香、秋芒、鸡蛋芒等；新培育的芒果优良品种有金煌芒果、台农 1 号、凯特芒、爱文芒果、贵妃、四季蜜芒、海顿、红象牙芒、玉文 6 号、红芒 6 号、马切苏、圣心等。福建栽培的传统芒果品种有柴檬（中熟）、吕宋芒（中熟）、紫花芒（晚熟）、泰国芒（中熟）等；优新品种有金煌芒果（中熟）、台农 1 号（早熟）、凯特芒（特晚熟）、爱文芒果（中熟）、贵妃（中熟）、四季蜜芒和红花芒等。

福建芒果以春植（3—5 月）为主，其次为秋植（9—10 月）；芒果花芽分化期在 12 月至次年 2 月，开花期在 3—5 月，果实发育期在 5—6 月，成熟采收期在 7—8 月，部分晚熟品种成熟采收期可延至 8—10 月。

2018 年福建省芒果总产量 1.0 万 t，主要分布在福州市、漳州市、莆田市、泉州市和厦门市，产量最高的是福州市，占全省芒果总产量的 67.0%；产量最高的县（区）为马尾区，其次是福清市，其余依次为长乐区、长泰区等。

二、主要气象灾害

（一）寒冻害

1. 危害指标

冬季最低气温低于 5 ℃，芒果幼苗、嫩梢和花穗受害；气温降至 0 ℃ 左右，芒果幼苗地上部分会枯死，幼树和成龄树的花絮、嫩枝、树冠外围的叶片均会受冻；气温降到 −5 ℃ 以下，芒果幼龄树冻死，大树也严重受冻。以极端最低气温作为芒果寒冻害指标，轻度寒害指标为 0.5～2.0 ℃、中度寒冻害为 −1.0～0.5 ℃、重度冻害为 −2.5～−1.0 ℃、严重冻害为低于 −2.5 ℃[75]。

2. 主要危害

寒冻害会造成芒果幼苗、叶片、枝梢和花穗受害，严重时会导致芒果叶片冻枯、幼龄树冻死、大树树体严重受冻。

3. 灾害个例

1999 年 12 月下旬，受强冷空气影响，长泰区出现 −1.6 ℃ 的极端低温，导致芒果受冻，轻者叶脉及叶柄输导组织变黑，且有腐烂臭味，受冻严重的植株则叶片及枝梢全部干枯；平和县小溪镇 23 日极端低温达 −2.9 ℃，芦溪镇、长乐乡、秀峰乡为 −7 ℃，九峰镇、崎岭乡为 −6 ℃，霞寨镇、国强乡为－5 ℃,大溪镇、安厚镇为－4 ℃,且低温持续时间,芒果受冻面积占种植总面积的 96.3%,且树体受冻较为严重[76-77]。

2004 年 1 月 19 日至 2 月 5 日,莆田市受 4 次强冷空气影响,出现了较长时间的低温、霜冻、结冰天气,芒果遭受不同程度冻害,部分叶片冻枯,山区少量幼龄芒果树全株死亡。

2016 年 1 月 22—26 日,受强冷空气影响,宁德市芒果遭受严重冻害,部分种植园甚至绝收;位于福州市郊区的福建省农科院果树研究所内芒果种质圃和全省各种植区芒果均遭受不同程度寒冻害。

4. 防御措施

(1)根据芒果寒冻害风险区划结果,合理布局种植区。

(2)选种抗寒性强的芒果品种。

(3)选择地势较高,环境开阔,冷空气容易排泄的地方种植芒果,避免在低洼地带冷空气容易沉积的地方种植。

(4)强冷空气来临前,芒果园采取搭设简易防寒棚架、灌溉、树干刷白、熏烟、薄膜覆盖等措施,进行芒果保温防寒。

(5)芒果冻后,及时采取树盘松土、追施水肥等措施,促进树势恢复和生长发育。

(6)芒果冻后,及时摘除受冻花穗,培育 2 次花。

(二)花期低温阴雨

1. 危害指标

芒果花期遇低温阴雨,对开花授粉不利,而且极易诱发炭疽病,造成枯花和落花。花期出现持续 3～5 d 日平均气温低于 12 ℃的低温阴雨天气,会出现轻度危害,持续 6～8 d 日平均气温低于 12 ℃的阴雨天气,会出现中度危害,持续 9 d 以上日平均气温小于 12 ℃的阴雨天气,会出现重度危害。

2. 主要危害

花期低温阴雨是福建芒果栽培的重要制约因素之一。低温阴雨会造成芒果花穗、顶端蓬面枝梢或叶片受到伤害,迅速干枯;并影响昆虫授粉,影响花粉萌发、散开和传播,甚至造成芒果沤花、烂花,落花落果,降低坐果率,诱发芒果煤烟病、霜霉病和炭疽病,影响果实外观,降低品质等。

3. 防御措施

(1)芒果花果期采用避雨栽培,或用薄膜遮盖树冠,遮挡过多降雨,减轻连阴雨影响。

(2)芒果早生花穗小于 5 cm 时可以人工摘除,并喷洒多效唑调节花期。

(3)加强芒果花期田间管理,修剪多余、无花的枝条,增加通风透光,防止树冠内过湿而导致后期大量落果。

(4)采用花期放蜂授粉、人工辅助授粉的方法,提高芒果授粉受精率。

(5)雨后及时人工摇花枝,抖落芒果花穗上水珠,防止沤花烂花。

(6)做好芒果园田间排水,避免积水,防止芒果根系缺氧。

(7)低温阴雨使芒果园湿度变大,有利病害发生蔓延,应及时检查防治。

(三)台风

1. 危害指标

芒果果实发育和成熟采收期正处福建台风季节,在果实较大的阶段,8 级以上大风,就会造成芒果严重落果或果枝损伤。

2. 主要危害

台风容易造成芒果落叶、折枝、落果、碰伤、烂果,甚至会造成整株树被刮倒;台风暴雨带来的积水,会影响芒果树根系呼吸,甚至造成植株死亡;芒果果实发育后期,水分过多则会导致芒果裂果,果实风味变淡。

3. 灾害个例

2018 年 7 月 11 日,第 8 号台风"玛丽亚"在连江县黄岐半岛沿海登陆,登陆时中心附近最大风力 14 级,中北部沿海出现 11~13 级大风,阵风 14~17 级,造成福州市大片芒果果实被吹落掉地。

4. 防御措施

(1)遇台风暴雨时,及时开沟排水,避免芒果园长时间积水。

(2)芒果园营造防风林带,减轻台风影响。

(3)成熟的芒果在台风来临前及时抢收。

(四)干旱

1. 危害指标

芒果花期干旱,会影响开花授粉,引起芒果落花;幼果膨大期干旱,会导致落果,当空气相对湿度低于 70%,对幼果发育不利。

2. 主要危害

芒果是一种深根系的果树,比较耐旱,但严重干旱会使芒果树水分供应不足,会使芒果幼树死苗,芒果大树生长缓慢;花期和结果初期干旱,会引起芒果落花落果,果实发育期久旱骤雨,会引起芒果出现裂果。

3. 防御措施

(1)芒果幼树定植后遇旱,应每 5~7 d 灌水 1 次,保持树盘土壤湿润。

(2)芒果园干旱时,及时采取喷灌等措施浇水保湿,以确保树体正常生长的水分需求,促进芒果树梢和果实的正常生长发育。

(3)芒果果实膨大期注意旱后降雨,以免骤干骤湿引起裂果。

第十七节　蓝莓

一、概况

蓝莓,又名蓝梅、笃斯、笃柿、嘟嗜、都柿、甸果、笃斯越橘,意为蓝色浆果,属杜鹃花科、越橘属植物,起源于北美,多年生灌木小浆果果树,因果实呈蓝色,故称为蓝莓,有"蓝宝石""水果皇后"和"浆果之王"等美誉。全球蓝莓分布 450 余种,中国有 91 种,中国蓝莓栽培起步比较晚,主要分布在西南、华南及东北地区,主要以北高丛、半高丛、矮丛以及兔眼蓝莓为主。

蓝莓种类有 3 大类,即高丛蓝莓、矮丛蓝莓和兔眼蓝莓,其中高丛蓝莓又分为北高丛蓝莓、南高丛蓝莓和半高丛蓝莓 3 类。矮丛蓝莓和半高丛蓝莓适宜在温带寒冷地区种植,北高丛蓝莓和一些半高丛蓝莓适宜在暖温带地区种植,兔眼蓝莓和南高丛蓝莓适宜在亚热带地区种植。

福建为蓝莓发展新区,由于具有上市时间早、可填补蓝莓鲜果市场真空期的优势,近年来作为新型果树品种开始发展,主要分布在龙岩、宁德、福州等市的中高海拔区域,只能种植需冷量较低的兔眼蓝莓和南高丛蓝莓,栽培品种主要是奥尼尔、夏普蓝、密斯提、莱格西、南金、海岸、顶峰、灿烂、园蓝、粉蓝、精华、杰兔、乌达德等[78]。

福建蓝莓一般于2—6月先后完成叶芽发育、枝条生长、花芽分化、开花结果、果实成熟等生长发育过程。蓝莓2月中旬芽开始萌动,3月上旬出现嫩叶,3—4月开花结果,4月至7月上旬果实成熟采摘,7月蓝莓果实采摘结束后进入植株修整、秋梢抽条阶段,11月下旬新梢停止生长,12月下旬落叶,12月至次年2月进行2次剪枝,植株处于休眠期。

二、主要气象灾害

(一)寒冻害

1. 危害指标

蓝莓树体本身耐冻,福建蓝莓寒冻害主要是春季晚霜冻,主要危害蓝莓的芽叶、花芽、花和幼果。0 ℃左右的低温就会对蓝莓花芽产生很大危害,兔眼蓝莓已展叶的芽在−1 ℃低温时会受冻害;蓝莓花蕾能忍受−5 ℃低温,花芽鳞片脱落后在−4 ℃可冻死,而露出花瓣但尚未开放的花在−2 ℃低温可冻死,正在开的花在0 ℃低温,就会出现严重冻害。

2. 主要危害

春季(3—4月)晚霜冻,会影响蓝莓花芽发育,危害蓝莓的芽、花和幼果,造成蓝莓开花受精而不结实,导致蓝莓大量落花、落果,坐果不良,果实发育差,严重时冻死蓝莓花芽、花,冻坏幼果。

3. 灾害个例

2010年3月10日,长汀县极端最低温度达−1.1 ℃,此时正值蓝莓嫩叶生长和开花期,冻害导致蓝莓的叶、花受冻,蓝莓嫩叶冻坏,老叶受冻后变红,花受冻后腐烂,损失严重。

4. 防御措施

(1)做好蓝莓种植园区规划,避免在蓝莓晚霜冻高风险区种植。

(2)强冷空气来临前,蓝莓果园采取灌水、树体覆盖薄膜、熏烟、增施热性肥料等应急措施进行防寒防冻。

(二)暖害

1. 危害指标

蓝莓冬季需要一定低温需冷量来完成树体休眠,不同品种的蓝莓需冷量不同。福建只适合种植需冷量较低的兔眼蓝莓和南高丛蓝莓,通常南高丛蓝莓要求冬季<7.2 ℃的低温时数达到650 h以上,满足650 h的低温可以完成树体休眠,超过800 h才能达到生长良好;兔眼蓝莓低温需冷量只需要南高丛蓝莓的1/3～1/2。若冬季达不到各种类蓝莓的冷温需要量,则只会长树而不开花,且树势衰弱、病虫害严重。

2. 主要危害

蓝莓冬季<7.2 ℃的低温时数小于200 h,无法完成树体休眠,发生反季节开花。需冷量不够,蓝莓也可正常开花,但不结果。

3. 防御措施

(1)根据不同蓝莓品种的气候适宜性区划,因地制宜合理规划布局,在气候适宜区种植。

（2）选择低温需冷量较低的兔眼蓝莓品种种植。

（三）干旱

1. 危害指标

蓝莓萌芽至落叶所需水分为平均每周降水量 25 mm，坐果到采收所需降水量为每周 40 mm，才能满足蓝莓正常生长结果需求。当土壤相对湿度小于 60% 时，蓝莓会出现不同程度的干旱。

2. 主要危害

蓝莓是浅根性植物，根系分布较浅，需要充足水分才能保证正常生长发育，尤其是刚定植的蓝莓幼苗不耐干旱。干旱会造成蓝莓叶片变红，枝条生长细弱，出现落叶等现象，严重时造成蓝莓枯枝，影响生长发育和产量。

3. 防御措施

（1）蓝莓干旱时及时灌水，最好采用滴灌或微喷灌方法，灌水必须在蓝莓植株出现萎蔫前进行。

（2）夏季高温干旱时期，果园每隔 1～2 d 灌水 1 次，防止蓝莓植株叶片萎蔫。

（四）渍水

1. 危害指标

蓝莓喜湿，尤其是夏季需给足水，但不能渍水，否则会引起蓝莓烂根。高丛蓝莓抗涝能力差，在积水土壤上不能生长，比兔眼蓝莓对积水反应更加敏感。

2. 主要危害

福建蓝莓开花至果实发育期正处春雨季和雨季。雨水过多会导致蓝莓枝叶徒长、花量减少、果实味淡；造成蓝莓根系褐变、腐烂，树势衰弱；造成蓝莓果粉受损、裂果，降低果实外观性和品质。

3. 防御措施

（1）做好果园开沟排水工作，防止蓝莓田间积水。

（2）采用蓝莓避雨栽培，避免蓝莓果实成熟期降水过多。

（3）避免在低洼易涝地带种植蓝莓。

（4）选种早熟或晚熟蓝莓品种，避开雨季多雨对成熟果实的危害。

第十八节　杨梅

一、概况

杨梅，是杨梅科杨梅属植物，属于亚热带常绿乔木，是中国特色果树，主要分布在浙江和福建等省。福建是我国杨梅的重要产地之一，面积及产量位居全国第 2 位，其中尤以龙海区浮宫镇杨梅最为有名，浮宫镇也被冠以"福建省杨梅第一镇"的美名。"浮宫杨梅"作为当地的名特优农产品，先后获批"国家地理标志"产品，"中国地理证明商标"和"福建省著名商标"。

福建杨梅栽培几乎遍布全省各地，主要分布于龙海、漳浦、上杭、诏安、永春、南安、莆田、福鼎、福安、建阳、建瓯、长汀和永定等县（市、区），已构成福建省杨梅栽培优势区域布局。福建杨梅按果实颜色分为红杨梅、紫杨梅和白杨梅 3 种类型,成熟期跨度较大,早的 4 月成熟,大部分品种在 5—6 月成熟,迟的在 7 月中旬成熟。栽培的主要品种有东魁杨梅、大粒紫种、二色杨梅、胭脂白种、安海种、建阳大花杨梅、台湾杨梅、莆田大红梅、八贤道杨梅、晚稻杨梅、丁岙梅、荸荠种和东方明珠杨梅等[79]。

福建杨梅栽培分春植与秋植,一般以春植为主,春植时间在 2—3 月,秋植在 10—11 月。杨梅花芽分化期在 11 月至次年 1 月,2 月杨梅花芽萌动,3—4 月开花,5—6 月处于果实膨大、成熟采收期,7 月处于夏梢抽生期,8 月处于夏梢生长期和秋梢萌发期,9—10 月处于夏梢老熟和秋梢生长老熟期。

2018 年福建省杨梅总产量为 16.1 万 t,杨梅产量从高到低的排序是:漳州市＞宁德市＞三明市＞龙岩市＞南平市＞福州市＞泉州市＞莆田市＞厦门市;产量最高的是漳州市,占全省杨梅总产量的 52.3％;产量最高的县(区)为龙海区,达 6.7 万 t,占全省杨梅总产量的 41.6％,其余依次为漳浦县、上杭县、福鼎市、福安市、诏安县等[1]。

二、主要气象灾害

(一)寒冻害

1. 危害指标

杨梅是喜阴又较耐寒的常绿果树,杨梅树体忍受的最低气温为 −9 ℃,杨梅枝叶忍受的最低气温为 −5 ℃,杨梅花蕾膨大期出现 −1 ℃ 的低温,花蕾就会遭受不同程度的冻害;花期极端最低气温低于 0 ℃ 时就会造成花器冻害,影响杨梅开花受精而不结实,发生大量落花[80]。

2. 主要危害

福建杨梅寒冻害主要是春季晚霜冻,此时正值杨梅春梢期和开花期,遇霜冻会造成杨梅的嫩梢和花器官受冻,影响开花受精,发生大量落花,影响杨梅的产量和质量,此外还会造成杨梅生育期推迟。

3. 灾害个例

2010 年 3 月 10—11 日,福建西北部地区出现大范围的春季冻害,极端低温在 −3～0 ℃,杨梅果园田间的极端低温达 −5～−2 ℃,同时由于冬季气温偏高,杨梅花期提早,杨梅春梢期或花期与晚霜冻相遇,导致杨梅嫩梢、花遭受不同程度冻害,闽西北杨梅受冻面积达 0.3 万 hm²,占种植面积的 61.9％,产量损失约 11％。

4. 防御措施

(1)避免在杨梅花期寒冻害高危险性区域种植。

(2)选择山地阳坡,有水库、湖泊、河流等大水体环绕的地方种植杨梅。

(3)杨梅花蕾期和开花期遇强冷空气,应提早采取果园灌水、熏烟、培土、增施热性肥料等防寒防冻措施,减轻寒冻害对花器的危害。

(4)强冷空气来临前,杨梅果园采取遮阳网或塑料薄膜覆盖树冠进行保温。

(二)高温干旱

1. 危害指标

杨梅果实膨大至成熟期若出现连续 3 d 以上 ≥35 ℃ 高温天气,易导致杨梅含酸量增加,还会造成果实逼熟、日灼和发生白腐病等;夏季月平均温度超过 28 ℃,会影响杨梅夏、秋梢抽发和生长。杨梅花期若出现连续 5 d 以上平均相对湿度低于 70% 的天气,产量会明显下降;果实发育期月降水量<100 mm,就会降低杨梅产量。

2. 主要危害

3—4 月正值福建杨梅花期,若遇到连续 5 d 以上平均相对湿度低于 70% 的天气时,杨梅产量会明显下降。5—6 月福建杨梅处于果实生长发育至成熟期,若月平均气温超过 22 ℃,或出现连续 3 d 以上≥35 ℃高温天气,会导致杨梅果实含酸量增加,糖酸比降低,影响果实的品质。7—9 月杨梅正值夏梢抽生期和确定花芽、叶芽的关键时期,若月平均气温超过 28 ℃时,会影响杨梅结果预备枝生长和花芽发育,易引起枝干日烧,妨碍杨梅夏梢抽发、花芽分化和营养物质积累,影响次年杨梅开花结果,致使产量下降,烈日照射还会引起杨梅枝干焦灼枯死。

3. 防御措施

(1)选择东坡、东北坡、北坡,强光照射时间较短的地带种植杨梅。

(2)杨梅定植后,采用搭棚或插树枝进行遮阳。

(3)高温时段,用青草、稻草等覆盖杨梅树盘,以降低地表温度,减少土壤水分蒸发。

(4)连续 10 d 以上无降水,杨梅果园应及时喷水灌溉,以保持土壤湿润,降低果园温度。

(5)晴热天气采摘杨梅时,应在清晨或傍晚采收为宜。

(三)连阴雨

1. 危害指标

2—5 月正值福建杨梅开花至果实发育的关键期,若出现 3 d 以上低温阴雨,会影响杨梅正常开花授粉,容易造成落花、落果、烂果、味淡,影响杨梅产量和质量。

2. 主要危害

杨梅开花期遇低温阴雨,会造成花期延后,或花期提前结束,影响正常授粉,降低杨梅坐果率;果实发育和成熟采摘期出现连续降水,易造成杨梅烂果或异常落果,影响产量和质量,同时阴雨寡照还会造成杨梅果实着色缓慢,成熟期推迟。此外,连阴雨造成果园土壤湿度大,易导致杨梅病害多发。

3. 防御措施

(1)加强杨梅果园管理,强降水过后田间要及时排水。

(2)采用简易大棚种植,减轻连阴雨对杨梅开花和果实发育的不良影响。

(3)杨梅开花期可追施肥料,培育壮树,以保花保果。

(四)台风

1. 危害指标

杨梅树根系较浅,8 级以上的大风,就会造成杨梅枝条折断、果实掉落,致使当年或次年杨梅产量降低,严重者吹倒大树。台风暴雨带来的果园积水还会导致杨梅根系呼吸受阻、树势衰弱、叶黄枝枯;长时间积水,会导致杨梅根系发生霉变,甚至窒息死亡。

2. 主要危害

杨梅树根系较浅,树冠高大,枝叶茂密,枝条较松脆,台风大风会导致杨梅枝条折断,甚至把大树吹倒,果园积水还会影响杨梅根系生长发育,早台风还会造成杨梅果实掉落,降低产量。

3. 灾害个例

2006 年 5 月 18 日,第 1 号强台风"珍珠"在广东省饶平到澄海之间沿海登陆,登陆后向北偏东方向移动,进入福建境内,福建中南部沿海风力达 10～13 级,部分县(市)出现大暴雨;此时正值福建杨梅果实发育期,台风带来的狂风暴雨致使龙海区处于成熟期的杨梅约有 70%果实被刮落,几乎绝收,损失达 1800 万元。

4. 防御措施

(1)台风来临前,立柱加固杨梅树体。

(2)若有早台风,成熟的杨梅应及时抢收。

(3)台风过程及时做好杨梅果园排水工作,避免果园长时间积水。

(4)台风过后,要及时清理杨梅果园,扶正倒伏植株,修剪断枝,并进行培土,促进杨梅恢复正常生长。

第十九节　梨

一、概况

梨,为蔷薇科梨属落叶性果树,是我国主要果树之一。福建梨主产区主要分布在中亚热带的南缘,即戴云山脉和武夷山脉两大山系之间海拔 700 m 以下的内陆闽西北山区,其中德化县是我国南方早熟梨最南缘分布区,2008 年德化县被中国果品流通协会授予"中国早熟梨之乡"。福建早熟梨因其成熟期早,具有可以填补国内 7—8 月梨果供应淡季、明显早熟的优势。

福建省农业部门将梨的熟期界定为:7 月 20 日前成熟的为早熟梨,7 月 20 日至 8 月 10 日成熟的为中熟梨,8 月 10 日以后成熟的为晚熟梨[81]。福建栽培的特早熟梨品种有"翠玉""初夏绿"等;早熟品种有"翠冠""密雪梨""脆绿""黄花""清香"等;中熟品种有"西子绿""新世纪"等。福建早熟梨通常在 3 月上中旬萌芽,3 月中下旬展叶开花,花期 8～11 d,4—5 月果实发育膨大,6 月中旬到 7 月中旬果实成熟,果实生育期 90～115 d,11 月开始落叶。

2018 年福建省梨总产量为 17.5 万 t,梨产量从高到低的排序是:三明市>龙岩市>南平市>福州市>泉州市>宁德市>漳州市>莆田市>厦门市,主要集中在三明市、龙岩市、南平市、福州市、泉州市;产量最高的是三明市,占全省梨总产量的 78.8%;产量最高的县(区)为建宁县,达 10.7 万 t,占全省梨总产量的 61.3%,其余依次为清流县、德化县、大田县、明溪县、将乐县、沙县区等。

二、主要气象灾害

(一)冻害

1. 危害指标

梨树树体本身耐寒,在福建地区,冬季低温通常不会造成梨树冻害,而主要是春季晚霜冻造成的梨树花期和幼果期危害。梨花和幼果受冻的临界温度是:花蕾－5 ℃,花序分离期－3.5 ℃,开花期－1.5～－2.0 ℃,幼果期－1.0～－1.5 ℃。

2. 主要危害

福建早熟梨冻害主要是春季花期和幼果期晚霜冻,花果期冻害易使梨花芽受冻,造成落花、烂花、落果,幼果变黑枯死。

3. 灾害个例

2010 年 3 月 9—11 日,三明市遭遇历史罕见的春季霜冻天气,10—11 日出现的极端低温,为 1960 年有气象记载以来的同期最低,其中泰宁县极端低温达到 -2.6 ℃,此时大部分果树处于抽梢、开花和幼果期;梨树冻害主要为幼果受冻,幼果表面及核褐变,有的表面似正常,内核已褐变;清流县种植的 966.7 hm^2 蜜雪梨处于幼果期,除南面乡(镇)气温较高,冻害较轻外,其余共 866.7 hm^2 蜜雪梨冻害严重,几近绝收,幼果变黑枯死,甚至干枯,新叶叶缘变色,叶片向上抱合呈水饺状。此次寒冻害过程共造成三明市黄花梨、翠冠梨产量损失达 30% 以上[82];造成福建西北部地区梨受冻面积达 1.4 万 hm^2,占梨种植面积的 73.6%,产量损失比例约 42%。

4. 防御措施

(1)根据梨树花期晚霜冻风险区划结果,选择晚霜冻低风险区种植梨树。

(2)采用大棚保温栽培梨树,避免或减轻春季梨树花期晚霜冻危害。

(3)强冷空气来临前,梨园采取灌水、增施热性肥料、熏烟、树干刷白、喷施保温剂、抗冻剂和等措施进行防寒防冻。

(4)梨花受冻后,及时采取肥水管理、人工授粉等措施加以补救。

(二)低温阴雨

1. 危害指标

梨树花期出现连续 3 d 以上气温低于 12 ℃ 的阴雨天气,影响开花授粉。

2. 主要危害

梨树花期低温阴雨,会造成梨花授粉受精不良,开花不整齐,花量大幅减少,坐果率降低。

3. 灾害个例

2006 年 3 月上旬,德化县受强冷空气影响,全县大部分乡(镇)出现霜冻和结冰,梨树花芽遭受低温冻害,造成无花或少花;3 月下旬又出现连续 4 d 日平均气温 ≤12 ℃ 的"倒春寒"天气,导致梨树开花不整齐,花量大幅减少,不利授粉受精,坐果率极低;5 月 28 日至 6 月 1 日出现连续 5 d 日平均气温 ≤20 ℃ 的"五月寒"天气,影响梨幼果生长发育,造成果实畸形偏小,没有商品价值,成熟期较常年推迟了 10 d[83]。

4. 防御措施

(1)采用大棚保温避雨栽培,避免或减轻梨树花期低温阴雨影响。

(2)注意梨园清沟排水,保持园内通风透光和土壤相对干爽。

(3)梨树开花期遇低温阴雨天气,可喷雾保果灵或硼砂,谢花后每隔 10 d 喷 1 次磷酸二氢钾,进行保花保果。

(4)遇连阴雨天气,可用力摇梨树,及时使水滴露珠落下,利于花粉弹射,增强柱头接受花粉能力,防止梨花长时间渍水腐烂。

(5)梨树花期遇低温阴雨,影响授粉受精,可通过果园放蜂及人工辅助授粉的方式,提高坐果率。

(三)暖害

1. 危害指标

南方早熟梨品种大部分属中短低温品种,冬季需要 7.2 ℃ 以下低温 500~800 h,花芽才能发育完全,才能正常开花结果,少于这个低温寒积量,就会影响梨树冬季休眠;其中台湾蜜雪梨对冬季低温的需求量比较低,只需 7.2 ℃ 以下 400~500 h 就可以了,气候适宜性相对较广。

2. 主要危害

早熟梨属于落叶果树,在其适应自然环境的长期演化过程中,形成了冬季休眠的生物学特性;若冬季低温寒积量不够,就会导致梨树休眠不足,会影响花芽分化,造成部分梨树适龄不结果,或坐果率低。

3. 灾害个例

2005/2006 年冬季,德化县气温偏高,梨树冬季需冷量不足,不能完成正常自然休眠全过程,影响花芽生理分化,花芽分化质量差,不利营养物质积累和成花内源激素的形成,最后影响梨树成花和结果[82]。

4. 防御措施

(1)根据早熟梨气候适宜性区划结果,在适宜区种植,避免因冬季低温寒积量不够而影响休眠。

(2)通过拉枝、开张枝条角度、抑制顶端优势、主枝环剥等栽培管理措施,调节梨树生长势,积累营养物质,促进花芽分化。

(四)干旱

1. 危害指标

梨树生长适宜的土壤湿度为 60%～80%,土壤相对湿度低于 50% 时,梨树就会出现不同程度的干旱。

2. 主要危害

梨树受旱后,会导致生长发育不良,出现梨树叶片变黄、萎蔫和落叶,影响梨树光合作用,尤其是春旱会影响早熟梨的开花和坐果,导致落花落果,甚至裂果,降低产量和品质。

3. 防御措施

(1)选种耐旱性强的梨树品种。

(2)夏季用稻草、杂草等进行梨树树盘覆盖,降温保湿。

(3)梨园干旱时,采用沟灌、喷灌等方式灌溉,每隔 5 d 引水灌溉 1 次。

(五)台风

1. 危害指标

8 级以上的台风大风,就会造成梨树枝叶机械损伤、枝条折断和果实掉落。

2. 主要危害

台风会造成梨树机械损伤,折枝落叶,尤其是果实发育至成熟期出现台风,大风会造成果实落果等危害;此外,台风还会造成梨树枝叶之间相互摩擦损伤,易导致病害侵入。

3. 灾害个例

2006 年 5—7 月,福建遭受 1 号强台风"珍珠"、4 号强热带风暴"碧利斯"、5 号台风"格美"的影响,影响台风次数多、强度大,而 5—7 月正值德化县早熟梨果实发育和成熟期,台风造成全县各梨场出现不同程度落果,德化县早熟梨产量减产达 25%,损失惨重。

4. 防御措施

(1)选择背风、土层深厚的地带种植梨树,减轻台风影响。

(2)台风暴雨,及时做好梨树果园清沟排水。

(3)台风来临前,及时抢收成熟的早熟梨。

（4）台风灾后，及时采取梨树修剪、伤口护理措施，加强田间水肥管理，促进树势恢复。

第二十节　桃

一、概况

桃为蔷薇科、桃属落叶果树。我国是世界最大的桃生产国，福建是我国早熟桃的优势产区，具有明显的早熟区位优势，其中"穆阳水蜜桃""古田水蜜桃"是福建地方特色良种，品质优异；闽南地区以种植短低温、早熟桃品种为主，闽西北地区则以种植中晚熟、需冷量较高的桃品种为主。

福建桃树通常定植后 2～3 年即开始结果，4～5 年即达盛果期，经济栽培寿命约 15 年。桃树花芽分化期主要集中在 7—8 月，经过冬季休眠，次年 2 月下旬至 3 月上旬现蕾，3—4 月开花，花期约 15 d，4 月早熟桃品种果实开始膨大，新梢转入快速生长期，5—6 月处于果实发育期，早熟水蜜桃 5—6 月成熟上市，中晚熟水蜜桃在 7—8 月成熟上市，8 月桃树枝梢停止生长，转入组织老熟阶段，8—9 月桃树进入花芽分化，10 月中下旬开始落叶。

2018 年福建省桃总产量 14.2 万 t，桃产量从高到低的排序是：宁德市＞福州市＞三明市＞龙岩市＞南平市＞泉州市＞漳州市＞莆田市＞厦门市，主要集中在宁德市、福州市、三明市、龙岩市和南平市；产量最高的是宁德市，占全省桃总产量的 40.6%；产量最高的县（区）为古田县，达 2.7 万 t，占全省桃总产量的 19.3%，其次为福安市，达 2.2 万 t，占全省桃总产量的 15.8%，其余依次为闽侯县、大田县、闽清县、漳平市、长乐区等[1]。

二、主要气象灾害

（一）冻害

1. 危害指标

桃树树体本身耐冻，有的品种能耐 -30 ℃低温。在福建地区，冬季低温不会造成梨树冻害，而主要是春季晚霜冻造成桃树花果期冻害，当极端低温达 -1～-2 ℃，桃花和幼果的器官组织就会冻结而枯死。桃树各组织器官冻害临界温度分别为：花蕾 -1.7～-5.0 ℃，花 -1.0～-3.0 ℃，幼果 -1.0～-2.0 ℃。

2. 主要危害

春季晚霜冻会造成福建桃树的花和幼果出现冻害，影响桃树开花授粉和坐果，造成落花落果，花量减少，坐果率降低。

3. 灾害个例

2010 年 3 月 10—11 日，受北方强冷空气影响，古田县大部分地区持续强降温，县气象站 3 月 10—11 日最低气温在 -0.6 ℃以下，有霜和结冰；位于城东街道旺村洋村的县农业科技示范场（海拔 325 m），两天实测最低气温均为 -1.5 ℃；海拔更高的地方极端低温达 -3～-4 ℃；此时桃树各品种正处于花蕾至盛花期，发生冻害后花逐渐萎蔫，影响授粉和坐果，全县约有 5% 的桃出现严重冻害，其中"晚熟玉露"品种受冻最严重，"白凤"和"宜红"品种还处于花蕾期，受冻较轻；全县桃受冻面积达 82.7 hm²[84]。此次寒冻害过程共造成福建西北部地区桃受冻面积达 1.1 万 hm^2,占种植总面积的 52.4%,产量损失比例约 36%。

4. 防御措施

(1)根据桃树花果期寒冻害风险区划结果,选择低危险性区域种植。

(2)采用大棚保温栽培桃树,避免或减轻春季桃花晚霜冻危害。

(3)避免在低洼地带,冷空气容易沉积的地方种植桃树。

(4)霜冻来临前,采取树冠薄膜、稻草覆盖,果园灌水、增施热性肥料、熏烟、树干刷白、喷施抗冻剂等方法进行防寒防冻。

(5)通过冬季推迟修剪等措施,推迟桃树发芽开花期,减少春季晚霜冻。

(6)桃花受冻后,及时采取肥水管理、人工授粉等措施加以补救。

(二)高温

1. 危害指标

30 ℃以上高温,桃树花粉发芽会受到抑制,对开花结果有不良影响;35 ℃以上高温,会降低果实甜味,妨碍果实着色,品质下降。

2. 主要危害

高温对水蜜桃生长发育有较明显的抑制作用,会导致早熟水蜜桃树体和枝干日灼,提早落叶;并影响中、晚熟水蜜桃品种的果实生长发育,造成高温逼熟。

3. 防御措施

(1)出现连续 7 d 以上高温天气,应在早晚时间段进行果园灌溉,有条件的果园最好采用喷灌,降低桃树枝干的树温。

(2)通过树体整形、树干遮光等措施,避免桃树树干长时间日光直射,降低树温。

(3)避免在晴热中午时段进行果实采收。

(三)台风

1. 危害指标

8 级以上的台风大风就会造成桃树落叶、折枝和落果,严重者造成桃树倒伏;台风暴雨积水 48 h,就会造成桃树落叶或死亡。

2. 主要危害

桃树树冠开张,枝条抗风能力较弱,6—8 月登陆或影响福建的台风,会导致处于果实成熟期的水蜜桃枝叶受损,造成大量落叶、落果,果实被吹落或擦伤,甚至腐烂,严重影响桃的产量和品质。

3. 灾害个例

2014 年 7 月 23 日,第 10 号台风"麦德姆"在福清市高山镇登陆,登陆时中心附近最大风力 11 级,中北部沿海出现 8~9 级大风、阵风 10~12 级;此时正值福鼎市水蜜桃成熟期,福鼎市前岐镇过海石种植基地的水蜜桃大面积受灾,果实掉落,受大雨浸泡的水蜜桃腐烂变质,桃农损失超过 5 成。

2018 年 7 月 11 日,第 8 号台风"玛莉亚"在连江县沿海登陆,登陆时中心附近最大风力 14 级,中北部沿海出现大风 11~13 级,阵风 14~17 级;受其影响,福安市、福鼎市、古田县正处于果实发育成熟期的水蜜桃出现折枝、落果和倒伏的灾害,树势变弱,桃表面受损处呈现黑色点状伤口,产品的成品率不到 2/3。

4．防御措施

（1）选择在背风向阳的地带种植桃树。

（2）桃树果园设置防风林带，减轻台风影响。

（3）台风来临前，采用支架加固桃树主枝，防止被风吹倒。

（4）台风来临前，及时抢收成熟的水蜜桃。

（5）注意做好桃园清沟排水，避免田间积水。

（6）台风过后，及时扶正被吹倒的桃树，及时修剪已经折断的树枝，并加强水肥管理，促进树势恢复。

（四）暖害

1．危害指标

桃树冬季需要一定低温，多数桃树品种需 7.2 ℃ 以下低温时数 750 h 以上。短低温桃树品种低温时数低于 400 h，中、长低温桃树品种低温时数低于 750 h，桃树则不能正常通过休眠阶段。

2．主要危害

冬季低温寒积量不足，不能满足桃树生理休眠对低温量的需求，致使桃树生理休眠不彻底，不能正常解除桃树休眠，从而引起桃树生理障碍或失常，导致次年春季桃树生长生育迟缓，物候期推迟，出现僵芽僵花现象，叶片变小而皱缩，花不能正常开放，开花延迟，且不整齐，花期拖长，甚至造成桃树花蕾脱落，坐果率降低，幼果畸形，影响果实产量和品质，严重时造成绝收。

3．防御措施

（1）根据不同品种桃树气候适宜性区划结果，在适宜区种植，避免因冬季低温寒积量不够而影响正常休眠。

（2）暖冬使得桃树根系活动提早，或基本不停止活动，因此，暖冬年份桃树应提早进行修剪。

（3）暖冬年份，采用人工振落或采用化学药剂强迫落叶，促进桃树休眠。

（五）连阴雨

1．危害指标

桃树花期及果实成熟期忌多雨，花期阴雨天多，会影响桃树开花授粉、受精和坐果；果实成熟期雨水多，则果实着色不良、品质降低，且常引起裂果、烂果。

2．主要危害

福建桃树开花期在 3—4 月，常遇连阴雨天气，不利水蜜桃生长发育和开花授粉，会造成大面积落花，导致严重减产；而 5—6 月正值福建雨季，此时水蜜桃处于果实发育期，连阴雨甚至暴雨天气，会导致水蜜桃果实着色不良，引起裂果、烂果，影响产量和品质。

3．防御措施

（1）桃园做好水道疏通，排涝降湿，减轻渍害对桃树生长发育的危害。

（2）采用桃树避雨栽培，在开花前 1 周搭避雨棚避雨，避免雨水淋湿桃花。

（3）低温阴雨来临前，用硼砂加细胞激动素喷花，提高桃树花蕊和花粉生命力，减轻低温阴雨影响。

（4）桃树开花期开展人工辅助授粉，提高桃坐果率和产量。

（5）采用高畦深沟栽培，避免桃园积水渍害。

第二十一节 李

一、概况

李，属于蔷薇科李属植物，落叶性小乔木，在世界上广泛栽培。福建是我国李的南缘产区，种植的主要品种有芙蓉李、玫瑰李、胭脂李、红心李、奈李、美国黑李、梅李、古田红李、红叶李、青梅等，其中主栽品种为芙蓉李，种植面积和产量占90%以上。芙蓉李又称夫人李、浦李、永泰李、中国李，是福建特产，主产于永泰县梧桐乡，1999年，"永泰芙蓉李"被认定为"福建省名牌农产品"，2001年，永泰县被国家林业局①命名为"中国李果之乡"，2006年，"永泰芙蓉李"获国家农产品原产地与地理标志；福安市潭头镇被誉为"芙蓉李之乡"；古田县芙蓉李栽培面积占全县李树栽培面积60%以上，主要分布在海拔600～800 m的区域地带[85-86]。

2018年福建省李总产量为30.8万t，李产量从高到低的排序是：福州市＞宁德市＞三明市＞漳州市＞龙岩市＞泉州市＞南平市＞莆田市＞厦门市，主要集中在福州市、宁德市、三明市、漳州市和龙岩市；产量最高的是福州市，占全省李总产量的46.2%；产量最高的县（区）为永泰县，达13.4万t，占全省李总产量的43.4%，其余依次为福安市、古田县、漳浦县、永安市、永定区、漳平市、清流县等。

福建芙蓉李栽植时间通常在1—3月，萌芽期一般在2月上中旬，初花期在2月下旬至3月上旬，盛花期在3月上中旬，终花期在3月下旬，4月进入幼果生长期，5—6月处于果实硬核膨大期，7月处于果实成熟期，8—11月处于花芽分化及采后生长期，10—11月落叶，12月至次年1月处于休眠期[87]。

二、主要气象灾害

（一）低温阴雨

1. 危害指标

李树花期若出现连续3 d以上日平均气温低于12 ℃的阴雨天气，就会影响李树开花授粉、受精和坐果；果实成熟期雨水多，则影响果实膨大，果实着色不良、且常引起裂果，品质降低。

2. 主要危害

福建芙蓉李开花期在3月，常遇低温连阴雨天气，一方面影响芙蓉李花粉萌发，使花粉生活能力下降，还使已完成授粉的花粉管生长缓慢，迟迟不能到达胚珠受精，最终营养耗尽，导致花粉管败育；另一方面阴雨天气阻碍了传粉昆虫的活动，使得芙蓉李落花落果率显著增加，有效花减少，造成芙蓉李"华而不实"和"大小年结果"现象，最终导致李果产量下降；而5—6月正值福建雨季，此时芙蓉李处于果实发育期，连阴雨甚至暴雨天气，会影响果实发育，果园长时间积水还容易造成李树烂根。

---

① 2018年，国家林业局改名为国家林业和草原局。

3. 灾害个例

2000年2月下旬,永泰县海拔550m的下拔乡南坪村、白云乡北山村出现连续低温阴雨,此时正值芙蓉李开花期,导致开花期出现华而不实,致使当年芙蓉李无收成。

4. 防御措施

(1)李园做好清沟排水,减轻渍害对李树生长发育的危害。

(2)选用迟花芙蓉李品种,避开春季低温阴雨对开花授粉受精的影响。

(3)李树开花期采取果园放蜂、人工辅助授粉等措施,以提高坐果率和产量。

(4)李树初花期或盛花期喷磷酸二氢钾加硼砂,盛花期至幼果期喷保果灵,预防华而不实。

(二)寒冻害

1. 危害指标

李树树体本身耐寒,冻害死亡的极限气温为$-11\ ℃$。福建李树冻害主要是春季晚霜冻,会造成李花和幼果冻害[88]。李树各组织器官冻害临界温度为:花蕾$-1.1\ ℃$,花$-0.6\ ℃$,幼果$-0.5\ ℃$。

2. 主要危害

晚霜冻,特别是持续$2\sim3\ d$的晚霜冻,会使李树嫩梢、花器和幼果受到冻害,影响其授粉受精,造成大量落花、落果,甚至烂果,最终影响坐果率;还会造成大量花束状果枝枯死、提早异常落叶等。

3. 灾害个例

2004年3月1—4日,2005年3月11—13日,福建中北部地区出现冻害,此时正是黑琥珀李的盛花期,极端低温导致引起李树大量落花和生理落果,严重影响坐果率。

2010年3月10—11日,受北方强冷空气影响,古田县气象站3月10日和11日最低气温在$-0.6\ ℃$以下,有霜和结冰;县农业科技示范场(城东街道旺村洋村,海拔325 m)实测两天最低气温均为$-1.5\ ℃$;高海拔地方极端低温达$-3\sim-4\ ℃$,此时正值李幼果期,受冻后幼果及核仁均变黑坏死,全县有85%以上的李果出现严重冻害,其中以芙蓉李受冻面积较大,受灾面积达777.3 hm²[84]。

2010年3月9—11日,三明市遭遇历史罕见的春季霜冻天气,10—11日出现的极端低温,为1960年有气象记载以来的同期最低,其中泰宁县最低气温达到$-2.6\ ℃$,此时正值李的幼果期,冻害造成幼果表面及核褐变,有的表面似正常,内核已褐变;永安市海拔700 m以上地区李树嫩梢受冻,$400\sim700$ m区域的果园生产损失达70%以上,几近绝收[82]。龙岩市连城县3月10日最低气温为$-1.5\ ℃$,11日最低气温为$0\ ℃$,导致3月10日前已开花、坐果或盛花的李园98%以上绝收;3月10日受冻幼果果面开始出现烫伤状,11日开始幼果开始变褐变黑,果面变硬,部分开始脱落;较高海拔的果园部分新梢受冻,叶片变黄,新梢顶端叶片叶缘呈灼烧状干枯,叶片向叶背纵向卷曲,枝梢严重干枯[89]。据统计,此次寒冻害过程造成福建西北部地区的李、奈受冻面积达2.2万hm²,占种植面积的65.3%,产量损失比例约53%。

4. 防御措施

(1)选择李树花期气温不低于$0\ ℃$的小气候区种植,避免在冷空气容易沉积的洼地、盆地和谷地建园。

(2)选种耐寒性强的李树品种。

(3)采取李树果园种草、覆盖措施等提高地温,减轻冻害威胁。

（4）冻害来临前，果园采用灌水、熏烟、树干包扎稻草、涂白、增施磷钾肥等方法，防御李树春季晚霜冻。

（5）延迟李树修剪时间至早春，使得李树自然休眠相应推迟，遇到暖冬反常气候不容易导致李树花芽萌动，能减少低温危害程度。

（6）李树冻后，及时采取抹梢、追施速效肥料、中耕松土等措施，确保植株恢复正常生长。

（三）台风

1. 危害指标

8级以上的台风大风就会造成李树落叶、折枝和落果，12级以上的大风会造成李树倒伏。

2. 主要危害

6—7月出现的台风，会导致处于果实发育和成熟期的李树大量落叶落果，果实被风吹落或擦伤；台风还会造成李树枝叶损伤，严重时被连根拔起，出现倒伏。

3. 灾害个例

2018年7月11日，第8号台风"玛莉亚"在连江县沿海登陆，登陆时中心附近最大风力14级，中北部沿海出现大风11～13级，阵风14～17级；受其影响，福安市、福鼎市正处于果实发育成熟期的李树出现折枝、落果和倒伏的灾害。

4. 防御措施

（1）选择在背风向阳的地带种植李树。

（2）李树果园设置防风林带，减轻台风影响。

（3）台风来临前，采用支架加固李树主枝，防止被风吹倒。

（4）7月台风影响前，及时抢收成熟的李果。

（5）注意做好台风暴雨过程的李园清沟排水，避免田间积水。

（6）台风过后，及时扶正被吹倒的李树，及时修剪已经折断的树枝，并加强水肥管理，促进树势恢复。

（四）高温干旱

1. 危害指标

气温高于35 ℃，芙蓉李生长发育受到抑制。

2. 主要危害

高温会使芙蓉李蒸腾作用加剧，水分供不应求，破坏李树树体水分平衡，尤其是夜间高温，会使树体营养消耗增加，抗逆力下降。

李树落叶期降水是影响芙蓉李产量的关键因子。李树落叶期正处秋旱季节，秋旱会使落叶期提前，缩短养分积累时间，不利李树树势恢复，最终影响次年李果产量。

3. 灾害个例

1991年7月下旬至8月中旬，1993年8月下旬至9月下旬，永泰县出现高温干旱天气，导致次年全县各地李果低产或绝收。

4. 防御措施

（1）选择水源较好的地带种植李树。

（2）采取李园灌水、松土、覆盖杂草等防旱抗旱措施，减轻干旱影响。

（3）采用地膜、稻草及杂草覆盖李树树盘，以降温保湿。

(4)秋旱年份结合施基肥、灌水,促进李树根系吸收和叶片光合作用,防止干旱引起异常落叶。

（五）暖害

1. 危害指标

李树冬季需要一定低温需冷量,解除休眠需 7.2 ℃以下低温时数 300～500 h,冬季需冷量不足则影响李树正常休眠。

2. 主要危害

冬季一定量的低温是李树通过休眠的条件,如果冬季低温量不足,则李树休眠不完全,会使花芽分化受阻,影响花的孕育,导致畸形花、败育花多,叶芽不能按时萌发。

3. 灾害个例

1985/1986 年冬季,永泰县出现暖冬,导致霞拔乡南坪村海拔 550 m 的山地李树开花期比常年提早 4～6 d;通过 1986 年 2 月 15 日实地调查发现,此时李树已进入盛花期,但 80% 以上花朵的子房衰而小,有的呈黄色,花期只有 4～5 d,比正常缩短一半以上,导致全县李果几乎绝收[90]。

4. 防御措施

(1)选择在李树气候适宜区种植,避免因冬季低温寒积量不够而影响李树正常休眠。

(2)利用山区冷凉气候资源,选择在海拔 300～600 m,年平均气温在 16～18 ℃ 的地区发展李果。

（六）秋寒

1. 危害指标

9—10 月连续 2～3 d 日平均气温降到 18 ℃ 以下,会造成李树叶片提早退黄脱落。

2. 主要危害

秋季日平均气温降到 18 ℃ 以下,则会造成李树叶片提早退黄脱落,导致李树失去光合作用,不能积累孕花发育所需的养分,影响次年李果产量。

3. 灾害个例

1997 年 9 月 22—29 日,永泰县低海拔地区的气温低于 20 ℃,500 m 以上高山地区气温低于 18 ℃,到 10 月上旬,全县李园的李树几乎全部落叶,到 11 月中旬开始发冬梢,造成次年全县李果几乎绝收[90]。

4. 防御措施

(1)采果后采取李树树盘覆草、增施磷钾肥、根外喷施植物生产调节素等措施预防秋寒。

(2)冷空气来临前,通过果园灌水等增温措施,减轻低温影响。

第二十二节 草莓

一、概况

草莓,又名红莓、洋莓、地莓等,是多年生常绿草本植物,属蔷薇科浆果类水果,以其柔软多汁、营养丰富而著称,尤其含有大量的维生素 C,有"水果皇后"的美誉。草莓原产欧洲,具喜温凉、喜光、喜水、喜肥和怕涝等特点,在我国各地广泛栽培,中国已成为全世界草莓种植面积最大、产量最高的国家。全世界草莓品种有 2 万多个,但大面积栽培的优良品种只有几十个,我国培育和引进的草莓品种有 200～300 个。

福建省于 20 世纪 40 年代开始零星引种草莓,80 年代开始大规模从国内外引进优良品种进行示范栽培,福州市和宁德市最早规模种植,此后全省草莓种植面积逐年扩大,2018 年种植面积达 920 hm²,产量 2 万 t,种植较多的县(区)是翔安区、蕉城区和建阳区[91]。福建种植的草莓品种主要有法兰蒂、丰香、福莓二号、鬼怒甘、麦特来、红颜、章姬、明宝、硕丰、春香、女峰、天香、公四莓、幸香、新明星和瑞菲等。

福建草莓只能作 1 年生秋冬栽培,在秋冬季节利用塑料大棚或小拱棚进行促成栽培,通常在每年 9 月中旬至 10 月上旬从北方或高山地区调苗,进行保护地定植,10—11 月现蕾,10—12 月开花,11 月下旬至 12 月开始采摘,直至次年 4—5 月采摘结束,不同地域不同品种的草莓生长发育期略有差异。草莓栽培方式多采用温室大棚或小拱棚地膜覆盖栽培,少部分露地栽培,但易发病,对产量、品质影响较大。

二、主要气象灾害

(一)寒冻害

1. 危害指标

气温下降到 5 ℃时,草莓植株停止生长;气温低于 3 ℃时,草莓老叶变红,花和幼果有轻微冻害发生;气温低于 0 ℃时,草莓老叶干缩,叶片受冻干枯,花朵易受冻,花粉丧失受精能力;气温 −1 ℃时,草莓植株受冻;气温 −3 ℃时,草莓花朵受冻,雌花会受害变黑,失去受精力或结实力,草莓果发黑,容易造成畸形果、僵果;气温 −7 ℃时,草莓根系会受冻害;−10 ℃时,大多数草莓植株死亡[92]。

2. 主要危害

冬春季节,冷空气入侵频繁,草莓遇寒冻害会造成叶片枯死,尤其是开花期遇 −2 ℃以下的低温,会出现雄蕊花药变黑,雌蕊柱头变色现象,柱头受冻后向上隆起干缩,花瓣出现红色或紫红色,严重影响草莓开花授粉受精,容易形成畸形果、僵果;造成幼果停止发育、受冻变黑或干枯僵死。

3. 灾害个例

2008 年 2 月中旬,福安市连续 7 d 气温在 3 ℃以下,田间试验的丰香、鬼怒甘、麦特来、公四莓、法兰地和瑞菲 6 个草莓品种的花朵受害率达 50.6%～76.7%,幼果受害率达 50.4%～72.3%[93]。

4. 防御措施

(1)采用温室大棚栽培草莓,若极端低温可能造成草莓致灾时,应提早采用多层薄膜覆盖等保温措施,使棚内夜间温度不低于 5 ℃。

(2)采用大棚或小拱棚内加盖地膜,大棚内放置火炉加温等措施,提高草莓棚内温度。

(3)冻前灌 1 次水,减轻寒冻害对草莓的危害。

(4)强冷空气来临前,采取喷施磷钾肥等措施,增强草莓植株抗寒能力,减轻寒冻害影响。

(二)高温

1. 危害指标

草莓移栽后,若气温在 30 ℃以上,就会影响草莓苗成活和生长,甚至引起死苗;花蕾抽生后,遇 30 ℃ 以上高温,则花粉发育不良;开花期遇 38 ℃ 以上高温,会影响草莓开花授粉受精过程,容易形成畸形果。

2. 主要危害

气温超过 30 ℃,会导致草莓幼苗生长不良,造成草莓老化,生长活力下降,甚至引起植株枯萎死亡;并影响草莓开花、结果,尤其是盛花期高温,容易产生畸形果。

3. 灾害个例

2007 年 9 月下旬,福安市最高气温连续 3 d 达 33 ℃ 以上,田间试验的丰香、鬼怒甘、麦特来、公四莓、法兰地和瑞菲 6 个草莓品种的叶片受害率达 7.6%～37.1%,植株死亡率达 0.7%～13.8%[93]。

4. 防御措施

(1)草莓大棚内出现 30 ℃ 以上高温,要及时对温室大棚或拱棚的两头和两侧进行揭膜,以通风透气,降低棚内温度,以免高温烧苗。

(2)高温时段,草莓大棚采用遮阳、通风、开启湿帘等降温措施,避免阳光直射,减轻高温对草莓的影响。

(3)高温时段及时浇水,保持土壤湿润,减轻高温对草莓的危害。

(三)高湿渍涝

1. 危害指标

空气相对湿度长期超过 80% 或田间有积水,会影响草莓植株的生长发育,造成草莓大量烂果,甚至植株死亡;开花期空气湿度达 80% 以上,则草莓花药开裂率低,花粉无法正常散开,花粉发芽率降低,尤其是湿度超过 95% 时,则花药难以开裂,花粉不易散发,影响授粉,从而降低挂果率;通常草莓开花期遇连续 3 d 以上的连阴雨天气,就会影响开花、授粉,易形成畸形果,并诱发灰霉病发生。

露地栽培的草莓,遇暴雨会造成草莓根部浸水或受淹,影响草莓苗生长,甚至引起死苗。草莓根系浸水或受淹 2 d,会导致草莓苗质差、品质劣、产量低,部分死苗;浸水或受淹 3 d,会引起草莓大面积死苗;淹水 4 d 以上,草莓全部死亡,无法挽救[92]。

2. 主要危害

湿度长期过大,影响土壤通气性,不利于草莓根系生长,会影响植株生长发育,容易引起草莓着色不良、果实腐烂;草莓种植园地在长时间积水情况下,会造成草莓根系缺氧,致使叶片黄化,甚至出现植株死亡;高温高湿还容易导致草莓植株发生徒长;结果期湿度大、雨水多,不利于草莓果实膨大,易造成减产或形成畸形果,甚至造成烂果,并导致灰霉病等病害发生蔓延,影响草莓品质和产量。福建春雨季(3—5 月),气温升高,雨水多,湿度大,此时正值草莓果实发育和成熟期,常导致草莓灰霉病等病害发生蔓延。

3. 灾害个例

1996 年 3 月 18 日至 4 月 15 日,福建出现 3 个时段的低温阴雨过程,3 月 18 日起,全省大部出现低温阴雨天气,其中 3 月 21—30 日,南平市、三明市、宁德市及龙岩市、福州市局部出现 6～10 d 的低温阴雨天气,4 月 1 日起全省大部地区出现为期 4～8 d 的低温阴雨天气,4 月 12—15 日中北部地区 13 个县(市)再次出现 4～7 d 的低温阴雨天气,对草莓果实生长发育和成熟采收极为不利。

4. 防御措施

(1)选择地势较高、灌排方便的地块建草莓园,避免园区受淹。

(2)湿度过大时,适当打开草莓大棚边上的围膜,加大通风量,以有效降湿,草莓开花前,空气湿度保持在 60%～70%,开花坐果期,空气湿度保持在 50%～60%。

(3)采用高垄栽植草莓,保持土壤疏松,改善通风透光,降低果间湿度。

(4)草莓采用滴灌方式灌溉,可以降低草莓棚内空气湿度。

(5)合理密植,以降低草莓株间湿度。

(6)遇强降水时,露地栽培的草莓田间应注意及时开沟排水,保持田间排水畅通,防止积水。

(7)强降水过后,对受灾的草莓植株及时进行清理,已经死亡的植株清理出田,受淹较轻的可及时剪除地上部过密的枝叶,减少蒸腾作用,预防生理失水导致萎蔫,同时剪去黄叶、烂叶和老叶,并结合中耕,施用速效氮肥或根外追肥,促进草莓根系恢复生长。

第二十三节　西瓜

一、概况

西瓜,别名夏瓜、寒瓜,属葫芦科一年生蔓生植物,是夏季最主要的水果之一,中国是世界最大的西瓜产地,已有千年栽培历史。2018 年福建省西瓜栽培面积 1.3 万 hm²,产量达 32.5 万 t;主要分布在南平市、福州市、三明市、宁德市和龙岩市,其中种植面积较大的县(区)是建瓯市、邵武市、大田县等,福州市连江县丹阳镇是福建省最早大面积种植西瓜的乡(镇)之一。

福建西瓜生产方式有春、夏、秋季露地栽培和保护地栽培,并多以露地种植为主,其中露地栽培的春西瓜通常在 2 月中旬至 4 月上旬播种,苗龄在 30 d 左右,3 月下旬至 4 月定植,6—7 月采收;高山地区夏西瓜通常安排在 5 月下旬至 6 月中旬定植,7 月下旬至 8 月采收;秋西瓜通常在 6—8 月播种,7—8 月定植,10 月采收上市。近年来,开始推广大棚西瓜立式吊挂栽培,可延长西瓜播种期和收获期,使得西瓜生长期从 12 月直至次年 10 月,比露地春植西瓜提早 3～4 个月播种和上市,采收期在 2—10 月。

福建西瓜主要栽培品种有新红宝、黑美人、麒麟瓜、黑宝、蜜宝、惠玲、新天玲、黑武士、翠玲、新翡翠、黑翡翠、绿明珠、明和、新大美人、花豹、绿宝、绿虎、小玉八号、金玉玲珑、黑武士、宝凤、巨宝、西农八号、西农十号等;其中新红宝、巨宝王、黑妃等为大果型西瓜品种;黑美人、黑宝、早春红玉、宝冠、金美人、小玲、黑武士等为小果型西瓜品种。西瓜种植品种众多,随着西瓜市场的需求,中小果型西瓜逐渐成为市场主流,小型无籽西瓜是近年兴起的高档礼品西瓜新品种。

二、主要气象灾害

(一)低温阴雨

1. 危害指标

日平均气温≤12 ℃,且持续阴雨 3 d 以上,西瓜生长缓慢,甚至停止生长,对西瓜育苗和大田生长发育不利;气温低于 5 ℃,西瓜则会出现寒害。

2. 主要危害

春西瓜播种育苗期遇低温阴雨,会严重影响西瓜的出苗率与齐苗率,导致幼苗生长缓慢,猝倒病严重发生,甚至造成烂种;西瓜开花结果期遇低温阴雨,不利于蜜蜂等传粉昆虫出来活动,极易冲去雌花柱头上的花粉或使花粉破裂而失去发芽能力,难以完成受精过程,造成落花落果,导致坐果率极低,出现空秧及徒长。

3. 灾害个例

2018 年 3 月 6—11 日福建北部地区,8—10 日南部地区均出现日平均气温≤12 ℃的低温阴雨天气;3 月 21—23 日北部地区出现日平均气温≤12 ℃的低温阴雨天气;4 月 6—9 日冷空气过程强度强,14 个县(市)出现寒潮,内陆县(市)城区过程极端低温达 0～4 ℃,光泽县、建宁县和寿宁县出现连续 3 d 日平均气温≤12 ℃的低温阴雨天气;春季持续低温阴雨,导致田间湿度大,对春西瓜播种育苗十分不利,瓜苗徒长,病害严重。

4. 防御措施

(1)采用温室大棚和地膜覆盖栽培西瓜,注意大棚保持适宜的温度,加强通风排湿,控制浇水量,减轻低温阴雨对西瓜带来的不良影响。

(2)用南瓜作为西瓜嫁接砧木,能够增强西瓜植株的耐寒性。

(3)春西瓜开花坐果期常会遇到连阴雨,应选择耐湿性强、不易烂(裂)果、抗病性强的品种种植。

(4)春季低温阴雨时段,棚内湿度高,易引发西瓜霜霉病、灰霉病等病害,应注意适当通风,采用地膜覆盖、滴灌技术,控制灌水量,以降低棚内湿度。

(5)西瓜开花期遇连阴雨天气,可采用人工辅助授粉,采取花蕾开花前套袋后再授粉的方法,在下雨前用纸袋将雌花花蕾套住,雨后去袋授粉,再用纸袋套好,防止雨水冲掉花粉,3 d后取掉纸袋。

(6)注意做好瓜田清沟排水,做到下雨时畦面不积水,雨后沟中排干水。

(7)对植株生长旺盛或徒长的瓜苗进行摘心,对生长过旺的主蔓进行修剪,促使侧蔓坐瓜。

(8)春夏多雨易涝,可采用高畦栽培西瓜,减轻渍害影响。

(二)暴雨

1. 危害指标

日降水量≥50 mm 或持续 5 d 以上降水总量≥100 mm,低平地区西瓜田间会出现积水,容易导致西瓜出现渍害或出现早衰,诱发病害发生蔓延。西瓜根系在水中浸泡 12 h,根系就会腐烂。

2. 主要危害

西瓜不耐湿,生长发育期间若遇暴雨,不仅会导致瓜田受淹,影响植株正常生长发育,严重时会造成瓜田被冲毁,造成西瓜绝收。西瓜苗期遇暴雨,容易使根系发育受阻,造成植株地上部矮化、缩叶、黄叶,引起植株早衰甚至枯萎而死;开花坐果期出现暴雨,会严重影响西瓜正常授粉,容易导致坐果不良,产生病害;果实发育期遇暴雨,西瓜会因为长时间受淹浸泡而腐烂,果实膨大后期,如果降水量过多,则会使西瓜含糖量大幅降低,甚至造成裂瓜、烂瓜。

3. 灾害个例

2005 年 3—7 月,泉州市西瓜生产出现极为不利的气象条件,尤其是 5 月出现连续降水,此时西瓜正值坐瓜期,持续降水造成植株落花落果,西瓜出现减产,部分绝收。

2006 年 7 月 25—27 日,第 5 号台风"格美"在晋江市围头登陆,福建沿海地区和南部地区出现暴雨,南部地区部分县(市)出现大暴雨天气,导致沿海及南部地区处于成熟期的部分西瓜受淹,福州市、平潭综合实验区等地西瓜减产严重,全省西瓜减产 4 成左右。

4. 防御措施

(1)选择地势较高的地块种植西瓜。

(2)做好瓜地清沟排水,注意围沟、畦沟和横沟的三沟相通,下雨时畦面不积水,雨停田里无渍水。

(3)西瓜成熟期遇暴雨,瓜地易被冲毁或导致西瓜烂瓜,要在暴雨来临前提早采收成熟西瓜。

(4)若瓜田土壤湿度过大,要把刚坐住的小瓜轻轻抬起,垫上干草或瓦片等物,以防止烂瓜。

(5)注意避免瓜地潮湿而引发西瓜病害发生蔓延,加强病害检查防治。

(三)高温干旱

1. 危害指标

西瓜苗期日平均气温 25 ℃以上,容易出现高脚苗;开花坐果期持续 3～5 d 气温 35 ℃以上,易造成瓜藤枯萎及雌花干燥,难以坐瓜;果实发育期出现 40 ℃以上的高温,就会抑制西瓜果实生长,造成高温逼熟,品质差,甚至造成植株早衰枯死。

2. 主要危害

西瓜喜温暖干燥的气候、且耐旱,但长时间的高温干旱仍会影响西瓜生长发育。入夏后,天气开始晴热,此时春西瓜处于果实发育期,遇高温会造成果实快速催熟,易发生空洞果实;若出现干旱,会影响春西瓜果实膨大,造成西瓜植株瘦弱早衰、茎节变短、瓜蔓变细、果实偏小或异常落果,影响产量;夏季夏西瓜处于开花期和膨瓜期,高温干旱不利于西瓜花粉萌发,会引起花器不正常发育,造成畸形果率高,坐瓜率降低;秋西瓜定植后,常遇夏季高温干旱,会影响幼苗生长发育,甚至造成植株萎蔫或死亡。

3. 防御措施

(1)选种耐高温干旱、适应性强的西瓜品种。

(2)采用地膜覆盖,以保持西瓜田间土壤水分,减少瓜田水分流失速度。

(3)春西瓜果实膨大期,遇高温干旱应及时灌水,在早、晚灌跑马水,速灌速排。

(4)夏、秋西瓜生长发育期间,出现干旱应及时灌水,灌水至畦高的 1/3～1/2 为宜。

(5)夏西瓜开花坐瓜期,遇高温干旱天气,可在每天傍晚喷水降温,以提高空气湿度,促进花粉萌发与受精,提高坐瓜率。

(6)秋西瓜定植后,遇干旱应早晚浇水,注意应在沟内灌水,不能漫过畦面。

(7)西瓜果实膨大期,遇旱应及时灌溉,保持土壤湿润,但不能大水漫灌,以免裂瓜。

第二十四节　甜瓜

一、概况

甜瓜,又名香瓜、果瓜、白啄瓜,是葫芦科甜瓜属一年生蔓性草本植物。种类有薄皮甜瓜和厚皮甜瓜,其中薄皮甜瓜是福建主栽品种。2018 年福建甜瓜栽培面积 1200 hm²,产量 2.75 万 t,其中永泰县种植面积最大。

福建甜瓜栽培方式有冬季、春季大棚保温栽培、早春双膜(小拱棚+地膜)覆盖栽培、夏秋季避雨栽培和露地栽培。主产区生产上主要以双膜小拱棚和露地地膜栽培为主,栽培面积占甜瓜总面积 80%,部分采用温室大棚栽培,基本实现春、夏、秋、冬周年栽培,冬季反季节栽培的甜瓜可在 4 月上市,秋季避雨栽培的甜瓜可供应到 11 月上旬[94]。

福建春季甜瓜的播种期一般在 2 月上旬、中旬,收获期在 5 月上旬到 6 月中下旬。秋甜瓜的播种期一般在 6 月中旬到 7 月下旬,收获期在 9 月下旬到 10 月下旬[95]。

福建为了克服甜瓜露地栽培过程中遇到的春夏雨日多、湿度大、昼夜温差小,尤其是早春阴冷、夏季湿热,不利甜瓜生长的气候问题,采用设施大棚栽培甜瓜,在春季利用大棚立架种植甜瓜,生产的甜瓜品质较好、上市提早,具有较强的市场优势。温室大棚甜瓜一般选择在早春和秋季栽培,春季大棚甜瓜播种期一般在 12 月至次年 2 月,苗龄达 30 d 左右定植;秋季大棚甜瓜适宜播种期一般在 8—9 月,苗龄达 15 d 左右定植[96]。

(1)薄皮甜瓜

薄皮甜瓜全生育期为 65～70 d,耐低温弱光,适应春夏季潮湿多雨的环境,耐旱不耐涝,但比厚皮甜瓜较耐湿。

薄皮甜瓜品种繁多,主要栽培品种有新盛玉、丽玉、银娘、银辉、金辉、新银辉、晶甜 1 号、翠玉、白玉、华美、金沙瓜、金满地、香蜜、甜宝、佳雪、新甜 1 号、蜜玉、美白玉、美浓瓜、青玉、银洋等。

薄皮甜瓜可直播,也可以育苗移栽,以春播和秋播为主。春季大棚或双膜覆盖栽培的薄皮甜瓜于 2—3 月播种,苗龄 25～30 d,3—4 月定植,5—7 月采收;夏秋季避雨栽培的薄皮甜瓜于 7—9 月播种,苗龄 10～15 d,9—11 月采收;冬季大棚促早栽培的薄皮甜瓜于 12 月至次年 1 月播种,苗龄 35～40 d,1—2 月定植,3—5 月采收。

(2)厚皮甜瓜

厚皮甜瓜全生育期为 80～95 d,具有耐热不耐寒的特性,寡照、冬春季低温、夏季暴雨的气候条件对甜瓜种植不利。春季露地栽培的厚皮甜瓜,由于受到低温阴雨影响,植株生长缓慢,病害多,产量低,品质差,因此,为了克服这些不利气候因素影响,采用温室大棚栽培方式种植厚皮甜瓜。

厚皮甜瓜果皮有网纹与无网纹两种类型,网纹种有翠蜜、希莫洛托、天香、翠香等,光皮种有伊丽莎白、皇后、王子、新蜜香、新白兰等,颜色有绿、黄、白等。厚皮甜瓜主要栽培品种有金姑娘、翠蜜、状元、伊丽莎白、花木兰、新世纪、密世界、秋华二号、香妃、新秀、玉露、蜜冠等;低温期栽培通常选用适宜低温的品种,如状元、金蜜、蜜世界、银岭、蜜冠、新世纪、金香玉、天蜜等品种,高温期栽培通常选用适应高温、品质稳定的品种,如金姑娘、蜜橙等。

厚皮甜瓜通常在春、秋季节栽培。春季大棚或双膜覆盖栽培的厚皮甜瓜于 2—3 月播种,苗龄 25～30 d,3—4 月定植,5—7 月采收;夏秋季避雨栽培的厚皮甜瓜于 7 月下旬至 9 月播种,苗龄 10～15 d,10—12 月采收,若播种太晚,果实膨大期易受南下冷空气影响,气温低造成果实发育不正常,影响甜瓜品质和产量,甚至失收;冬季大棚促早栽培的厚皮甜瓜于 12 月至次年 1 月播种,苗龄 35～40 d,1—2 月定植,3—5 月采收。露地春播栽培的厚皮甜瓜于 2 月下旬至 3 月下旬播种,3 月下旬至 4 月下旬定植,5—7 月采收;露地秋播栽培的厚皮甜瓜通常安排在 7—9 月播种。

二、主要气象灾害

（一）低温

1. 危害指标

甜瓜在气温 13 ℃时生长停滞;气温 10 ℃以下,甜瓜停止生长;气温 5 ℃以下,甜瓜发生寒冻害;甜瓜开花坐果期气温在 15 ℃以下,则影响开花授粉,形成的果实多数呈椎形或畸形[97]。

2. 主要危害

甜瓜不耐霜冻,低温寒冻害会造成甜瓜烂苗、徒长,影响坐果,严重时造成植株死亡,尤其是甜瓜幼苗期最怕寒潮入侵,遇霜冻即死。春季露地栽培的甜瓜,若受到低温阴雨影响,植株生长缓慢,病害多,产量低,品质差;秋季甜瓜若播种太晚,会导致果实膨大期遭受冷空气影响,造成果实发育不正常,影响品质和产量,甚至失收。

3. 灾害个例

2016 年 3 月 9—10 日,浦城县出现明显降温天气过程,极端最低气温达 −5～−3 ℃,晚霜冻天气对浦城县设施大棚作物造成较大危害,受灾农作物面积 5060 亩,成灾面积 3000 亩;其中大棚甜瓜幼苗受冻枯萎。

4. 防御措施

(1)采用地膜覆盖、小拱棚覆盖和大棚栽培等方式进行甜瓜保护地栽培。

(2)强冷空气来临前,春季大棚甜瓜促早栽培育苗的,可用双膜覆盖、棚内加温等措施,防止幼苗受冻。

(3)甜瓜定植前 10 d 左右,适当降温炼苗。

(4)春季露地栽培的甜瓜,苗期应注意预防低温危害。

（二）寡照

1. 危害指标

甜瓜是需要强光照的作物之一,喜充足而强烈的光照,每天要求 10 h 以上的日照时数,若日照时数少于 8 h,瓜株会出现结实花节位高、开花延迟且数量减少。

2. 主要危害

光照不足会造成甜瓜植株生长受到抑制、发育迟缓、长势瘦弱;甜瓜开花前遇阴雨寡照,会造成花芽分化质量降低,叶片光合效率低,光合产物少,子房及花器的发育受到影响,导致花蕾小、子房小,花粉粒活性降低,难以完成受精过程;开花后遇阴雨寡照,会影响甜瓜光合作用,易造成落花落果,易引起化瓜、产生畸形瓜,不利于甜瓜果实糖分积累和网纹形成,果实产量低、着色不良、香气不足、含糖量下降、品质差。

3. 防御措施

(1)采用大棚冬春反季节栽培的甜瓜,在保证幼苗不受低温寒冻害的前提下,尽量采取早揭晚盖大棚覆盖物措施,增加幼苗光照时间;利用高压汞灯、碘钨灯等对幼苗进行人工补光。

(2)甜瓜生长期要及时清扫大棚薄膜,保持塑料膜干净透明,增加其透明度,提高光照利用率。

(3)甜瓜采用宽垄种植,以增加株间透光率。

（三）高湿

1. 危害指标

持续阴雨天气易导致甜瓜发生病害,当空气湿度长期高于 70%,易诱发各种病害,造成甜瓜烂种、缺苗,甚至死亡,尤其高温高湿对甜瓜危害更为严重。

2. 主要危害

甜瓜苗床期出现低温高湿,易发生幼苗猝倒病;生长期土壤水分过多,易造成甜瓜植株徒长、低节位叶片小,根系生长受阻,导致后期早衰;开花坐果期遇低温阴雨,不利甜瓜授粉受精,易引起化瓜,开花期土壤水分过大亦容易导致植株徒长,同时遇雨日或阴天,温室内湿度大,很容易造成甜瓜带毛部分沾湿,降低坐果率;结瓜期若发生连阴雨,水分过多,容易引发烂瓜、出现裂果等现象,同时导致甜瓜果实含糖量降低,品质下降。

3. 防御措施

(1)采用大棚设施避雨栽培甜瓜,减轻高湿影响。

(2)选种耐阴湿、抗病性强和适应性广的甜瓜品种。

(3)大棚栽培甜瓜,可采用地膜覆盖,严格控制浇水次数和浇水量,浇水后及时通风降湿,尽量采用滴灌和膜下暗灌技术,降低棚内湿度,避免或减轻甜瓜湿害。

(4)根据甜瓜品种特性,合理安排种植密度,以免影响叶片光合效率,减轻传染性病害发生蔓延,减轻高湿对甜瓜坐果的不良影响。

(5)雨水多、湿度大的季节,为确保甜瓜授粉质量,需人工辅助授粉。

(6)甜瓜果实成熟期应停止灌水,控制水分,保持土壤干燥,以提高甜瓜品质,防止裂果。

（四）暴雨

1. 危害指标

甜瓜长时间淹水,尤其是淹水时间超过 3 d,会导致甜瓜茎叶发病严重或出现霉烂,根系功能减退、丧失或腐烂,难以恢复生长。

2. 主要危害

暴雨易导致瓜田渍涝,造成甜瓜根系功能衰退或丧失,造成茎叶霉烂,诱发病害发生,引起甜瓜裂果、烂瓜,严重时造成瓜田受淹或被冲毁。

3. 灾害个例

2000 年 3 月中旬,福州地区出现连续暴雨过程,造成甜瓜出现严重畸形果和烂瓜,损失惨重。

4. 防御措施

(1)甜瓜宜选择在地势较高、排水通畅的田块种植,避免受淹。

(2)雨后瓜田及时排水,防止水淹,不能有积水,以降低田间湿度和土壤含水量,以免造成甜瓜沤根,避免长期渍水造成甜瓜病害暴发和死苗。

(3)已经成熟的甜瓜,在暴雨来临前应尽快抢收。

(4)根据甜瓜不同受淹程度,及时清洗甜瓜叶片,受灾严重的进行改种。

（五）高温干旱

1. 危害指标

甜瓜喜温耐热,植株生长温度以 25～30 ℃为宜,在 14～45 ℃内均可生长,但开花坐果期气温若高于 35 ℃,则花粉生理机能不断下降,当气温高于 40 ℃持续 2 h,花粉粒萌发和花粉管伸长显著下降,从而引起授粉受精障碍,造成大量落花落果或者果实畸形。甜瓜蒸腾系数高,苗期至坐果期适宜土壤相对湿度为 70%,果实发育中前期为 80%～85%,果实成熟期为 55%～60%;若土壤湿度低于 50%,就会导致甜瓜出现干旱。

2. 主要危害

甜瓜属于耐高温干旱的作物,但长时间高温干旱也会造成植株萎蔫,导致甜瓜坐果率低,果少甚至畸形;此外,夏秋干旱还会影响甜瓜的秋播和生长发育。

3. 防御措施

(1)甜瓜整个生长期尽量少灌水、浅灌水,如果不是非常干旱,致使甜瓜植株萎蔫,一般可不浇水;但出现长时间高温干旱天气应及时灌水,每 5～7 d 灌 1 次水,在早、晚时间段灌"跑马水",速灌速排,一般灌水至畦高的 1/3～1/2,保留 1 h 后排水,切不可长时间漫灌。

(2)甜瓜秋季育苗和定植后气温仍较高,要防止高温和土壤急速干燥,避免幼苗徒长,产生高脚苗。

(3)甜瓜定植后,若土壤太干,应及时供给充足水分,以保证幼苗成活。

(4)甜瓜秋季定植后,可覆盖遮阳网,加强通风降温,以利秧苗成活。

第六章　中药材主要气象灾害及其防御

第一节　金线莲

一、概况

金线莲,别名金线兰、金丝草、金不换、金蚕、金线虎头蕉等,为兰科开唇植物花叶兰属多年生珍稀中草药,素有"药王""金草""神药""乌人参"等美称,是民间常用草药。金线莲属植物有30多种,我国有20种,2个变种,市场上常见的品种有台湾金线莲、广西金线莲、云南金线莲、福建金线莲、贵州金线莲等。福建金线莲主要分布在武平县、明溪县、永安市、永春县、南靖县、永泰县、泉州市等地,在海拔 300~1200 m 均有分布,尤以 300~600 m 最多[98];其中永安市被中国经济林协会评定为"中国金线莲之乡"。

金线莲露地林下栽培的,在较高海拔山区,通常在春季 3—5 月种植,当年收获;在较低海拔地区,为避免夏季高温影响,通常选择在秋季 8—10 月种植;栽植后生长 4~5 个月即可收获。金线莲在自然状态下,萌芽期通常在 2 月中旬至 3 月上旬,开花期在 9 月中旬至 11 月上旬,结果期通常在 11—12 月[99]。

随着金线莲人工组培繁殖技术的突破,福建近年来开始采用温室大棚进行金线莲规模化设施栽培。全年均可种植,但为避开 1—2 月低温和 7—8 月高温对金线莲生长的影响,通常采用 1 年 2 季栽培,第 1 季在 3 月移栽,第 2 季在 9—10 月移栽,确保植株生长 4 个月以上,金线莲组培苗出瓶定植 4~5 个月后即可采收。金线莲设施栽培的萌芽期通常在 2 月中至 3 月上旬,开花期在 9 月下旬至 10 月上旬,开花后 1 个月左右果实成熟。

二、主要气象灾害

(一)寒冻害

1. 危害指标

气温低于 10 ℃,金线莲生长受到抑制,连续 10~15 d 的低温对金线莲无明显伤害;气温在 5 ℃以下,金线莲生长不良或停止生长,10 d 以内 0~5 ℃的低温对金线莲无明显伤害,但 10 d 以上 0~5 ℃的低温或气温低于 0 ℃,会造成金线莲植株遭受寒冻害,叶片受损[100]。

2. 主要危害

冬季极端最低气温低于 5 ℃时,金线莲生长缓慢或停止生长,气温低于 0 ℃时,会造成金线莲植株受害,叶片受损。

3. 防御措施

(1)采用大棚保护地栽培,保证金线莲安全过冬。

(2)露地栽培金线莲,在强冷空气来临前,用枯枝、树叶等对金线莲进行保护性覆盖,防止受冻。

(3)金线莲露地林下栽培,可采用薄膜、草帘搭架覆盖等应急措施进行保温。

(二)高温

1. 危害指标

气温超过 30 ℃时,金线莲生长受到抑制,连续 32 ℃以上的高温易造成金线莲顶芽枯萎,气温高于 35 ℃时,会因蒸腾失水,造成金线莲叶片蜷缩,导致供水纤维管断裂严重而死亡[101];同时当空气相对湿度低于 45％时,金线莲植株会出现萎蔫、果轴下垂。

2. 主要危害

夏季高温干燥季节,会加剧金线莲蒸腾和土壤缺水,影响植株生长发育,严重时导致植株死亡;高温高湿容易导致金线莲易发生茎枯病、猝倒病、立枯病、黑腐病、软腐病等病害。

3. 防御措施

(1)采用大棚金线莲栽培的,高温时段开启水帘和风机,以降低棚内温度。

(2)高温时段,金线莲采用遮阳网遮盖、喷雾等措施进行降温。

(3)利用山区冷凉气候,选择较高海拔地区栽培金线莲。

(4)选择林木茂盛树荫下的潮湿地栽培金线莲。

(5)夏季高温天气每天浇水 1 次,浇水时间选择晴朗天气的 09—11 时为宜,空气相对湿度控制在 70％～80％为宜。

(三)高湿

1. 危害指标

空气相对湿度≥90％,金线莲容易发生烂苗;栽培介质相对湿度≥90％,会引起金线莲病害发生蔓延。

2. 主要危害

水分是影响金线莲生长的最主要因子,适宜的空气湿度(70％～80％)和基质湿度(60％～80％)有利于促进金线莲生长,提高植株鲜重;但湿度过大,容易发生烂苗,介质过湿,尤其是积水,容易引起金线莲根部坏死或出现茎腐病,导致茎叶腐烂。

3. 防御措施

(1)林下栽培的金线莲,遇强降水应及时进行田间排水,避免积水。

(2)大棚栽培的金线莲,应避免基质太湿或积水引起根茎腐烂。

(3)改善金线莲大棚通风透光条件,控制好棚内空气湿度。

(四)强光

1. 危害指标

光照强度大于 5000 lx,会影响金线莲植株生长发育,导致其生长缓慢,甚至引起叶片损伤。

2. 主要危害

金线莲属喜阴植物,生长周期需光少,适宜生长在三分阳七分阴的漫射光环境中,光照过强会导致金线莲植株茎匍匐、叶片白化,特别是中午前后的直射强光,会引起日灼,损伤叶片。

3.防御措施

(1)采用大棚栽培的金线莲,宜采用80%～90%遮蔽度的黑色遮阳网遮光,光照强度控制在3000～4000 lx,略低于正常日照的1/3为宜。

(2)采用林下种植的金线莲,宜选择85%左右遮蔽度的树林下种植,避免强光直射。

第二节 铁皮石斛

一、概况

铁皮石斛,又名黑节草,为兰科石斛属多年生草本植物,是我国名贵中药材,名列"中华九大仙草"之首。我国野生铁皮石斛主要分布于30°N以南地区,生长在山区阴湿石壁、树干上。

福建作为铁皮石斛的原产地之一,野生种群主要分布在冠豸山、武夷山等丹霞地貌区,自然附生于阴凉、湿润的常绿阔叶树上或表面有苔藓生长的岩壁上,多集中分布在西部地区的邵武市、宁化县、泰宁县、建宁县和将乐县等地[102]。随着铁皮石斛野生资源日渐枯竭,产量不能满足市场需求,人工繁育和栽培应运而生;福建铁皮石斛人工栽培方式多种多样,主要有设施仿生栽培、活树附生原生态栽培、林下原生态栽培、盆栽等;2018福建铁皮石斛种植面积达1.5万亩,鲜叶单产量达200～240 kg/亩,鲜花单产量达100～120 kg/亩,每年鲜花、鲜叶总产量可达4500～5400 t[103]。

福建省铁皮石斛通常在每年的春、秋两季定植,且春季优于秋季。春季定植时间在3—6月,秋季定植时间在9—10月,沿海地区可延至11月。福建铁皮石斛通常在2—3月萌发生长,5月现花蕾,6月开花,花期3—6个月,5—9月为茎生长高峰期,至10—11月茎停止生长,冬季气温低于10 ℃时,植株进入休眠期,成熟采收期在11月至次年6月。

二、主要气象灾害

(一)寒冻害

1.危害指标

气温10 ℃以下,铁皮石斛生长缓慢;气温5 ℃以下,石斛停止生长,开始落叶、休眠;气温0 ℃以下,容易造成铁皮石斛冻伤或冻死[104]。

2.主要危害

冻害是影响铁皮石斛栽培的一个主要因素,遇到0 ℃低温时,石斛会产生比较强烈的生理反应,石斛幼苗植株在长时间的0 ℃低温条件下,容易受到不可逆的生理伤害,遇-2 ℃低温所受的胁迫更大,多数铁皮石斛品种仅耐-2 ℃的低温[104]。

3.灾害个例

2016年1月23—26日,福建遭受寒潮天气,地处闽东高海拔山区的宁德市仙山中药材有限公司种植的铁皮石斛遭受冻害,基地棚外24—26日最低气温均在-6 ℃以下,25日最低气温甚至在-8 ℃以下,铁皮石斛出现严重冻害。

2018年1月9—13日,受强冷空气影响,福清佳家农业综合开发有限公司种植的铁皮石斛基地棚内10—13日的日最低气温均在3 ℃左右,其中12日最低气温达到2 ℃,基地棚外

11 日和 12 日最低气温分别达到 1.4 ℃和 0.6 ℃,铁皮石斛遭受轻度寒害。

4. 防御措施

(1)因地制宜选种抗寒性强的石斛品种。

(2)入冬前对铁皮石斛进行抗寒锻炼。

(3)大棚栽培的铁皮石斛,在冷空气来临前,采取加盖 1～2 层薄膜、增施钾肥等措施进行防寒防冻。

(4)石斛栽培大棚选择无滴塑料膜覆盖,冬季可减少雾滴落到幼苗和较大植株上,避免冻害发生。

(5)强冷空气影响时,石斛大棚应注意做好密封、人工加温等增温措施。

(6)林下栽培的铁皮石斛,可在畦床上加盖薄膜小拱棚进行防寒防冻。

(7)冻害影响前,及时采收石斛,避免和减少冻害损失。

(二)高温

1. 危害指标

气温超过 35 ℃时,铁皮石斛基本停止生长。石斛可耐短时 38～40 ℃高温,气温高于 40 ℃时,会造成铁皮石斛干枯死亡。

2. 主要危害

气温 30 ℃以上,湿度 50％以下时,会导致铁皮石斛叶脉变黄、叶片下垂、茎现皱缩,气温 35 ℃以上时,则会出现石斛植株萎蔫、倒伏现象,即"热休眠"。

3. 防御措施

(1)大棚栽培石斛,应采用遮阳网进行遮光处理,降低棚内温度。

(2)石斛棚内气温超过 35 ℃时,可采取开启风机、水帘或进行喷雾等措施进行通风降温,每天喷雾 3～5 次,每次喷雾 2～5 min。

(3)高温季节,在早、晚温度较低时段进行喷灌或滴灌,不得冲灌,切忌在中午高温时浇水,以免灼伤石斛植株。

(4)夏季高温季节,每天早晚喷雾 1 次,湿度控制在 80％～90％,避免石斛植株萎蔫、倒伏。

(三)强光

1. 危害指标

光照强度大于 4 万 lx,铁皮石斛生长受阻,严重时可能造成植株死亡。

2. 主要危害

铁皮石斛是阴生植物,生长需要半阴半阳的气候环境,生长期需散射光,忌阳光直射和暴晒;若光照太强,会导致石斛幼苗萎蔫,影响成活率,并抑制植株生长,严重时还会使石斛叶片变黄脱落。

3. 防御措施

(1)大棚栽培石斛,夏季采用遮蔽度为 75％～85％的遮阳网降低光照,避免阳光直射,光照强度控制在 1 万～2 万 lx。

(2)林下栽培石斛,选择遮蔽度为 70％的常绿阔叶林、龙眼树林等树下栽培。

（四）高湿

1. 危害指标

铁皮石斛种植基质含水量在70%以上，空气相对湿度在90%以上，容易导致石斛烂根，严重时植株死亡。

2. 主要危害

铁皮石斛在75%～85%空气湿度环境下长势良好，湿度过大或基质积水，容易导致石斛烂根致死，还易引发软腐病。

3. 灾害个例

2015年8月8日，第13号台风"苏迪罗"在莆田市秀屿区沿海登陆，受其影响，8—10日福建中北部地区大部分县（市）出现10级以上大风，出现暴雨到大暴雨，部分乡（镇）特大暴雨，导致宁德市种植的铁皮石斛受淹，出现石斛空茎、茎不充实，大部分绝收，仅有20%～30%可恢复生长。

4. 防御措施

（1）林下栽培石斛，雨后应注意防止栽培基质积水，避免石斛烂根。

（2）林下栽培石斛，在雨水较多季节，石斛必须控制浇水。

（3）大棚栽培石斛，阴雨天应加强棚内通风，栽培基质湿度控制在50%～60%，空气湿度控制在60%～85%，避免棚内长时间高湿，以防细菌性、真菌性病害发生，避免石斛叶片腐烂。

第三节　灵芝

一、概况

灵芝，又称木灵芝、菌灵芝、灵芝草等，素有"仙草""瑞草""还魂草"之美誉，属真菌界担子菌门伞菌纲多孔菌目灵芝科，是一种珍贵的药用真菌。我国灵芝种类较多，现已知灵芝属真菌98种，分布在大部分省份海拔300～600 m的山地，特别是热带、亚热带杂木林下均可找到它的踪迹。灵芝根据形态和颜色可分为赤芝、黑芝、青芝、白芝、黄芝及紫芝6种，其中赤芝和紫芝为药用品种，一般栽培品种为赤芝。福建省灵芝科真菌有灵芝属和假芝属2属33种，以树舌灵芝、灵芝、紫芝、皱盖假芝分布最广，市场上流通的又以武平县生产的硬孔灵芝和武夷山市生产的赤芝最为广泛[105-106]。

灵芝栽培方式主要有段木栽培和袋料栽培两种，由于段木栽培需消耗大量林木资源，现主要采用袋料栽培，其产量高、周期短，原材料来源广泛。我国南方地区灵芝栽培季节通常为：①袋栽灵芝：3—6月接种，5—10月出芝，只采收1年。②段木栽培灵芝：11—12月接种，4月开始出芝，7月中旬前采完第1批灵芝，出芝时间一般在5—10月，可收3～4年[107]。

二、主要气象灾害

（一）高温高湿

1. 危害指标

灵芝菌丝和子实体可在5～35 ℃范围内生长，不耐高温。气温超过35 ℃时，菌丝代谢活动异常,容易死亡;子实体发育难分化,生长不良、僵化,甚至死亡[108-109]。如果长时间处于高湿环境,容易导致病菌发生蔓延。

2. 主要危害

灵芝属高温型真菌,生长发育需要较高温度,其中菌丝正常生长温度范围在 5~35 ℃,子实体在 10~32 ℃范围内均能生长,但温度超过 35 ℃,就会影响菌丝代谢和子实体发育分化,严重时出现死亡;此外高温高湿容易导致病菌污染和发生蔓延。

3. 防御措施

(1)发菌期若菌室气温高于 28 ℃,应在每天早晚开门窗通风透气,每次 1~2 h,以控制菌袋间温度保持在 24~26 ℃。

(2)出芝期若菇房温度超过 30 ℃,应采取通风、喷水、搭草帘等措施进行降温,出芝菇房温度控制在 25~28 ℃,湿度控制在 85%~95%。

(3)菇房高温高湿时,要加强通气管理,让畦四周通气,揭膜高度应与菌柄高持平。

(4)注意防止雨淋或喷水时泥沙溅到菌盖而出现伤痕,以免造成灵芝品质下降。

(二)缺氧

1. 危害指标

灵芝原基形成及长柄期,若二氧化碳浓度超过 0.1%,容易长成"鹿角芝";菌盖形成期,若二氧化碳浓度超过 0.3%,会形成畸形芝。

2. 主要危害

灵芝是一种好氧性极强的真菌,栽培时对空气中氧气的需求量比一般食用菌要大。灵芝菌芽生长阶段氧气不足时,会造成菌柄偏长,当空气中二氧化碳含量超过 0.1%时,子实体就发育不正常,灵芝生长只长菌柄,或菌柄只分枝不开盖,而形成鹿角芝,严重时影响孢子粉的产量;当空气中二氧化碳浓度增至 0.3%以上时,则灵芝只长菌柄,不分化菌盖。

3. 防御措施

(1)灵芝菇房应适当通风,保持菇房内有充足的氧气,防止二氧化碳浓度增高。

(2)若出现畸形芝芽,应及时剪除,使菌盖生长有足够的空间。

第四节　太子参

一、概况

太子参,又名为孩儿参、童参、四叶参、双批七和异叶假繁缕等,为石竹科植物孩儿参的干燥块根。我国太子参主要产区有福建、山东、安徽、江苏和贵州省,其中以福建柘荣、安徽宣城、贵州施秉所产药材占据太子参药材商品市场的主流。福建太子参主要分布在柘荣县、寿宁县、福安市、福鼎市、霞浦县等,其中柘荣县被誉为"中国太子参之乡",柘荣太子参为中国地理标志产品,是中国闻名的道地药材。福建栽培的太子参主要品种有"柘参 1 号""柘参 2 号"和"柘参 3 号";2018 年福建太子参播种面积为 8.9 万亩,产量为 1.4 万 t,其中宁德市太子参产量占全国太子参总产量近 60%[110]。

福建太子参通常在秋冬季栽种,栽植时间在 10 月下旬至次年 2 月上旬,并以 10 月下旬至11 月栽种为佳,出苗期在 2—3 月,随之现蕾开花,4—5 月植株生长旺盛,地下茎逐节发根、伸长、膨大，果期在 5—6 月，6 月种子成熟，6 月下旬至 7 月中旬采收，太子参从春季出苗到夏季倒苗，生育期为 4—5 个月。6 月下旬以后，太子参地上茎叶枯萎，叶片大量脱落，"大暑"时植株枯死，参种腐烂，蒴果种子裂开散落地上，新根形成独立分株，进入夏季休眠期[111]。

二、主要气象灾害

(一)高温

1. 危害指标

气温超过 30 ℃，太子参植株停止生长；持续出现 ≥35 ℃ 高温天气，太子参地上部分将枯死，块根亦停止生长，提前进入休眠期，影响太子参的品质和产量。

2. 主要危害

太子参喜温和、湿润和凉爽的气候，怕高温干旱，如遇 35 ℃ 以上高温，植株便会死亡，同时极易爆发叶斑病。

3. 灾害个例

2016 年 5 月，柘荣县气温显著偏高，降水天数偏少，造成太子参膨大期缺水，根茎膨大发育不正常，导致产量下降[112]。

2018 年 5 月，柘荣县出现多日 30 ℃ 以上高温，此时正值太子参根茎生长期，高温导致太子参叶片萎蔫发黄，出现枯叶病害，部分植株出现叶斑病、枯叶病、花叶病和花斑病等病害，致使地下根茎生长陷入停滞，部分出现根部腐烂，太子参受灾面积比例超过 30%，影响产量。

4. 防御措施

(1)选择较高海拔的地域种植太子参，避开高温影响。

(2)太子参播种后若遇秋旱，土壤干燥，可多次浇水，以保持土壤湿润，促使生根。

(3)高温时段，太子参田间要及时灌溉，保持土壤湿润；块根进入膨大期后，注意勤浇水，可以使用半沟深的水沟灌或采用喷灌、滴灌，严禁大水漫灌。

(4)太子参留种方式主要有沙藏留种和原地留种两种方式。采用原地留种的，可在 4—5 月套种蔬菜或豆类等作物，待夏季参株枯黄倒苗时，套种作物处于旺盛生长时期并已长满畦面，能给太子参起到遮阴、防强光直射的作用，又能降低地温，保持畦内水分，确保太子参安全度夏。

(5)在油茶林地等林下进行套种太子参，减轻高温影响。

(二)强光

1. 危害指标

太子参怕强光暴晒，烈日下容易枯死。

2. 主要危害

太子参怕阳光直射，种植地的遮蔽度必须保持在 50% 左右；若遇强光暴晒，烈日下太子参植株容易枯死。

3. 防御措施

(1)太子参怕强光，可在种植床沟边套种玉米、春大豆等，起到遮阴作用；也可在幼龄油茶林、果林行间进行套种。

(2)太子参栽培采取遮阳网进行遮阳，减轻强光危害。

（三）涝渍

1. 危害指标

太子参种植田间积水，易导致烂种、烂根和病害发生蔓延。

2. 主要危害

太子参怕涝，一旦田间积水，易发生根系腐烂死亡。播种后连阴雨，种子长期处于低温高湿的环境，易烂种缺苗；5—6月正值福建雨季，强降水导致的涝害，会导致太子参出现枯黄、烂苗现象，对产量造成严重影响；同时多雨高湿的天气，易导致太子参根腐病、叶斑病的发生蔓延。

3. 灾害个例

2012年4—5月，柘荣县雨水偏多，对太子参生长发育有一定的不利影响，导致当地部分太子参与往年相比，质量下降。

2013年春季，受连续低温阴雨、干燥东北风等极端气候影响，导致宁德市种植的太子参出苗迟、苗情差、长势弱，且土壤带毒较为严重，太子参病毒病较为明显，也比常年偏早发生[110]。

2014年5月，柘荣县降水偏多，太子参田积水较多，导致太子参根系腐烂，单产量大幅下降[112]。

4. 防御措施

（1）选择地势较高、排灌良好、不易积水的地块种植太子参。

（2）太子参宜选择在排水良好的砂质土壤种植，忌种在砂土和重黏土的园区。

（3）雨季做好参田水道疏通，雨后及时清沟排水，防止参田积水。

（4）采用高畦栽培太子参，生长阶段以保持土壤湿润、畦面不积水为宜。

（5）抓住晴好天气时段，及时采收成熟的太子参。

（6）夏季台风暴雨季节，加强太子参留种田的管理，留种地块四周用醒目标志，避免积水引起种参腐烂。

第五节　莲子

一、概况

莲根据用途分为子莲、藕莲和花莲，其中以观赏为主的称为花莲，以产藕为主的称为藕莲，以产莲子为主的称为子莲。

莲子，又名莲实、水芝丹、莲米，是子莲类的成熟种子。我国莲子道地品种有福建的建莲、湖南的湘莲、江西的赣莲和浙江的宣莲。福建子莲已有相当长的栽培历史，清朝时就有大面积栽培，品种来自白莲池的"西门莲"。"建莲"，又称建宁白莲、西门莲，是宿根性多年生水生草本植物，是福建地道药材之一，主产地在建宁县、建瓯市和建阳区，这些地区生产的莲子均冠以"建"字，故统称"建莲"，在建宁县已有1000多年的栽培历史。建宁县素有"中国建莲之乡"之美誉，2009年"建莲"获国家地理标志农产品认证。

福建主栽的莲子品种是经过选育而成的"太空36号""太空3号""建选17号""建选35号"等；种植后一般可连续采收3年，3年后生长衰退，必须重新种植。

福建莲子通常在3月下旬至4月中旬移栽，立叶期在4月下旬至5月上旬，5月中旬开始现蕾,始花期在 5 月下旬至 6 月中旬,盛花期在 7—8 月,9 月终花,自开花到成熟期需 30～40 d,初采期在 6 月下旬至 7 月上旬,盛采期在 7—9 月,终采期在 10 月,采收期一般历时 3 个多月,11 月至次年 3 月进入休眠期,植株完全停止生长,叶、花、藕鞭逐渐死亡,以地下新藕越冬[113]。

二、主要气象灾害

(一)低温阴雨

1. 危害指标

子莲移栽期出现≤12 ℃的低温阴雨天气,不利种植。花蕾期出现 3～5 d 气温≤20 ℃、日照时数≤7 h,莲花花瓣松动开动的程度及时间不足,传粉受精不足,影响莲子结实率;日照时数≤5 h,难以完成莲花"三开两合"的生理过程,同时影响子莲花蕾生长。

2. 主要危害

子莲花蕾期出现低温阴雨天气,光照不足,对莲叶生长及莲花开花授粉发育不利,会导致子莲死花、死蕾,空壳率高,产量低。

3. 灾害个例

2005 年 6—7 月,建宁县出现连续低温、降雨,日平均气温不到 20 ℃,各乡(镇)莲农普遍反映莲田死花、死蕾严重,出水的花(蕾)死亡率达 80％以上[114]。

4. 防御措施

(1)合理安排子莲种植日期,在日平均气温稳定通过 15 ℃以上时种植子莲为宜。

(2)选种高产、优质、抗性强的子莲品种。

(3)春季遇低温阴雨,可将种藕暂时排放在莲田内,用泥盖好,等天气转晴后再移栽。

(4)冷空气来临前,子莲田间适当加深水层,提高泥温。

(5)因地制宜调整子莲移栽期,使子莲盛花期处于多晴少雨的季节,减少雨季对子莲开花授粉的影响,避免或减轻莲田死花、死蕾现象。

(二)高温干旱

1. 危害指标

日最高气温≥37 ℃时,会影响子莲开花授粉,造成莲子"高温逼熟",降低产量,并容易发生枯斑病。

2. 主要危害

高温会导致子莲花瓣加快脱落,影响授粉受精能力,使莲蓬发育不全;会造成莲子成熟期缩短,子粒变小,即"高温逼熟";此外,高温还会引起建莲病害发生蔓延。子莲苗期缺水,轻则导致幼苗生长迟缓,重则枯死,花果期干旱,会导致莲子严重减产,甚至绝收。

3. 防御措施

(1)选择水源充足、排灌方便的水田种植子莲。

(2)子莲开花结实盛期正值高温期,莲田应保持 20～25 cm 水深的流动水,降低莲田温度,深水养花,水层不可忽深忽浅,以免引起子莲死花、死蕾,同时要严防田间缺水引起子莲死亡。

(3)高温炎热天气,莲子成熟快,应预防高温逼熟,应及时采收,采摘时间以清晨为好。

第六节　泽泻

一、概况

泽泻,又名东方泽泻、水泽、天鹅蛋、一枝花、芸芋、如意花、车苦菜、天秃等,属泽泻科多年生沼泽草本植物,以块茎入药。药用泽泻来自栽培品,主产区分布在福建、四川和江西等省,素有"建泽泻""川泽泻""江泽泻"之称,以建泽泻、川泽泻的数量大且使用广泛[115]。福建"建泽泻"具喜光、喜湿、喜肥特性,适合在气候温和、光照充足、土壤湿润的地域生长,生产的块茎个大、形圆、质实,质量最佳,主产地在建瓯、建阳和浦城等地,有 200 多年的种植历史,2018 年福建泽泻播种面积达 1292 亩,产量 320 t。

福建"建泽泻"秋种播种期一般在 7—8 月,移栽期在 8—9 月,其中北部地区秋种一般在 7—8 月播种,8—9 月移栽定植,中部地区在 8 月播种,9 月移栽,南部地区则要推迟到 9 月播种,10 月移栽,播种期过早容易引起泽泻抽薹开花,过迟则生长期太短,都会影响产量;通常泽泻移栽至开花期需 45～70 d,花期在 9—10 月,移栽至结果期需 100～120 d,秋种采收期在 12 月至次年 1 月,全生育期约 160 d。泽泻冬种播种期通常在 10 月,移栽期在 12 月,花期在次年 1 月,采收期在次年 2—4 月。

二、主要气象灾害

(一)高温干旱

1. 危害指标

泽泻定植后,若出现持续 5 d 以上日平均气温大于 18 ℃,泽泻轻度抽薹;持续 5 d 以上日平均气温大于 20 ℃,泽泻重度抽薹。泽泻生长期生长最适温度为 28～35 ℃,超过 35 ℃影响泽泻植株生长发育。

2. 主要危害

福建泽泻播种育苗期处在高温季节,此时气温高,光照强,对幼苗生长不利;高温容易导致泽泻抽薹和侧芽生长,会消耗大量养分,抑制块根生长,影响泽泻质量和产量。泽泻为水生植物,不耐干旱,若田间干旱缺水,会导致植株死亡。

3. 防御措施

(1)泽泻播种期应搭棚遮阴,棚高设置为 50 cm,棚顶盖卷帘,晴天和雨天盖帘,傍晚卷帘,使泽泻幼苗白天遮阴,夜晚吸收露水,并随着幼苗生长,逐渐缩短遮阴时间;泽泻出苗 20 d 后拆除荫棚,增大光照强度,促进幼苗生长发育。

(2)因地制宜合理安排泽泻移栽期,避免过早移栽而导致泽泻大量抽薹开花。

(3)泽泻移栽时,应避开高温时段,选择阴天或晴天傍晚进行。

(4)泽泻整个生长期应保持田内有水,干旱时应及时引水灌溉。

(5)泽泻若因高温出现侧芽生长,应随时摘除侧芽,如遇抽薹,应及时从茎基部摘除。

（二）冻害

1. 危害指标

日极端最低气温达−3～0 ℃时,泽泻出现轻度至中度冻害;气温低于−3 ℃时,泽泻出现重度冻害[116]。

2. 主要危害

泽泻为水生植物,喜温暖、湿润气候,不耐寒。秋种泽泻生长后期或冬种泽泻,若出现0 ℃以下低温,将会造成泽泻叶片受冻,严重时死亡,影响泽泻产量和品质。

3. 防御措施

(1)冬种泽泻要根据冬季冻害风险区划,选择在热量条件较好、冻害低风险区域种植。

(2)采用秋种栽培泽泻,并合理安排移栽期,以有效规避冬季冻害。

第七节　瓜蒌

一、概况

瓜蒌,又名瓜楼、栝楼、吊瓜、糖瓜蒌、蒌瓜、药瓜、大圆瓜、生牛瓜蛋子等,为葫芦目葫芦科栝楼属多年生宿根攀缘草本,是我国一种常用中药材,喜温暖、潮湿的环境,喜肥,需充足阳光,较耐寒,不耐干旱,忌积水。

瓜蒌分为两大类,即食用吊瓜和药用吊瓜,种植后1～2年开始结果,福建瓜蒌生产地主要分布在邵武市、光泽县、建阳区等;种植的主要品种有越蒌2号、越蒌3号、越蒌4号、白岘吊瓜等。

福建瓜蒌繁殖方法有种子繁殖和块根繁殖,主要采用块根繁殖方法进行生产,块根繁殖的瓜蒌移栽时间通常在3月下旬至4月中旬,5月下旬至6月上旬开始现蕾,6月中旬起陆续开花结果,花期持续3～4个月,7—10月边开花边结果,果实发育期在8—11月,成熟采收期在8—11月,分夏瓜和秋瓜采收(立秋为界),多采收秋瓜,11月至次年2月进入休眠期,茎叶枯死,瓜蒌全生育期为170～200 d。连续采摘瓜蒌果实5年后,即可挖根。

二、主要气象灾害

（一）高温干旱

1. 危害指标

气温30 ℃以上,瓜蒌生长发育受抑制,气温36 ℃以上,瓜蒌生长停止。

2. 主要危害

夏季高温季节,正值福建瓜蒌开花结果期,高温会影响瓜蒌生长发育,导致坐果率降低;此外,瓜蒌生长发育期干旱,会造成播种出苗率低,幼苗死亡率高,藤蔓生长缓慢,严重会造成植株枯死。

3. 灾害个例

2010年6月下旬雨季结束后,光泽县进入晴热高温天气,尤其是8月出现持续晴热高温天气,夏季干旱天数达26～35 d,出现中旱,导致瓜蒌绝收。

2018 年 8 月 6—13 日光泽县出现高温干旱过程,8 月 23—30 日出现暴雨过程,前旱后涝,导致 8 月以后瓜蒌植株出现枯死,损失大,亩产才超过 500 kg,只有正常年份亩产的 1/3～1/5。

4. 防御措施

(1)选择水源充足、排灌方便的地块种植瓜蒌。

(2)瓜蒌怕旱,整个生长期遇干旱时要适当浇水,保持土壤湿润。

(3)夏季高温季节,瓜蒌叶面蒸发量大,可利用稻草覆盖保湿,干旱时在傍晚或清晨及时灌水,以保湿抗旱。

(二)连阴雨

1. 危害指标

通常 3 d 以上的连阴雨就会影响瓜蒌生长发育,尤其是雨季强降水造成瓜蒌田间积水,会造成瓜蒌根系生长不良,甚至烂根,严重时导致绝收。

2. 主要危害

瓜蒌花果期如遇长时间阴雨天气,会影响开花授粉,影响瓜蒌光合作用,块根也难于膨大,瓜蒌将大幅减产;田间积水会造成瓜蒌根系生长不良,甚至造成烂根;连阴雨天气湿度大,还会造成瓜蒌根腐病等病害发生蔓延,导致植株长势弱,茎蔓纤细,叶片小,开花结实少,甚至根变褐、腐烂。

3. 防御措施

(1)瓜蒌田间怕积水,雨后要注意及时排水,防止积水。

(2)瓜蒌开花结果期正值福建雨季,管理上要注意控水,防止茎生长过旺,避免推迟座瓜。

(3)瓜蒌花期通过人工授粉,减轻连阴雨对开花授粉的不利影响,以提高坐果率。

(4)做好瓜蒌病害检查防治,并采用与禾本科作物实行 3～5 年轮作,减轻病害发生。

第八节　黄精

一、概况

黄精,又名老虎姜、鸡头姜、黄鸡菜、笔管菜、爪子参等,为百合科多年生草本植物,以根茎入药,在我国有 2000 多年的药用历史。黄精品种在我国有 31 种,福建有 3 种,分别是玉竹黄精、长梗黄精和多花黄精,其中多花黄精原生于福建等省山区竹林下、林缘、灌丛、山地路旁阴湿土壤肥沃处,后经培育为人工栽培种,较适宜在福建山区大面积推广种植。福建是多花黄精主产区,繁殖以根茎繁殖为主,亦可种子繁殖,根茎繁殖栽种的一般经 2～3 年即可采收,种子繁殖栽种的一般经 3～4 年即可采收。

多花黄精又名南黄精、野生姜、山生姜、黄精姜等,喜欢阴湿气候条件,具有喜阴、耐寒、怕干旱的特性,适宜在年平均气温 15～25 ℃,年降雨量 1000～2200 mm,无霜期在 300 d 以上的低山丘陵地带种植;而野生多花黄精多生长在阴湿的山地灌木丛、竹林及林边地带,喜欢散射光,根茎多从表土层横向生长,秋后倒苗,多花黄精耐寒,能在 −10 ℃低温下安全越冬,但不宜在干燥地区生长。

福建多花黄精的栽培方式以林下起垄栽培为主,可在春秋两季栽培,以春季栽植为最佳。

春栽定植期通常在1—3月,营养生长期在3—4月,开花期在4—6月,果期在6—11月,在12月地上部枯萎后采收,12月至次年2月进入越冬期,地上部停止生长,地下根茎有效成分积累转化,次年3月幼苗开始出土,重复周年生育进程。秋栽定植期在10—11月。

二、主要气象灾害

(一)高温干旱

1. 危害指标

黄精生长最适温度为17~20℃,气温高于27℃生长受抑制,高于32℃地上部分枯死,根茎失水皱缩干硬。黄精根茎出苗适宜温度为10~14℃,现蕾开花适宜温度为18~20℃,18~24℃为最适温度,根茎发育适宜温度在20~23℃,气温高于30℃影响根茎生长发育。

月降水量200 mm,黄精根茎发育旺盛,若月降水量小于50 mm,黄精生长缓慢,严重时造成植株萎蔫、倒伏。

2. 主要危害

多花黄精喜湿润的环境,对水分要求高,不耐旱,夏季(7—8月)的高温干旱,会影响黄精根茎生长发育,严重时导致黄精植株萎蔫、倒伏,影响产量。

3. 防御措施

(1)选择水源充足、灌溉便利的地块种植黄精。

(2)利用山区冷凉气候,在林下种植黄精,减轻高温影响。

(3)黄精喜湿怕干旱,遇干旱应及时做好灌溉,保持土壤湿润,灌溉方式最好采用喷灌,注意不宜漫灌。

(4)大田种植黄精,可采用透光率在30%~40%的遮阳网搭建荫棚进行遮阳,或与玉米等高秆作物进行间作,玉米与黄精的行距保持在50 cm左右,避免强光暴晒。

(二)连阴雨

1. 危害指标

持续3 d以上的连阴雨,就会对黄精生长发育造成不利影响,尤其是强降水易造成田间长时间积水,会导致黄精烂根。

2. 主要危害

连阴雨会造成田间湿度大、光照弱,影响黄精生长发育,导致茎秆细长,叶片发黄,容易倒伏;并会造成黄精叶斑病等病害的发生蔓延,为害叶片,导致叶片出现不规则的黄褐色斑,甚至造成叶片枯黄;若田间出现积水,会导致黄精烂根。

3. 防御措施

(1)雨季应及时做好黄精田间清沟排水,做到雨停水止,严防积水,防止黄精幼苗腐烂。

(2)林下种植黄精,应避免在低洼地带种植,以免造成田间积水,使得黄精幼苗溃烂。

(3)黄精采用高畦深沟的起垄栽培,注意垄地保持排水通畅,防止黄精田间积水。

第九节　元胡

一、概况

元胡,又名玄胡、延胡索,为罂粟科紫堇属多年生草本植物,以块茎入药,是常用中药材之一。元胡原生长于海拔 800 m 以下的山地、稀疏林地或树林边缘的草丛中,喜温暖湿润的气候,怕高温干旱和强光照射、怕积水、怕连作,生长周期短。

福建元胡生产上多采用块茎繁殖,秋植的播种期通常在 9 月下旬,10 月至 11 月上旬定植,次年 2 月上旬萌芽出苗,播种到出苗前为地下茎生长阶段,整个地下生长期约 100 d,其后为块茎形成期,块茎形成有两个部位,即“母元胡”和“子元胡”,母元胡由种块茎外部腐烂,在组织内部重新形成的块茎,在 2 月下旬全部形成,子元胡由地下茎的节部膨大而成,是在母元胡形成以后才逐渐形成,需 50 d 左右;3 月处于开花期,地上部旺长;3 月中旬至 4 月上旬为母元胡块茎膨大期,4 月上旬为子元胡块茎膨大期,4 月下旬至 5 月上旬为块茎增长最快时期;5 月元胡地上部倒苗枯黄后采收,全生育期 180～200 d[117]。

元胡品种有大叶元胡和小叶元胡之分,大叶元胡有利于密植,产量较高,如“浙胡 1 号”等;小叶元胡块茎大,但产量偏低。

二、主要气象灾害

(一)高温干旱

1. 危害指标

日平均气温为 20 ℃时,元胡叶片出现焦点;日平均气温超过 22 ℃,元胡停止生长,中午叶片出现萎缩状;日平均气温为 24 ℃时,元胡叶片青枯而死。元胡生长后期,若日平均气温为 26 ℃以上,元胡易出现倒伏,导致减产。土壤相对湿度低于 50%,元胡就会出现旱情,影响元胡植株生长发育。

2. 主要危害

元胡根系分布较浅,整个生长期要求土壤保持湿润,怕高温干旱。定植后遇旱会影响元胡发根,出苗后遇高温干旱会导致元胡叶片萎缩、干枯,块茎膨大期遇高温干旱会导致植株倒伏。

3. 灾害个例

2015 年清明前后,光泽县出现高温,导致元胡植株倒伏,无法恢复;据实地调查,元胡正常亩产应达 250～300 kg,2015 年因高温灾害导致元胡大幅减产,亩产刚超过 50 kg。

4. 防御措施

(1)元胡干旱时,应及时进行浇水,浇灌时间以早、晚为好,以保持土壤湿润。

(2)元胡播种后,田间采用稻草等覆盖保湿。

(3)元胡出苗后如遇春旱,可采用灌跑马水形式进行灌溉,严禁大水漫灌。

(二)连阴雨

1. 危害指标

春季雨水多,湿度大,易引起元胡烂根减产;同时持续 3 d 以上的低温阴雨,就会导致元胡霜霉病等发生蔓延。

2. 主要危害

元胡播种后,若雨水多,易烂种;元胡长根阶段(10月至次年1月)以及春季出苗后,若出现连阴雨天气,湿度大,容易导致元胡烂根,造成霜霉病等病害发生蔓延,严重时造成元胡植株倒伏或枯死。

3. 防御措施

(1)选择排灌条件良好、地势较高、每年实行水旱轮作的田块种植元胡,避免在低洼地带种植。

(2)采用起垄栽培元胡,有利于排灌,避免田间积水。

(3)元胡苗期雨水多,湿度大,应做好田间水道疏通,排水降湿,避免田间积水,若有积水,要及时开沟排水,防止元胡烂根。

(4)元胡块茎膨大期以晴雨相间天气为好,注意土壤相对湿度保持在70%～75%为宜。

(5)元胡应与禾本科或豆科作物进行轮作,切忌连作,以减轻霜霉病等病害。

(6)高湿易导致元胡发生霜霉病,严重时会造成植株大片枯萎死亡,应注意病害检查防治。

(三)强光

1. 危害指标

元胡要求每日光照4～5 h,才适宜生长发育,若每日光照超过5 h,就会直接影响元胡产量和质量,过多日照会导致植株早枯。元胡地下茎迅速增大时期(4月),若每日光照在5～7 h,并持续3 d,就会导致部分元胡叶片开始发黄发焦,每日光照8 h并持续3 d,就会造成元胡枯苗而死亡。

2. 主要危害

元胡为喜光植物,但畏强光照射,每日光照过多或强度过大,会导致叶片萎蔫发黄,影响元胡光合作用,严重时造成枯苗死亡。

3. 防御措施

(1)选择向阳背风、湿润的环境种植元胡。

(2)高温强光时段,可采用适当遮阳措施,以防强光直射元胡。

第十节　七叶一枝花

一、概况

七叶一枝花,又名重楼、蚤休、七叶莲、铁灯台、紫河车、草河车、枝花头、螺丝七、灯台七、金钱重楼、金盘托荔枝、独立一枝花等,为百合科重楼属多年生宿根草本植物,因其叶多为7片轮生于茎项,而花单生于轮生叶片之上而得名,在我国云南省、四川省、湖南省、湖北省、广西壮族自治区、贵州省、江苏省、福建省、安徽省、江西省、浙江省等都有广泛分布。野生七叶一枝花属喜阴植物,喜散射光、凉爽、阴湿的气候环境,怕干旱又怕积水,通常生长于林荫下、山谷、溪涧边、林缘、山边、林道边等地带。"七叶一枝花"在中国药用历史悠久,是一种重要的稀缺中药材,以根茎入药,其生长缓慢,从种子发芽起,需要5～6年的营养生长发育后,才开始转入生殖生长,并开始开花和结果,到药材采收需要6～10年。

"华重楼",为百合科重楼属"七叶一枝花"的变种。福建"华重楼"及其同属近缘种在光泽县、武夷山市、邵武市、泰宁县、柘荣县、政和县、建瓯市、建宁县、龙岩市和福州市等地均有分布,生长于林下荫处或沟谷处的草丛中,但主要分布在福建武夷山脉海拔 100～1200 m 区域,为福建特色稀缺道地药材,是福建重点发展药材之一。

福建"七叶一枝花"栽培采用水稻田、山垅田和林下 3 种不同种植模式[118]。人工栽培"七叶一枝花"的物候期通常划分为出苗期、伸长期、展叶期、开花期、结实期、枯死期、萌芽期、越冬期等[119]。福建"七叶一枝花"通常在 3 月开始萌发和出苗,5—9 月处于生长发育旺盛和开花结果期,花期在 4—6 月,果期在 7—10 月,年生殖生长期长达 5～6 个月,9—10 月茎叶开始枯萎,种子成熟,10—11 月地上部枯死,12 月进入休眠期,次年立春后重新萌发出土。

福建"华重楼"采用种子繁殖的,通常在 11 月播种,幼苗培育 2～3 年后,有明显的根茎就可移栽,用种子繁殖的重楼经过 6～10 年就可以采收;采用根茎切段繁殖,在 12 月切块种植,幼苗培育 1～2 年即可移栽,根茎顶芽切段繁殖的 3 年可以采收,不带顶芽切段繁殖的 3～8 年可以采收。由于种子繁殖的繁殖系数较高、资源消耗小,成本较低,因此,"华重楼"规模化育苗,通常采用种子繁殖方法繁殖;在 3 年生幼苗长出真叶 7 片左右时,需要进行移栽,林下仿野生栽培的,定植时间通常安排在 3—4 月,采收时间在多年后的秋季倒苗前后,即 11 月至次年3 月[120]。

二、主要气象灾害

(一)高温强光

1. 危害指标

"七叶一枝花"种植园区的透光度超过 50%,出现烈日暴晒,容易引起植株出苗率和成活率低,叶片枯萎,植株生长发育不良,甚至出现死亡。

2. 主要危害

"七叶一枝花"属喜阴植物,忌强光直射,在强光照下植株生长不良,甚至死亡。7—8 月连续 15 d 以上高温天气,就会影响产量。

3. 防御措施

(1)大田栽培"七叶一枝花",应在播种或移栽前搭建好遮阴棚,采用 60%～70% 遮蔽度的遮阳网进行遮阳;待植株倒苗后,及时将遮阳网收拢,次年出苗前,再把遮阳网盖好。

(2)林下种植"七叶一枝花",应保持 60%～70% 的遮蔽度,如果树林过于稀疏或为幼树林遮蔽度不够,也要适当搭建遮阳棚,或采取插树枝遮阴的办法,避免强光直射。

(3)夏季高温强光季节,要注意田间灌溉,空气相对湿度保持在 60%～70%,"七叶一枝花"种植畦面采用盖草保湿,保持畦面及土层的湿润。

(二)连阴雨

1. 危害指标

"七叶一枝花"喜凉爽、阴湿、水分适度的环境。连续 3 d 以上降水,叶斑病和灰霉病严重;若出现田间积水,会引起"七叶一枝花"植株根腐死亡及果茎枯断。

2. 主要危害

福建前汛期主要集中在 5—6 月,此时正值"七叶一枝花"坐果期,若发生积水涝害,容易引起烂根,导致植株死亡及果茎枯断;同时长时间持续阴雨天,易导致根腐病、蛞蝓等病虫害发生蔓延。

3. 防御措施

(1)选择排灌方便,适宜坡度(15°~30°)的林下或山地种植"七叶一枝花",减轻渍涝影响。

(2)雨季注意排涝,防止田间积水或水淹,避免积水引起"七叶一枝花"烂根。

(3)长时间连阴雨,应及时喷施叶面肥,增强"七叶一枝花"的抗逆性,避免或减轻果茎枯断的现象发生,提高坐果率。

(4)高湿环境下,"七叶一枝花"易发生根腐病、茎腐病和立枯病等,应注意做好病害检查防治。

第七章　花卉主要气象灾害及其防御

第一节　兰花

一、概况

兰花，又名幽兰、山兰、兰草，是兰科植物的总称，是我国最著名的观赏花卉之一，有"花中之后"的美誉。世界上兰花植物有 800 属、25000 种以上，种植种类主要有蝴蝶兰、文心兰等 8 大属。国内外市场上最热销观赏价值最高的五种兰花有中国兰、虎头兰、卡特兰、蝴蝶兰和石斛兰。市场上商品应用的兰科植物主要分为洋兰和国兰，洋兰主要包括蝴蝶兰、大花蕙兰、文心兰、万带兰、卡特兰、石斛兰等；国兰主要包括春兰、蕙兰、建兰、墨兰、寒兰、莲瓣兰和春剑 7 大类。

兰花按生态习性划分主要分为地生兰、气生兰和腐生兰 3 大类。由于地生兰大部分品种原产中国，因此，地生兰又称中国兰，习称国兰，是我国原产"十大传统名花"之首。中国栽培兰花有 2500 多年的历史，中国兰主要分为春兰、蕙兰、建兰、墨兰、寒兰 5 大类，每个种类都有成千上万的品种，利用国兰种类不同品种之间的杂交还能培育出新品种。福建兰科植物共有 61 属 134 种，较为常见的兰花是"中国兰"，即春兰、蕙兰、建兰和墨兰这一类兰花[121-122]；漳州市南靖县被誉为"中国兰花之乡"，是我国"四大兰花"原产地之一，也是建兰、墨兰的主产区。

地生兰分为两大类，一干一花的称"兰"，一干多花的叫"蕙"；以其开花时间分为 4 类，春季开花的有春兰（又称草兰）、春箭、墨兰（又称报岁兰），夏季开花的有夏兰（又称蕙兰、葱兰、九节兰）、舌兰、小花夏兰，秋季开花的有秋兰（又称建兰），冬季开花的有冬兰（又称寒兰）。

国兰繁殖通常分为无性繁殖和有性繁殖，无性繁殖包括分株繁殖和组织培养两种方式，其中分株繁殖就是用人工方法分开兰苗，是国兰的主要繁殖方式，一般夏秋开花的国兰在春季（3—4 月）分株，春季开花的国兰在秋季（9—10 月）分株；有性繁殖包括共生萌发和无菌播种。国兰从种苗到产品需 3～5 年的生长周期，栽培方式主要是有土栽培、无土栽培、水培和气培。

兰花适宜生长在湿润凉爽、半阴半阳、有适当散射光的环境中，既怕高温、干燥，也忌渍水、严寒。福建兰花主要采用温室大棚人工栽培，栽植季节通常选在 3—4 月。

二、主要气象灾害

（一）寒冻害

1. 危害指标

兰花耐寒性根据品种特性而不同，国兰当中春兰和蕙兰的耐寒力较强，建兰、墨兰和寒兰的耐寒力稍弱,气温低于 10 ℃则生长缓慢,5 ℃时会受到寒害,低于 0 ℃时,易使兰花叶片、花蕾和花朵遭受冻害。气生兰类,如蝴蝶兰、卡特兰等不耐寒品种,气温低于 10 ℃就会停止生长,5 ℃以下会遭受寒冻害,容易出现死亡。

2. 主要危害

冬季气温较低时,兰花叶片和花蕾易受寒冻害,国兰当中不耐寒品种在 0 ℃以下,易使兰花叶片和花蕾遭受冻害,叶片会出现水浸状黑斑,花蕾、花朵萎蔫,严重时导致兰花植株死亡。

3. 防御措施

(1)采用大棚保温栽培兰花,防止寒冻害威胁。

(2)遇强冷空气,温度接近 0 ℃时,兰花大棚采取双层薄膜覆盖、棚内加热等措施,以提高棚内温度。

(二)高温

1. 危害指标

国兰大多数喜阴畏阳,气温高于 32 ℃则生长缓慢,花难以开放、萎蔫和早谢。蝴蝶兰在温度高于 32 ℃时,通常会进入半休眠状态。

2. 主要危害

32 ℃以上高温,会导致兰花叶片发黄,粗糙无光,极易出现黑斑,并会导致花难以开放、萎蔫和早谢,且易受病害侵袭。夏季高温胁迫是影响国兰营养积累的重要因素,直接影响兰花后期的开花品质。

3. 防御措施

(1)兰花棚采用遮阳网遮阳,在地面储水和洒水,或进行喷雾,达到降温的目的。

(2)夏季高温时,做好兰花大棚遮阴通风工作,可揭开大棚边膜通风,开启大棚内的水帘、风机、喷雾设备进行降温,使棚内温度保持在 32 ℃以下。

(3)兰花在夏季应在清晨和傍晚浇水,切忌晴天中午高温时段浇水。

(三)干旱

1. 危害指标

兰花是比较耐旱的植物,国兰具有明显的旱生特征,但长时间过度干旱,也会造成兰花植株萎蔫,影响兰花品质和观赏价值。

2. 主要危害

兰花耐旱性强,喜干而畏燥,几天不浇水也不会枯萎,但夏季是兰花生长旺盛季节,长时间高温干旱会影响植株生长发育,造成兰根严重脱水,根部干枯,萎缩卷曲,严重时会全部空根,假鳞茎干瘪,甚至坏死,叶片枯萎;湿度过低、空气干燥,容易使兰花叶片粗糙无光泽。

3. 防御措施

(1)兰花干旱时及时浇水,夏秋季浇水时间安排在傍晚为宜,冬春两季安排在日出前后浇水。

(2)干旱时段,兰花棚内经常喷水,以增加棚内空气湿度,一般空气相对湿度保持在70%～85%时为宜。

(3)兰花采用"不干不浇,浇则浇透"的灌溉原则,植料干后再浇水,注意浇水不能太多,避免影响根部呼吸,导致根部腐烂。

（4）开动喷雾系统，对兰花棚内喷施水雾，至叶面湿润即可。

（5）兰花现蕾后，应注意避免基质过干，以防枯蕾现象发生。

（四）渍水

1. 危害指标

兰花栽培基质过于潮湿或渍水，会造成烂根甚至死亡，当水淹超过 24 h，就会造成兰花植株"窒息"。

2. 主要危害

兰花喜润而畏湿，栽培基质水分过多，会造成基质渍水，通气性差，导致根系呼吸减弱，影响水分和无机盐类的吸收，轻则导致兰花新苗不长，重则引起兰根腐烂、倒苗，甚至全部死亡。

3. 防御措施

（1）选择排水良好的栽培基质栽培兰花。

（2）保持兰土"七分干、三分湿"为好。

（3）露地栽培兰花，应注意避免连续降水而导致的烂心、烂叶。

（4）发现种植盆内兰花黄叶烂根，应及时换盆，将兰花株从盆中倒出，剪除烂根，用清水洗净并消毒，重新上盆栽植，促进兰花发新根。

（五）强光

1. 危害指标

兰花耐阴程度以墨兰最好，其次为建兰和寒兰，春兰和蕙兰需光较多；当光照强度超过 3.5 万 lx 时，兰花叶片会灼伤。

2. 主要危害

兰花多属于半阴性植物，喜欢散射光，怕阳光直射。光照过强会造成兰花叶片颜色变淡，叶片出现黑斑，甚至会灼伤兰花叶片，导致叶片变黄、叶尖焦枯，甚至黄化枯死。兰花最忌放在直射阳光下暴晒，尤其含苞待放时更不能猛晒，强光下暴晒，会造成兰花整株死亡。

3. 防御措施

（1）兰花采用遮蔽度 60%～70% 的遮阳网进行遮光栽培，尤其是夏季光照强烈，应延长遮阳时间。

（2）夏季光照强烈，兰花需要采取遮阳措施，夏季午后要求遮蔽度在 70% 左右，春兰、蕙兰的遮蔽度控制在 70%～80%；建兰需要较多光照，遮蔽度控制在 60%～70%；墨兰的遮蔽度控制在 85% 左右[123]。

第二节　百合花

一、概况

百合，又名野百合、药百合、强蜀、番韭、山丹、倒仙、重迈、中庭、摩罗、重箱、百合蒜等，是单子叶植物亚纲百合科、百合属多年生球根草本植物所有种类的总称，是世界著名的球根花卉。我国是世界百合起源中心，全世界野生百合约 90 多种，我国约有百合 46 种，18 个变种，占世界百合总数一半以上，其中 36 种 15 个变种为我国特有。百合已成为继"四大切花"后的主要切花种类。

百合种植时间通常根据供花时间和品种的生育周期来确定,利用一定的生产设施与技术来调控花期。福建东方百合促成栽培中,经冷藏后的东方百合种球可根据上市时期选择不同的定植时期,如果需要在元旦至春节前后开花,可将冷藏球于9月中旬至10月下旬定植;需要在春节后至5月前开花,可将冷藏球于11月上旬至12月底定植[124]。

百合广泛用于鲜花栽培的种类有东方百合杂种系列、亚洲百合杂种系列、麝香百合(铁炮百合)杂种系列等。东方百合系列品种颜色有白色、粉红色、紫色、白色带红色斑点,红色带紫色斑点等,其花朵具特殊香味,向侧面开放,生长期较长,约110 d;亚洲百合系列品种颜色有金黄色、黄色、橙黄色、玫瑰红色、深红色、粉红色、白色及双色混合、多色带斑点等,其花朵小而多,向上开放,生长期短,只有60 d;麝香百合系列品种颜色主要为纯白色,有淡淡幽香,生长期为90 d左右。东方百合主栽品种有索蚌、西伯利亚、东方红、卡萨布莱卡等。百合繁殖方法可采用组织培养、鳞片繁殖、种球繁殖等,种球繁殖周期短且技术难度系数较低。

2018年福建省百合花种植面积达2.2万亩,产量达2.3万t,主栽市场上旺销的索邦、西伯利亚、堤拔、辛普隆、元帅、卡萨布兰卡等东方百合品种,辅助发展铁炮系列的雪皇后、雷山系列百合品种[125]。

二、主要气象灾害

(一)低温

1. 危害指标

百合生长前期或在茎生根长出之前,最适宜的气温应保持在12～13 ℃,气温低于10 ℃对百合根系发育不利;生长中后期(从现蕾到开花),白天适宜气温保持在20～25 ℃,夜晚15～20 ℃,夜晚温度低于15 ℃会导致百合落蕾、叶片黄化,降低观赏价值,夜温低于10 ℃则百合停止生长,冬季夜间气温低于5 ℃持续5～7 d,百合花芽分化、花蕾发育会受到严重影响,推迟开花,甚至出现盲花、花裂。

2. 主要危害

百合喜凉爽、耐寒、适应性广,地下鳞茎能耐—10 ℃低温,在—5.5 ℃的低温土层中能安全越冬;但低温会影响百合根系发育,造成生长停止,会导致百合落蕾、叶片黄化和裂苞等问题,严重时导致百合推迟开花或不能开花,出现盲花、花裂现象。

3. 防御措施

(1)做好百合种植大棚保温工作,尤其是百合花芽分化和花蕾期应注意防低温,遇强冷空气时,可密闭大棚、采用2层薄膜覆盖大棚及采取电热炉加热棚内增温措施进行保温。

(2)冬季百合温室大棚温室封闭,通风不好,应适时做好通风换气,可在中午气温较高时段,打开大棚风机或适当揭膜来进行通风。

(二)高温强光

1. 危害指标

百合生长前期或在茎生根长出之前,最适宜的生长温度在12～13 ℃,温度超过15 ℃,对根系发育不利;生长中后期(从现蕾到开花)白天适宜气温在20～25 ℃,夜晚15～20 ℃,白天持续出现25 ℃以上的高温,会影响百合生长发育,气温超过28 ℃,百合则生长不良,超过

30 ℃,百合会发生消蕾现象,开花率明显降低,连续高于 33 ℃时,会导致百合茎叶枯黄死亡。百合生长最佳光照强度为 2 万～3 万 lx,超过 3 万 lx 就会造成百合植株矮化、落蕾和盲花。

2. 主要危害

百合喜凉爽湿润的气候,不耐高温。亚洲百合和东方百合生长的白天适宜温度为 20～25 ℃,麝香百合生长的白天适宜温度为 25～27 ℃。通常 30 ℃以上的气温,就会直接影响百合生长发育,白天气温过高,会降低百合植株高度,产生大量盲花,夜温过高,则百合花茎短,花苞减少,品质也会降低。夏季高温和强光照会导致百合根系生长不良,产生落蕾、盲花,花色过艳和植株矮化。

3. 防御措施

(1)选种抗热性强的百合种类和品种。

(2)东方百合生长期间采用遮蔽度 60％～70％的遮阳网,亚洲百合、麝香百合、铁炮百合采用遮蔽度 50％的遮阳网进行遮阳,防止温度过高造成百合花苞畸形,夏季遮阳还可延缓百合老叶枯死。

(3)高温时段,在百合种植地面及周围进行多次喷灌,以降低气温,太干燥的天气可向百合叶面喷水,空气相对湿度保持在 70％左右,避免茎干灼伤。

(4)长时间高温干旱,百合应适时适量灌水,保持土壤湿润,切忌大水漫灌。

（三）积水

1. 危害指标

土壤过于潮湿或积水,会影响百合鳞茎生长,甚至导致鳞茎腐烂死亡。

2. 主要危害

土壤过于潮湿,地下水位高或排水不畅引起积水,会造成百合鳞茎缺氧,影响生长,严重时造成鳞茎发生腐烂,导致死亡。

3. 防御措施

(1)注意疏通沟渠,避免田间积水,以防百合渍水烂种、烂茎。

(2)百合生长期间,应保持盆土湿润,但要避免过于潮湿,空气相对湿度控制在 80％～85％为宜,以免影响根系生长。

(3)不宜在雨天或雨后 1～2 d 采收百合,以免鳞茎发生腐烂。

（四）阴雨寡照

1. 危害指标

连阴雨带来的高湿和寡照,会造成百合植株生长不良、病害多发;日照小于 6 h,会造成百合开花推迟、开花数减少、花蕾脱落。

2. 主要危害

百合属于长日照植物,大多数百合对寡照比较敏感,光照不足造成植株生长不良并引起落叶,植株变弱,节间加长、引起百合花芽干枯并引起落芽(即盲花),叶色花色变浅、瓶插寿命减短;同时连阴雨造成土壤湿度大、田间通风透光差,会引起百合茎基腐病等病害发生蔓延。

3. 防御措施

(1)选择土层深厚疏松、排水良好的土壤栽植百合。

(2)选择种植对光照不太敏感的百合品种。

（3）采用高畦栽培，避免百合田间土壤积水。

（4）温室大棚种植的百合，可采用白炽灯补光或挂反光幕进行补光，来延长百合光照时数。

（5）百合切忌连作，不宜选用前期种植辣椒、茄子等作物的田块，前期种植以豆科、禾本科作物为好，以减轻病害发生蔓延。

（6）百合种植大棚应注意通风换气，避免棚内高温高湿，保持环境空气流通、湿度适中，发现病株时要及时拔除销毁，以防病害传染蔓延。

第三节　菊花

一、概况

菊花，别名鞠、寿客、黄花等，是菊科、菊属的多年生宿根草本植物，是中国十大名花之一，在我国已有 2500 年的栽培历史，品种资源十分丰富，是花中"四君子"（梅、兰、竹、菊）之一，也是世界"四大切花"（菊花、月季、康乃馨、唐菖蒲）之一。全世界菊花品种有 2 万～3 万种，其中我国有 3000 多种。菊花按栽培形式分为多头菊、独本菊、大立菊、悬崖菊、艺菊、案头菊等类型；按花瓣外观形态分为园抱、退抱、反抱、乱抱、露心抱、飞午抱等类型；按花期分为夏菊、秋菊、寒菊（冬菊）、四季菊；按花径大小分为大菊、中菊、小菊；按花瓣形态、花形可分平瓣类、匙瓣类、管瓣类、畸瓣类等。

夏菊又名"五九菊"，自然花期在 6—7 月（每年农历五月及九月各开花一次）；秋菊花期有早、晚之分，其中早菊为中型菊，花期在 9 月中下旬，晚菊为大型菊，花期在 10—11 月，是栽培最普遍的秋菊；寒菊又称冬菊，花期在 12 月至次年 1 月；四季菊又名长春菊，其花期较长。菊花繁殖有分根、扦插、嫁接、播种、组培等方法，定植时间根据供花上市时间安排。

菊花切花是国际市场上销售量最大的鲜切花之一，约占鲜切花总产量的 30%，其中非洲菊，又名扶郎花、太阳花、灯盏花，是温室切花生产的主要种类之一，其花朵硕大，花色艳丽，风韵秀美，装饰性强，耐长途运输，水养期长，是理想的切花花卉。福建切花菊中以秋菊品种最多，花色花型最丰富，秋菊组培苗定植期通常在 7—8 月，定植后 10～12 周可开花，正常花期集中在 10—11 月，通过延长光照来推迟开花，在用花量大的冬春季（12 月至次年 3 月）供花上市。

2018 年福建省菊花（含非洲菊）的种植面积达 3.6 万亩，产量达 4.0 万 t，主要分布在三明市、漳州市、厦门市和龙岩市，其中三明市的种植面积最大；主要采用塑料大棚栽培。

二、主要气象灾害

（一）低温

1. 危害指标

菊花根系可耐 −5～−10 ℃低温，而不被冻死，地上植株可忍耐 0 ℃的低温。气温低于 5 ℃，菊花生长缓慢；气温低于 0 ℃，菊花地上部分的叶片、花蕾、花朵易受冻害；日平均气温低于 10～12 ℃，会影响菊花花芽分化，开花往往推迟，花期最低气温低于 13～15 ℃，会影响开花。菊花旺盛生长期气温低于 15 ℃，生长显著减慢，会造成叶片黄化现象。

2. 主要危害

菊花是较耐寒的宿根花卉，性喜凉爽的气候，但低温会造成菊花生长缓慢，植株矮小，气温低于 0 ℃时,植株叶片、花蕾、花朵会受冻,呈现叶片枯黄、花瓣变褐色、花蕾未能展开、顶部花茎枯烂、花冠弯头下垂枯萎,严重时造成菊花地上部分枯死;菊花以花芽分化至开花阶段对温度要求最为严格,花芽分化期日平均气温低于 10～12 ℃,会造成菊花开花推迟,低于 8 ℃就不易开花,冬季开花时以花部最不耐寒,遇严寒易枯萎。不同种类菊花耐寒性有所不同,多头菊的耐寒性比非洲菊高,通常在-2 ℃以下开始受害。

3. 灾害个例

2021 年 1 月上旬,福建出现强寒潮天气过程,全省旬极端最低气温为-9.3～6.3 ℃,除闽东南沿海县(市)外,全省大部极端最低气温在 0 ℃以下。根据对清流县、宁化县和连城县的部分菊花种植大棚基地冻害实地调查,1 月 9 日,清流县本站最低气温达-7.5 ℃,位于清流县嵩口镇的聚宏农林科技发展有限公司,菊花基地大棚采用双层膜覆盖,但棚内极端低温仍达-3.5 ℃,导致棚内边缘地带的非洲菊部分叶片冻枯、变黄,花瓣变褐色、枯死,花冠弯头、下垂、枯死,花朵基本全部受冻死亡;而处于大棚中间地带的少部分非洲菊叶片冻枯、变黄,花瓣和花冠受冻程度较轻;菊花冻害损失率为 10%～20%。1 月 9 日,宁化县本站最低气温达-6.6 ℃,位于宁化县安乐镇谢坊村的安乐逸竹花卉专业合作社的非洲菊受冻,尤其是未盖双层薄膜的大棚菊花花瓣、花朵全部冻死,叶片严重受冻枯黄,部分植株地上部分冻死。1 月 9 日,连城县本站最低气温达-5.1 ℃,位于连城县林坊镇的菊花大棚基地种植的大雪菊、玲珑、云南红等非洲菊品种受冻,尤其是棚内边缘地带的菊花出现叶片干枯,茎烂,花瓣变褐,花朵弯头下垂、冻死。

4. 防御措施

(1)采用温室大棚栽培,确保菊花冬季不受冻害,满足花芽分化期、开花期的温度需求。

(2)冬季大棚气温低于 5 ℃,应采取密闭大棚、棚内加盖薄膜、地面覆盖防潮布或地膜、棚内烧炭加温、电热炉加温等措施,防止菊花生长缓慢或受冻害。

(3)菊花花芽分化及开花期,夜温应控制在 10 ℃以上,以保证正常花芽分化和开花。

(二)高温

1. 危害指标

30 ℃以上高温天气,会影响菊花开花,造成花期缩短;气温超过 35 ℃,菊花植株停止生长进入休眠;气温超过 40 ℃,菊花植株易灼伤。

2. 主要危害

高温会造成菊花生长缓慢,植株高度增长慢,节间长度缩短,叶片短,植株矮小,新叶不能正常展开,呈抱合状,中下位叶卷曲,甚至萎蔫;严重时会造成菊花新叶不能展开且边缘焦枯,中位叶片萎蔫下垂,下位叶枯萎;造成老叶叶色深绿,叶片出现黄斑、反卷、黄化、下垂、枯萎等现象。高温暴晒,会导致菊花花瓣灼伤、花色不够鲜艳等状况[126]。

3. 防御措施

(1)高温时段,菊花大棚采用遮阳网遮盖,开启喷雾、湿帘、通风等设施进行降温。

(2)菊花大棚白天棚内温度达 30 ℃以上时,应及时通风降温,并延长通风时间,防止菊花高温休眠。

(3)高温季节,若菊花种植土壤缺水,可在每天早晚时段各浇水 1 次,切忌在中午高温时段浇水,以免"烧伤"菊花根系。

(4)菊花浇水采用"见干见湿、浇则浇透"的原则,最好采用滴灌、喷淋方式浇水。

（三）连阴雨

1. 危害指标

持续 10 d 以上连阴雨,会影响菊花成活、正常生长和开花,易造成菊花植株徒长;若出现田间积水,容易引起菊花根部腐烂和茎叶凋萎。

2. 主要危害

露地栽培的菊花,若雨水过多,扦插定植时不易生根、存活,营养生长期植株易倒伏,花期花量减少、品质下降,开花采收期雨水偏多,易造成菊花倒伏;大棚栽培的菊花,若栽培基质过湿或积水,会导致植株徒长、茎叶凋萎,易患根腐病、茎腐病,严重时造成菊花根部腐烂,植株死亡。

3. 防御措施

(1)菊花宜选择地势相对较高、排水良好的区域种植,避免在低洼地带种植,以免遭受积水危害。

(2)采用大棚栽培菊花,避免雨淋死苗,并减轻菊花病害发生蔓延。

(3)强降水时段,应注意做好菊花田间排涝,防止积水导致烂根。

(4)切花菊对水分要求比较高,既要保持土壤湿润,又要防止土壤过湿,最好采用喷灌方式浇水。

（四）寡照

1. 危害指标

菊花是短日照花卉,大多数菊花品种只有在短日照条件下（12 h 以下）,才能进行良好花芽分化和开花,但每天光照时数少于 6～7 h,也不能开花或延迟开花。

2. 主要危害

菊花生长期光照不足,植株易徒长,开花数量少,花梗柔软下垂,切花品质下降。秋菊属典型短日照开花植物,在温度适宜条件下,当日照时间短于某一界限值时,才能开始花芽分化,并正常开花,若长时间阴雨寡照,会影响菊花营养生长,甚至造成不能开花或延迟开花。

3. 防御措施

(1)秋菊品种是典型短日照品种,每天在日照时数 12 h 以上进行营养生长,当自然日照小于 12 h 就应进行电照补光,通过人工补充光照,使光照时间延长至 12 h 以上,以延长菊花营养生长期,抑制生殖生长。

(2)菊花每天日照时数在 12 h 以下适宜花芽分化,为了阻止花芽形成,通过人工补光方式延长光照,以抑制开花,达到调节花期的目的。补光抑制花芽分化的光照强度下限为 5～10 lx,但在生产实践中,为防止电压不稳使光照强度减弱,要用 40 lx 以上的光照进行补光,在 00—03 时进行处理,在预期开花前 15～20 d 停止补光,恢复短日照条件,届时花即开放[127]。

(3)冬季如果持续 7 d 以上阴天,菊花生产光照不足,需考虑人工补光,可在棚内悬挂一层反光膜,减弱其向光生长,避免倾斜花朵出现弯头。

第四节　红掌

一、概况

红掌,又称火鹤花、花烛和安祖花等,为天南星科花烛属多年生常绿草本植物,原产于南美洲热带雨林潮湿、半阴的沟谷地带。红掌花朵独特,为佛焰苞,色泽鲜艳华丽,色彩丰富,具有不断开花习性,且花期长,在温室适宜环境条件下可周年开花,可持续采花 8～10 年,是一种极具观赏价值的草本类花卉,在全球热带花卉贸易中,红掌销量仅次于兰花,名列第 2 位。红掌于 20 世纪 70 年代末传入我国,主要有盆栽和鲜切花 2 种栽培方式,其中以盆栽类品种栽植最多[128]。

红掌品种繁多,迄今已知的红掌同属植物约有 1000 种。福建省厦门市在 20 世纪 90 年代开始从荷兰引进试种,福建栽培的红掌品种主要有红色系的阿拉巴马、特伦萨、马都拉、骄阳,杂色系的粉冠军、梦幻、香妃等;适合作为鲜切花生产的品种有索米、大哥大、维多等;适宜室内观赏的迷你型红掌品种有白冠军、粉冠军、骄阳等;适合室外摆放的红掌品种有阿拉巴马、阿瑞博、维多等[129]。

福建红掌通常在初秋或春季气候适宜条件下,切下上部植株扦插,经 2 个月后即可定植;红掌组培苗移栽季节一般在 3—6 月和 9—10 月,生长生育期一般持续 9～10 个月。

二、主要气象灾害

（一）高温

1. 危害指标

红掌适宜生长温度是白天 22～25 ℃,夜间 18～20 ℃。气温高于 32 ℃,会影响红掌根系生理活动,严重时出现红掌烧叶、花芽败育或畸变、苞片颜色淡、花朵寿命缩短等现象。

2. 主要危害

气温过高会导致红掌植株叶片灼伤,出现焦叶、花苞致畸、佛焰苞褪色等现象,影响观赏性;气温高于 35 ℃,红掌植株生长严重不良。

3. 防御措施

（1）高温强光季节,红掌种植大棚应采用遮阳网遮光,以控制温室大棚内的温度和光照强度。

（2）气温过高时,红掌种植大棚应加强通风,降低棚内温度。

（3）红掌种植棚内气温超过 30 ℃时,及时采用喷淋系统、雾化系统或向地面洒水来增加棚内空气湿度,以减轻高温对红掌的伤害程度。

（二）寒冻害

1. 危害指标

低温是限制红掌生长发育重要的非生物因子,气温低于 14 ℃,红掌生长缓慢或停止生长;气温低于 10 ℃,容易产生寒害,造成红掌生长缓慢、嫩叶卷曲、叶片坏死,产量降低;若气温低于 0 ℃,则红掌整个植株完全冻死。

2. 主要危害

气温低于 14 ℃时,红掌因吸收与代谢作用缓慢,养分吸收数量减少,影响正常生长发育,导致植株生长缓慢;气温低于 10 ℃,且持续时间长,会导致红掌叶片出现不规则失绿,出现紫斑而后变为褐斑,嫩叶片褶皱、卷曲不平整,甚至出现叶片黄化、坏死,还会使幼花芽在刚刚抽出叶柄或在叶柄中腐烂干枯,花出现棕色圆环或斑点等寒害症状;且易导致红掌根腐病发生蔓延[130]。气温低于 0 ℃,红掌植株冻死。

3. 防御措施

(1)根据各地热量资源,合理布局红掌种植区域,避免寒冻害威胁。

(2)冬季强冷空气影响时,红掌种植大棚应采取密闭大棚、棚内加热等保温措施,保持棚内温度在 14 ℃以上,以保证植株安全越冬。

(3)红掌冬季水分管理,应注意宁干勿湿,浇水应在温室气温高于 14 ℃时进行,浇水水温应保持在 15 ℃左右,以免损伤红掌根系。

(4)适当增施热性磷钾肥,当红掌栽培基质温度低于 15 ℃时,不宜施肥。

(三)阴雨寡照

1. 危害指标

红掌性喜半阴环境,但不耐阴,不同生长发育阶段对光照强度要求不同,小苗期要求 0.8 万~1.0 万 lx 光照,大苗期要求 1.2 万~2.0 万 lx 光照。低于下限光照强度,易造成红掌植株徒长、花芽消蕾等危害。

2. 主要危害

光照是影响红掌产量最重要的因素,红掌营养生长阶段对光照要求较高,阴雨寡照会影响植株光合作用,导致同化物少,易造成植株徒长,生长衰弱,叶薄而黄,同时不利红掌花芽分化,开花数减少,品质下降;红掌生殖生长阶段对光照要求较低,只要求 1.0 万~1.5 万 lx 的光照强度,光照过低会引起红掌花芽消蕾等现象;此外,红掌栽培基质过湿,易造成植株缺氧,根系呼吸受阻,严重的会造成根系腐烂。

3. 防御措施

(1)红掌营养生长期对光照要求较高,可适当增加光照,促其生长发育。

(2)阴雨寡照时适当打开红掌种植大棚遮阳网,增加光照强度。

(3)加强红掌栽培基质的水分管理,避免基质过湿引起烂根。

(四)强光

1. 危害指标

红掌喜光而不耐强光,适宜光照强度为 1.0 万~1.5 万 lx,超过 2.5 万 lx 就会造成红掌叶片变色、灼伤或焦枯。

2. 主要危害

红掌是阴生植物,光照太强,叶温就会升高,可造成红掌叶片变色、灼伤或出现焦枯现象。

3. 防御措施

(1)红掌春、夏、秋季生长阶段,应采用遮阳网遮阳,夏季遮蔽度控制在 75%~80%。

(2)红掌开花期间对光照要求低,可用遮阳网遮阳,光照强度控制在 1.0 万~1.5 万 lx,以防止花苞变色。

第五节　水仙花

一、概况

水仙花,又名凌波仙子、落神香妃、玉玲珑、金银台、姚女花、女史花、雪中花、俪兰、雅蒜、天葱、金盏银台等,是石蒜科水仙属多年生宿根草本植物。全世界约有水仙30多种,园艺上的变种有8000余种,有单瓣和重瓣2种类型。水仙一般分为中国水仙和洋水仙两类,中国水仙原产我国,属多花水仙的变种,是中国十大传统名花之一,有"凌波仙子"之称,以漳州水仙最负盛名;洋水仙原产欧洲,如喇叭水仙、红口水仙、丁香水仙等。水仙在我国栽培历史悠久,自唐迄今已有1300多年的栽培历史,主产区在福建省漳州市,是福建省花和漳州市花,栽培面积和产量占全国90%。

福建漳州水仙是中国水仙的一个栽培型,是我国传统名花之一,通常在霜降前后进行栽植,从种苗到商品球一般需要3年培养时间,才能得到开花的大鳞茎,培育优质种球是3年生商品花球高产优质的基础。不同水仙品种的物候期有所不同,通常福建水仙品种在10月下旬至11月上旬(霜降前后)定植,萌芽期在11月中旬至12月上旬,抽薹期在12月上旬至2月上旬,花期在12月至次年3月,5月底至6月上旬(小满至芒种)收获水仙花子球,种植到收获为230 d左右,6月上中旬地上部枯萎进入夏季休眠期,6月下旬至10月上旬种球在室内存放,待到霜降时重种,到第2年芒种节前后挖起,继续阴干贮藏,这样连续栽培3年,待鳞茎长至4~6 cm时,便可植于花盆中,开花观赏,是点缀元旦、春节和元宵佳节最理想的冬令时花[131-132]。

2018年福建省水仙花种植面积达6770亩,产量达5070 t,主要集中在漳州市,占全省水仙花种植面积的98.9%,其中南靖县种植面积最大,达5375亩,其次是龙海区,达1321亩;水仙栽培方式采用地栽、盆栽、水栽和沙栽均可,栽培品种主要有"金盏银台""玉玲珑",其中"金盏银台"栽培面积占总面积95%左右[133]。

二、主要气象灾害

(一)寒冻害

1. 危害指标

气温低于5 ℃,水仙花开始出现寒害,生长缓慢、长势弱;气温低于−3.5 ℃时,水仙花叶片出现冻害。

2. 主要危害

温度低,水仙花生长发育会受到抑制,会导致水仙花生长缓慢,植株低矮,影响品质,甚至冻伤水仙叶片和球茎,而不能开花。

3. 防御措施

(1)根据水仙花气候适宜性区划,合理布局种植区域。

(2)冬季水仙花采用大棚保温栽培,防止寒冻害威胁。

（二）高温

1. 危害指标

水仙花期不耐高温，花芽分化期气温高于 25 ℃，花芽分化会受到抑制，造成开花不良或萎蔫不开花。

2. 主要危害

中国水仙在高温干燥环境下易造成植株徒长，出现叶上花，造成花莛枯干，出现哑花；水仙花养殖温度不能超过 25 ℃，否则就会停止生长，进入休眠状态，造成花苞黄瘪、痿干；气温 30 ℃以上，中国水仙不能成花。

欧洲水仙（又称洋水仙）生长适宜温度为 15～18 ℃，高温不会促进开花，反而会影响花的品质，缩短花期；对于重瓣水仙，温室的温度不能超过 16 ℃。

3. 防御措施

（1）合理安排水仙定植期，避免花芽分化期气温过高。

（2）水仙棚内种植应注意通风，气温保持在 12～15 ℃，以防哑花。

（三）阴雨寡照

1. 危害指标

水仙花属短日照植物，10 h 日照即可，光照充足有利同化作用积累养分，否则叶片会长成大蒜叶。

2. 主要危害

水仙喜光，光照不足会造成水仙叶片徒长、瘦弱而黄、花梗细软、无观赏价值，或根本抽不出花萼，无光而哑蕾。

3. 防御措施

（1）春夏季雨水多，地栽水仙田间要注意排水。

（2）阴雨寡照天气下，通过辅助灯光照射等措施，增加水仙光照时间。

第六节　茉莉花

一、概况

茉莉花，别名茉莉、香魂、莫利花、没丽、末莉、木梨花等，是木樨科素馨属常绿花卉和著名的芳香植物，是花茶原料和重要的香精原料，原产于印度，现广泛分布于中国南方和世界各地，其中，中国的茉莉花栽培面积最大。

茉莉花品种较多，我国就有 60 多个品种，其中栽培的主要品种依其花形结构一般分为单瓣、双瓣和多瓣茉莉 3 种，双瓣茉莉是我国大面积栽培的主要品种。茉莉花由于其所处的环境条件与原产地有很大差异，致使雌蕊、雄蕊退化，发育不完全，难以结籽，因此，通常采用营养繁殖的方式来繁育茉莉。

福建茉莉花核心产区主要分布在福州市、宁德市和南平市，2018 年全省茉莉花种植面积为 6735 亩，其中福州市 4334 亩，占 64.3%，宁德市 2089 亩，占 31.0%，面积从大到小的县（区）依次为福安市、仓山区、永泰县、连江县、长乐区、福鼎市、政和县、晋安区、闽侯县等[134]。

福州市是我国茉莉花主栽区和主产区之一,也是我国茉莉花茶的发源地与集散地,素有"茉莉花故乡"的赞誉;茉莉花是福州市花,拥有 2000 多年的栽培历史。

茉莉再生能力强,主要采用扦插繁殖,也可在春季和秋季分株繁殖;茉莉 1 年可多次抽梢、多次孕蕾、周年开花;夏季茉莉通常从初夏即开始陆续开花,花期在 5—11 月,7—8 月为盛花期,先后可开 3 次。

二、主要气象灾害

(一)寒冻害

1. 危害指标

气温低于 15 ℃时,茉莉易落叶;气温低于 10 ℃,茉莉地下部停止生长,开始进入休眠期;气温 3 ℃时,茉莉叶片易遭受寒冻害;气温降到 0 ℃以下,轻则导致茉莉叶片和枝梢细嫩部分枯萎,重则导致枝条大部分枯萎死亡。

2. 主要危害

茉莉性喜温暖,不耐霜冻。据茉莉种植经验,2 ℃低温持续 3 d,茉莉叶片枯死,0 ℃低温持续 3 d,茉莉茎秆受冻而死;-2 ℃低温持续 3 d,茉莉根部亦被冻致死。

3. 防御措施

(1)露地栽培茉莉花,应选择在寒冻害低风险区种植,以规避寒冻害。

(2)大田种植的茉莉,入冬后应将茉莉花齐土以上的茎秆全部剪除,当气温降至 2 ℃时,蔸上盖稻草或薄膜,其上覆土,以安全保温过冬,待春季回暖时,再去土、揭膜、揭草。

(3)盆栽茉莉,冬季应移到棚内或室内,避免遭受寒冻害。

(二)高温

1. 危害指标

茉莉花芽发育的最适温度为 32~37 ℃,开花最适温度为 35~37 ℃。气温超过 37 ℃,茉莉花虽能开放,但常发生闷黄现象,香气差;气温达 38~40 ℃,会抑制茉莉生育;气温在 40 ℃以上,茉莉花瓣就失水萎凋。

2. 主要危害

茉莉原产热带、亚热带地区,性喜炎热、潮湿的气候,不耐旱。生长最适温度为 25~35 ℃,7—9 月为茉莉伏花期和秋花期,一般伏花产量占总花量的 60% 左右,秋花约占 25%,高温适于茉莉的花芽分化和花蕾生长发育,有利新叶旺展,光合净率高,是全年产花高峰期;但气温超过 37 ℃,会导致茉莉花发生闷黄现象,香气差,气温超过 40 ℃,会导致花小瓣小,开放不全,出现大量畸形花,明显影响产花量。

3. 防御措施

(1)选择水源充足、排灌便利的区域种植茉莉。

(2)高温干旱时,茉莉应及时灌溉或淋水,有条件的最好采用喷灌,保持土壤相对湿度在 60%~80%,以保证茉莉植株正常生长发育。

(3)夏季高温季节,茉莉园地应适时灌溉,浇水应在傍晚和早上进行,浇透水。

（三）阴雨寡照

1.危害指标

每天日照少于4 h,就会对茉莉植株生长发育和开花造成不利影响;若田间出现长时间积水,会造成茉莉烂根。

2.主要危害

茉莉怕积水,又是一种喜光的长日照植物。阴雨寡照会造成茉莉植株徒长,叶片淡绿变薄、枝叶瘦弱、枝条细长呈藤本状、节间较长而嫩、花蕾少、开花少、花朵小、香气淡。

3.防御措施

(1)选择光照充足、排灌良好的地带种植茉莉,避免在低洼易涝区域种植。

(2)强降水时段,茉莉花田要及时排除渍水。

(3)选择晴天采摘茉莉花,有利于茉莉香气释放,提高茉莉花品质。

第八章　水产主要气象灾害及其防御

第一节　金鱼

一、概况

中国是金鱼的故乡，素有"东方圣鱼"、中国"国鱼"之誉，金鱼作为中国传统文化遗产之一，迄今已有1700年左右养殖记载历史，世界各国的金鱼都是直接或间接由中国引进。福州市是我国"四大金鱼"产区之一，《福州府志》记载福州市金鱼养殖至今不下400年历史，2013年福州市被中国渔业协会授名"中国金鱼之都"。福州市80％金鱼出自闽侯县，面积近千亩，品种百多个，大部分金鱼养殖场分布在闽侯县的南通镇和荆溪镇，出口至日本、马来西亚、新加坡、欧美等几十个国家和地区，产值过亿元。福州金鱼以品种繁多、体形硕大、色彩鲜艳、品质优良而著称，除了狮头、珍珠、蝶尾、龙睛、水泡等金鱼传统品种外，福州还培育了福寿、红白兰寿、熊猫、皇冠珍珠鳞、知沅狮等为代表的金鱼新品种。

二、主要气象灾害

(一)高温

1. 灾害指标

金鱼幼苗期，当水温≥20 ℃，金鱼容易生病；金鱼成长期水温≥30 ℃，必须采取降温措施；当水温日变化幅度≥3 ℃时，金鱼会不适、易得病，水温日变化幅度＞8 ℃，容易导致金鱼死亡[135]。夏季气温高、日照强度大，且持续时间长，经常出现高温闷热天气，通常水温≥39 ℃时，金鱼易发生中暑死亡。

2. 主要危害

水温急剧升降会使金鱼易得折叠鱼鳔病，此病会导致金鱼无法维持躯体平衡，最终沉在水底或浮在水面，短身腹部肥大的金鱼常患此病，病鱼虽可正常进食，但失去观赏价值。当金鱼处于不适宜水温时，金鱼将出现萎靡不振、无食欲等症状，或导致死亡。

3. 防御措施

(1)高温时节要注意金鱼池用遮阳网等加以遮盖，减少强日照；同时适当提高鱼塘水位至80～100 cm，防止水温过高导致金鱼尾部发生溃烂，出现"烫尾"现象。

(2)夏季水温偏高，要加大鱼塘换水量和次数，隔5～7 d换次水，换去原池1/3～1/2的水，以免高温造成鱼塘水质败坏，导致金鱼生病，甚至出现死亡。

(3)对于水温急剧变化导致的鱼病，可以采取人工干预，减缓水温剧烈升降，并配合药物治疗,及时救治。

(4)合理安排金鱼放养密度,保持养殖水体环境洁净。

(5)鱼塘采用空气泵充气,驱除水体中的二氧化碳,补充氧气,防止金鱼窒息。

(二)低温

1. 灾害指标

水温低于 10 ℃,金鱼活动量、吃饵量、消化酶的活动等逐渐下降;水温降至 0～4 ℃,金鱼处于休眠状态,代谢相当低,仅消耗少部分体内贮存营养来维持生命;水温长期低于 −4 ℃,可造成金鱼死亡。

2. 主要危害

金鱼是变温动物,体温随着水温而改变。冬季水温降低,鱼体抵抗力减弱,金鱼受微菌感染的情形比较普遍,患折叠微菌性疾病的金鱼身体会长出白色棉花状物体,尤其是头上的肉瘤最易受感染。当金鱼处于不适水温时,将出现萎靡不振、无食欲等症状,严重时导致死亡。

3. 防御措施

(1)通过大棚薄膜覆盖鱼塘、提高越冬鱼池水位等措施进行保温工作。

(2)入冬后将鱼缸移入室内保温,以利于鱼体活动、摄食和潜游。

(3)保持金鱼养殖池深水位(水位控制在 40～45 cm),多用绿水或深绿水饲养。

(4)保持鱼缸水体清洁,若金鱼感染微菌性疾病,可用甲烯蓝染液涂抹患处,或施孔雀绿溶液、治微菌剂等进行治疗。

(三)连阴雨

1. 灾害指标

日平均气温≤10 ℃且连阴雨 3 d 以上时,金鱼幼苗易出现死亡。

2. 主要危害

连阴雨容易导致鱼塘藻类下沉死亡,造成鱼塘缺氧,溶解氧减少将引起金鱼"浮头"现象,体内产生应激反应,对金鱼生长不利;同时,连阴雨天气容易引发金鱼病害发生。

3. 防御措施

(1)适时清理维护金鱼养殖鱼塘环境,及时清除死亡藻类。

(2)增加金鱼养殖鱼塘增氧机开启频次、延长开启时间等。

(3)发现金鱼轻度"浮头",应立即进行鱼塘换水或增氧,发现重度"浮头",应迅速抢救,将金鱼移入预先准备好的新水池中并进行增氧。

(四)暴雨洪涝

1. 危害指标

当出现暴雨天气过程,尤其是大暴雨以上量级的降水过程,就会影响金鱼养殖鱼塘的水质变化,严重时导致金鱼"浮头"或死亡,鱼塘被冲毁。

2. 主要危害

暴雨洪涝往往给金鱼养殖池塘带来巨大破坏,不但引起鱼塘水体环境恶劣,导致金鱼生病或死亡,更会冲垮鱼塘,造成金鱼大量逃逸和死亡,引起毁灭性损失。

3. 灾害个例

2016 年 9 月 15 日,受"莫兰蒂"台风影响,闽侯县出现暴雨洪涝,造成闽侯县荆溪镇关中村的潘氏金鱼基地鱼池被冲毁,损失惨重。

4. 防御措施

(1)做好防暴雨工作,提前采取金鱼养殖鱼池和大棚的防涝、加固等措施,避免造成不必要的损失,暴雨天气来临之前金鱼最好停食。

(2)暴雨过后,及时把金鱼养殖池内的水陆续换掉,减少酸性和污染物质对养殖池内水环境的破坏。

(3)暴雨天气过程,鱼塘水质恶化,金鱼严重"浮头"时可不投喂。

(4)合理调配金鱼放养密度,严格控制投饵量,减轻暴雨对水体溶氧、金鱼摄食的影响。

第二节　鳗鱼

一、概况

鳗鱼,又称鳗鲡,属鳗鲡目、鳗鲡科,为暖水性名贵食用鱼类,有"水中人参"的美称,外观酷似长蛇的鱼类,一般产于咸淡水交界区域,有洄游特征。福建是世界鳗鲡重要养殖基地,也是我国规模最大的工厂化鳗鲡养殖集中区,2018 年福建省淡水鳗鲡产量达 9.6 万 t,产量从高到低的排序是:福州市＞三明市＞南平市＞漳州市＞宁德市＞莆田市＞龙岩市＞厦门市＞泉州市,产量最高的是福州市,占全省淡水鳗总产量的 63.8％;产量最高的县(区)为福清市,其次为长乐区、罗源县、连江县、清流县等;海鳗产量为 6.3 万 t,产量从高到低的地市排序是:福州市＞泉州市＞宁德市＞平潭综合实验区＞漳州市＞莆田市＞厦门市,产量最高的是福州市,占全省海鳗总产量的 34.2％;产量最高的县(区)为连江县,其次为惠安县、霞浦县、石狮市、福鼎市等[1]。养殖的主要品种有美洲鳗鲡、欧洲鳗鲡和日本鳗鲡。

二、主要气象灾害

(一)低气压

1. 灾害指标

低气压天气会明显减少鳗鱼池的溶氧量,气压低于 1000 hPa,鳗鱼有致死的危险,随着气压降低,致死率会不断增加。

2. 主要危害

低气压会造成鳗鱼池水中溶氧量明显减少,导致鳗鱼浮头或死亡。

3. 防御措施

(1)开启鳗鱼池增氧设备,增加水中溶氧量,保证养殖水池溶氧充足。

(2)台风过程气压低,鳗鱼池内溶氧低,除做好鳗鱼池防台风外,还应注意做好水质调节,适当调整投饵,鳗鱼应尽量少食或停食。

(二)高温高湿

1. 灾害指标

水温高于 30 ℃,空气相对湿度大于 80％,均会对鳗鱼产生不良影响。

2. 主要危害

高温高湿会造成鳗鱼活动迟缓,进食不活跃,浮头等;还会使鳗鱼池内浮游植物光合作用减弱,供氧不足,加上高温使鳗鱼耗氧量增加,常导致鳗鱼缺氧浮头。夏季鳗鱼养殖池塘水温高,藻类、细菌等生物繁殖旺盛,易使养殖池塘水体出现低透明度、高 pH、缺氧以及水质恶化等问题。

3. 防御措施

(1)高温高湿天气,应及时开启鳗鱼池增氧机,保证水池溶氧充足;晴天中午应多开增氧机,促使水体上下对流,避免底部区域鳗鱼缺氧。

(2)高温季节,提高鳗鱼池养殖水位,加深池水,把水位提高到最高水位,利用水体空间大、温度上升慢的特点,减小鱼池升温幅度。

(3)做好鳗鱼池水质调节,经常更换池水,加大换水量,当中午气温最高的时候,利用机井或深水井,向池中补充一些凉水,每次换水量为全池的 $10\%\sim20\%$,以保持池水清洁,增加水体透明度。

(4)高温季节,鳗鱼池采用黑色遮阳网进行遮光,既可以通风透气,又可以避免阳光直射和强光刺激,提高水面清凉度,降低水温。

(5)高温期鳗鱼要科学投饵,适当控制投喂量,避免暴食引起鳗鱼消化吸收不良和肠道性疾病发生;水温在 38 ℃以上,不应投喂。

(三)暴雨

1. 灾害指标

日降水量 100 mm 以上,出现大暴雨和特大暴雨,会导致洪涝灾害,致使鳗鱼池受灾或养殖水体环境变劣。

2. 主要危害

暴雨过程常造成鳗鱼池水位上涨,冲毁围挡或堤坝,导致鳗鱼出逃或鱼池被淹;暴雨还会导致水源及养殖池水理化指标突变,造成水质变浑浊、pH 变化大,鳗鱼产生应激反应,导致烂鳃等病害、虫害的发生。

3. 防御措施

(1)注意鳗鱼池选址,避免在易受暴雨影响的低洼易涝区建池。

(2)养殖鱼塘增加防洪排涝设施,尽量避免洪水进池,减轻暴雨影响风险。

(3)暴雨前后,及时检查鳗鱼池排水口等,防止逃鱼。

(4)暴雨期间,可提前或推迟进行鳗鱼塘排污换水,尽量避免浑浊水进池,下大暴雨时,应停止池塘加入浑浊水,待水源较清时再加,以净化水质。

(5)暴雨期间,鳗鱼采取不喂料、不排污、不换水的管理方法,避免鳗鱼池出现浑浊水。

(6)鳗鱼池中进了少量浑浊水,可用高锰酸钾 1.5 ppm[①] 调节水质,或用生石灰 15～20 ppm 改善水质,也可以用净水宝 3 ppm 净化水质,以沉淀悬浮物、澄清池水、杀死病菌,改善养殖水环境。

(7)鳗鱼池中进了大量浑浊水,要停止喂料,再利用水质改良剂进行净化处理,并用高锰酸

---

① 1 ppm$=1\times10^{-6}$,下同。

钾等进行除虫、杀菌和消毒处理。

（四）低温

1. 灾害指标

水温低于 20 ℃,影响鳗鱼进食和生长,冬季应保持鳗鱼池水温在 1 ℃以上[136]。

2. 主要危害

水温过低,影响鳗鱼摄食量,会导致鳗鱼生长缓慢,甚至造成鳗鱼停止生长或死亡。

3. 防御措施

(1)水温较低时,鳗鱼大棚应盖好保温薄膜,密闭门窗,保持棚内温度。

(2)冬季水温较低,可采用增温设备给鳗鱼池加温,最好水温增温至 20 ℃以上,最低不低于 15 ℃。

(3)冷空气影响期间,鳗鱼池加深池水,减缓池水降温幅度。

(4)采用隔冬放养或温池养殖鳗鱼,规避或减轻冬季寒冷天气影响。

(5)低水温期间,切忌分塘放养鳗鱼。

(6)水温 12 ℃以下,鳗鱼不投喂;水温在 10～15 ℃来回变化时不投饵,以免冻伤和损害鳗鱼。

第三节　大黄鱼

一、概况

大黄鱼,又名黄瓜鱼、黄鱼、大王鱼、大鲜、大黄花鱼、红瓜、金龙、黄金龙、桂花黄鱼、大仲、红口、石首鱼、石头鱼,属硬骨鱼纲、鲈形目、石首鱼科、黄鱼属,是我国近海主要经济鱼类之一。福建省大黄鱼主要分布在宁德市官井洋至闽江口海域,其中宁德市大黄鱼养殖量占全国 70%,主要分布在蕉城区、霞浦县和福鼎市,其中蕉城区 2008 年被评为"中国大黄鱼之乡",2018 年获"中国特色农产品(大黄鱼)优势区"称号,已成为全国最大规模的大黄鱼人工育苗、养殖、加工、销售和出口基地。

2018 年福建大黄鱼养殖产量 16.9 万 t,产量从高到低的地市排序是:宁德＞福州＞平潭综合实验区＞漳州＞泉州＞莆田＞厦门,产量最高的是宁德市,达 14.6 万 t,占全省大黄鱼总产量的 86.7%,产量最高的县(区)为蕉城区,达 5.9 万 t,占全省大黄鱼总产量的 34.8%,其次为霞浦县、福鼎市、福安市、连江县、罗源县等[1]。养殖方式主要采用海水网箱养殖(筏式网箱养殖、深水大网箱养殖、围栏养殖)、池塘养殖和工厂化养殖。福建大黄鱼产卵期主要在春季,南部沿海区域在 3 月至 4 月上旬,北部沿海区域在 5 月至 6 月中旬。

二、主要气象灾害

(一)低温

1. 灾害指标

水温影响大黄鱼进食和生长发育,水温低于 14 ℃,大黄鱼摄食明显减少,水温低于 11 ℃,大黄鱼停止摄食,水温 7 ℃以下,会导致大黄鱼死亡。

2. 主要危害

温度骤降超出大黄鱼最适温度范围后,冷冲击会导致鱼卵和仔鱼大量死亡;当水温达到大黄鱼停食温度后,大黄鱼将停止进食,沉于水底不动,直到温度上升到停食温度以上,再开始进食,但大黄鱼可能已造成损伤;达到大黄鱼致死温度后,大黄鱼的生理机能将逐渐消失,直至死亡。

3. 防御措施

(1)强冷空气影响时,室外围塘养殖的大黄鱼,提前引入新鲜海水,提高塘内水位,使塘内水温不至于下降过多,减轻低温对大黄鱼的影响。

(2)低温时段,将养殖的大黄鱼移到大棚养殖池内保温防冻。

(3)水温低于 14 ℃时,减少大黄鱼投喂次数。

(4)寒潮来临前或降温达到影响灾害指标前,及时收捕成熟的大黄鱼,减少损失。

(二)台风

1. 灾害指标

台风对大黄鱼造成的灾害主要是大风引起的大浪和强降雨,风力 6 级以上引起的大浪(浪高 2.5~4 m),会造成大黄鱼内部生理结构损伤,而暴雨以上的强降雨,会引起大黄鱼生存水体环境变差。

2. 主要危害

台风会直接打翻养殖网箱,造成养殖大黄鱼逃逸,并会引起养殖网箱内水体条件发生剧烈变化,造成温度突降、盐度突变以及水体强烈动荡,导致网箱养殖大黄鱼发生应激反应,严重时造成死亡;台风引起的大浪会不断撞击网箱,造成大黄鱼肾脏功能弱化,并损伤肝脏,台风暴雨还会造成大黄鱼浮头或进食紊乱等。

3. 灾害个例

2004 年 8 月 27 日,受 18 号台风"艾利"影响,福建沿海地区出现大范围强降水天气,台风暴雨造成宁德市沿海海水盐度降低,并适逢小潮水,海水流动量不大,海淡水居多,导致宁德市蕉城区三都镇海域养殖的大黄鱼缺氧窒息,1 万多框大黄鱼受损,死鱼超过 1000 t。

2018 年 7 月 11 日,第 8 号台风"玛莉亚"在连江县沿海登陆,登陆时中心附近最大风力 14 级,中北部沿海出现 11~13 级大风,阵风 14~17 级,导致宁德市蕉城区三都镇海上五百多口网箱被台风严重侵袭,养殖网箱受灾约 3.5 万框,其中大黄鱼死的死,逃的逃,损失严重。

4. 防御措施

(1)台风来临前,加固大黄鱼养殖鱼排。

(2)采用深水网箱养殖大黄鱼,或在台风来临前对网箱进行沉箱或转移。

(3)台风来临前,未成熟的大黄鱼转移至安全鱼池。

(4)围塘养殖的大黄鱼,遇台风影响,可提前捕捞可上市的大黄鱼。

(5)台风过后,鱼塘使用抽水机抽水,加强鱼塘水体换水,给大黄鱼输氧。

(三)暴雨

1. 灾害指标

暴雨,尤其是短时强降雨,会瞬时改变水中盐度,影响大黄鱼生存环境。大黄鱼适宜盐度范围在 16~35‰,盐度低于 16‰,就会影响大黄鱼生长发育,也会影响大黄鱼鱼群移动进场。

2. 主要危害

降水多寡与强度直接影响海水盐度的高低。汛前降水过大,会导致海水盐度偏低,影响鱼群进场;暴雨将以较快的速度稀释水体,降低盐度,如同时遭受低气压系统影响,水中溶解氧减少,将增加大黄鱼病害发生概率。

3. 防御措施

(1)强降雨来临前,做好大黄鱼养殖围栏和网箱加固,注意暴雨过程的巡视,防止强降水冲毁养殖设施,避免大黄鱼被冲走。

(2)暴雨过后,养殖鱼塘使用抽水机抽水,加速水流交换,以增加大黄鱼养殖水体的溶解氧。

(四)高温

1. 灾害指标

水温 20 ℃以上,不利大黄鱼鱼群集结;水温达 25～30 ℃,大黄鱼发病率增加,水温高于30 ℃,大黄鱼摄食明显减少。

2. 主要危害

高温会导致大黄鱼养殖围塘或网箱养殖区蒸发量增加,引起水位下降和盐度上升等状况,对大黄鱼生长不利;同时水温较高易导致大黄鱼病源菌繁殖速度加快,数量增多,寄生虫大量繁殖,大黄鱼被感染的概率增多。

3. 灾害个例

2019 年 7 月中旬至 8 月,福建持续高温少雨,8 月 8—15 日和 8 月 26—29 日出现两次高温过程,导致宁德市沿海海域养殖的大黄鱼白点病大暴发,养殖户损失 1000 多万元。

4. 防御措施

(1)池塘养殖大黄鱼,当水温高于 28 ℃时,应每天换水,换水量 1/3 左右,下午排水,晚上注入新鲜海水。

(2)海水网箱养殖大黄鱼,可进行沉箱处置,避免或减轻高温影响。

(3)水温过高,池塘水质差,大黄鱼摄食活动弱,则不投饵或适当少投饵。

(4)晴热天气,注意凌晨的鱼塘巡视工作,防止缺氧死鱼。

第四节　石斑鱼

一、概况

石斑鱼,又称石斑、鲙鱼、过鱼,属鲈形目、鲈亚目、石斑鱼科,全球有记录的石斑鱼种类有 16 属 160 余种,其中石斑鱼属是石斑鱼科中种类最多的属,是世界名贵海产经济鱼类,素有"海鸡肉"之称。2013 年福建省漳州市被中国渔业协会冠名为"中国石斑鱼之都",漳州市石斑鱼荣获福建省"十大渔业品牌"之称号。福建省沿海一带均有石斑鱼养殖,2018 年福建石斑鱼海水养殖产量 4.9 万 t,产量从高到低的排序是:福州市＞漳州市＞宁德市＞泉州市＞平潭综合实验区＞莆田市＞厦门市,产量最高的是福州市,达 1.9 万 t,占全省石斑鱼总产量的35.6%,产量最高的县(区)为连江县,达 1.35 万 t,占全省石斑鱼总产量的 27.8%,其余依次为漳浦县、东山县、龙海区、福鼎市、罗源县等[1]。

福建沿海养殖的石斑鱼种类有非杂交斑与杂交斑,其中非杂交斑品种有斜带石斑鱼(俗称老虎斑)、青石斑鱼(俗称土斑、泥斑)、赤点石斑鱼(俗称红斑、红鲑)、鞍带石斑鱼(俗称龙胆石斑、紫石斑)、云纹石斑鱼(俗称鲈麻)、东星斑、点带石斑鱼(俗称青斑)等,杂交品种有珍珠龙胆、云龙石斑鱼、杉虎斑等。石斑鱼养殖模式主要有海上网箱养殖、池塘养殖和工厂化养殖等,近年来,平潭综合实验区开始实践海水沉箱养鱼法,其最大优点是沉箱防台风性能好,沉箱能防逃、防敌害,投养安全,并能够有效保护海洋生态环境。

二、主要气象灾害

(一)低温

1. 灾害指标

较小的石斑鱼轻度寒害指标为水温 11 ℃持续 1 d,中度寒害指标为水温 10 ℃持续 1~2 d,重度寒害指标为水温 10 ℃持续 3 d;中等石斑鱼,轻度寒害指标为水温 14 ℃持续 1 d,中度寒害指标为水温 12 ℃持续 1 d,重度寒害指标为水温 11 ℃持续 1 d;对于较大的石斑鱼来说,水温 15 ℃持续 1~2 d 达到轻度寒害,水温 15 ℃持续 3 d 达到中度寒害,水温 14 ℃只要持续 1 d,即达到重度寒害[137-138]。

不同种类石斑鱼的耐低温能力有所不同,斜带石斑鱼在水温 13 ℃时基本不摄食,水温 12 ℃时几乎潜伏不动;水温 11 ℃维持 3 d 以上,体重小的出现死亡。点带石斑鱼在水温 18 ℃以下食欲减退,15 ℃以下鱼体失去平衡。青石斑鱼在水温下降到 19 ℃以下时,摄食量明显减少,生长速度减慢,活动情况随着水温下降而减弱,水温降到 10 ℃以下,不再捕食食饵,但对活的甲壳类仍能选食,水温下降到 7.5 ℃以下时,停止摄食,鱼处于静止不动状态,水温低于 5.5 ℃时,青石斑鱼出现死亡[139]。赤点石斑鱼在水温低于 18 ℃时食欲降低,低于 13 ℃食欲很低,低于 9 ℃基本不摄食。淡水石斑鱼在水温下降至 20 ℃时,摄食量明显减少,水温下降至 15 ℃时身体失去平衡,冬季池水会降至 15 ℃以下的地区,不适合养殖淡水石斑鱼。

2. 主要危害

低温会影响石斑鱼进食率,造成石斑鱼不活跃,肝损伤等,严重者造成石斑鱼受伤或死亡。不同种类石斑鱼对低温的忍耐力有所差异,一般情况下,石斑鱼在水温降至 18 ℃时就明显影响摄食,生长速度减缓,15 ℃时身体失去平衡,12 ℃时潜伏不动,10 ℃以下开始死亡。

3. 灾害个例

2015 年 1 月 1 日,东山县石斑鱼自然越冬养殖池水温降至 15 ℃,点带石斑鱼开始出现停食,1—2 月,自然越冬养殖池水温在 11~15 ℃,点带石斑鱼处于越冬停食、停止生长状态;其中 2 月 6—11 日,受持续较强冷空气影响,自然越冬池水温低于 11 ℃,点带石斑鱼出现受伤或死亡现象[140]。

4. 防御措施

(1)水温下降到 15 ℃之前,石斑鱼养殖池要做好保温措施,可用薄膜覆盖温棚等措施进行保温增温,确保石斑鱼安全越冬。

(2)遇强冷空气,石斑鱼养殖池采取提高养殖水位,减少交换水,降低水透明度等措施,减缓水温下降。

(3)露天石斑鱼越冬池可采取建挡风墙等措施,以减轻低温对石斑鱼影响。

(4)水温低于 13 ℃时,石斑鱼应少投喂或不投喂,越冬季节不投喂。

（二）高温

1. 危害指标

通常当水温高于 35 ℃时,石斑鱼就无法忍受。斜带石斑鱼在水温高于 32.5 ℃,食欲减退;青石斑鱼在水温高于 35 ℃时,出现死亡;褐点石斑鱼在水温高于 38 ℃时,出现死亡。

2. 主要危害

高温会导致石斑鱼缺氧,是造成石斑鱼养殖期间大量窒息死亡的主要原因。

3. 防御措施

(1)气温高于 32 ℃的盛夏季节,石斑鱼养殖池可采取提高水位、多交换水、增大水的透明度等措施,以减缓水温的升高。

(2)高温季节,石斑鱼养殖池每隔 2～4 d 大换水 1 次,换水量占池塘总水量的40%～50%。

(3)高温季节,尽量控制石斑鱼投喂量,每日投 1～2 次,注意不要让石斑鱼摄食过饱,避免鱼饱食而造成死亡。

(4)高温季节,应适当延长养殖池增氧机开机时间,防止石斑鱼缺氧浮头。

(5)池塘养殖石斑鱼,采用加盖 60% 遮光率的遮阳网,避免直射光照,降低池塘水温。

(6)适当降低石斑鱼养殖密度。

(7)出现石斑鱼死亡的,应及时打捞,避免因鱼体腐烂而污染养殖水体,导致病害蔓延。

（三）台风

1. 危害指标

通常 8 级以上的台风大风,就会对石斑鱼海水养殖网箱产生破坏,尤其是 12 级以上的大风,会造成养殖网箱被严重损毁;同时台风暴雨致使养殖海域盐度低于 20 时,会影响石斑鱼生长发育。

2. 主要危害

台风大风会造成海水养殖网箱被损或被摧毁,导致石斑鱼逃逸或死亡;台风暴雨会带来大量淡水流入鱼池,致使养殖水体盐度降低,影响石斑鱼正常生长发育。

3. 灾害个例

2013 年 9 月 22 日,第 19 号台风"天兔"(超强台风级)在广东汕尾沿海登陆,受其影响,福建沿海最大风速达 8～11 级,导致石狮市多家养殖户鱼塘上的渔网被台风刮得四分五裂,养殖的石斑鱼被风浪刮走,损失率超过 90%。

4. 防御措施

(1)网箱养殖石斑鱼,养殖海区尽量选择避风条件好、风浪不大的海域。

(2)采用深水沉箱养殖石斑鱼,提高网箱抗台风风浪能力,提升养殖水质,减少石斑鱼病害发生率。

(3)台风来临前,检查石斑鱼养殖网箱框架是否牢固,加固铁锚和缆绳。

(4)网箱养殖石斑鱼,在台风来临前和台风过后,应及时进行安全检查和增加投喂,以避免或减少石斑鱼饥饿和逃鱼等情况发生。

第五节　鲍鱼

一、概况

鲍鱼,属软体动物门、腹足纲、原始腹足目,鲍科的单壳海生贝类。全世界鲍鱼品种有近百种,其中作为经济养殖的种类有 10 多种,我国规模养殖的鲍鱼主要是皱纹盘鲍和杂色鲍。鲍鱼是昼伏夜出的动物,在夜间进行活动和摄食,且是严苛的"素食主义者",在养成阶段以海带、龙须菜等大型藻类为食,加之海区吊养的养殖模式以及鲍鱼养殖对清洁水质的高要求,保障了养殖鲍鱼健康、绿色、优质的高品质特性,在食品安全和绿色发展方面具有天然优势。

2018 年福建鲍鱼养殖产量 13.6 万 t,产量从高到低的排序是:福州市＞宁德市＞平潭综合实验区＞莆田市＞漳州市＞泉州市,产量最高的是福州市,达 6.6 万 t,占全省鲍鱼总产量的 48.3%,产量最高的为连江县,达 4.6 万 t,占全省鲍鱼总产量的 34.0%,其次为罗源县、秀屿区、蕉城区、漳浦县、霞浦县、东山县等[1]。

福建鲍鱼产量占全国鲍鱼总产量的 80% 以上,漳州市是我国最重要的鲍苗种生产基地,占全国鲍苗产量的 7 成,福州市和厦门市是全国两大活鲍批发集散地,莆田市、福州市、漳州市等地的鲍加工企业年出口产值都超 30 亿元。从养殖种类看,皱纹盘鲍是养殖主导品种,自 20 世纪 90 年代末开始,皱纹盘鲍及其杂交种引入福建海域养殖,养殖面积和产量呈现爆发式增长。

鲍鱼养殖方式主要有海底养殖、筏式养殖、池塘养殖、工厂化养殖、坑道养殖(工厂化养殖的一种)。福建鲍鱼养殖的主要模式是浅海养殖、离岸设施养殖,为避免台风等自然灾害,阶段性采用陆基工厂化养殖方式。

二、主要气象灾害

(一)低温

1. 灾害指标

鲍鱼若采用鱼池养殖方式,在鲍鱼采苗、孵化及养成阶段,当水温≤10 ℃,鲍鱼将停止进食,当水温≤7 ℃,鲍鱼将会出现死亡。鲍鱼成体的水温下限是 5 ℃,当水温持续 5 d 维持在 0.5 ℃,会引起幼鲍死亡。

不同种类鲍鱼耐低温能力不同。皱纹盘鲍是北方冷水性种类,不同阶段的皱纹盘鲍对水温变化的适应能力也不同,成鲍期水温低于 0 ℃,鲍鱼出现死亡;1 龄鲍当水温降至 4 ℃时,摄食量剧减,生长停滞,低于 4 ℃则出现死亡。杂色鲍是暖水性种类,当水温低于 18 ℃时摄食减少。

2. 主要危害

低水温会导致鲍鱼摄食量减少,停止进食或致鲍鱼死亡。水温低于 20 ℃,容易导致鲍出现低温暴发性流行病,不同龄的鲍均可受感染。

3. 灾害个例

1999 年 2 月,东山县 90% 的养鲍场发生鲍低温暴发性流行病,导致许多养鲍场关门停产,大量养鲍池闲置[141]。

4. 防御措施

(1)鲍鱼养殖海区要选择在风浪较小,水流通畅,冬季最低水温不低于 0 ℃的海区。

(2)离岸设施养殖鲍鱼,在强冷空气影响时,可采取密闭养殖大棚、加盖棚膜、棚内加热等保暖增温措施,确保鲍鱼安全越冬。

(二)高温

1. 灾害指标

鲍鱼成体的水温上限是 26 ℃,如果采用鲍鱼池养殖方式,当水温≥26 ℃,鲍鱼将会因水温过高而死亡。

皱纹盘鲍是北方冷水性种类,怕高温,通常水温超过 28 ℃生长不正常,超过 30 ℃会导致死亡。成鲍期水温高于 26 ℃,皱纹盘鲍出现死亡;1 龄鲍当水温升至 26 ℃摄食量剧减,生长停滞[141]。杂色鲍是暖水性种类,当水温高于 28 ℃时,摄食和活动减少。

2. 主要危害

水温过高会导致鲍鱼停止进食或致鲍鱼死亡。持续高温会导致鲍鱼脓疱病、破腹病、水肿病等发病更加频繁,水温越高,持续时间越长,鲍鱼死亡率也越高[141]。

3. 灾害个例

2001 年 8—10 月,莆田市定海和忠门等地的陆上养鲍场和海上吊养鲍,由于细菌和高水温共同影响,相继发生严重的鲍鱼水肿病,病程较长,死亡严重[141]。

2013 年 8 月上旬,莆田市出现持续高温天气,导致沿海部分鲍鱼出现死亡,非正常死亡率升高。

4. 防御措施

(1)夏季南鲍北移养殖,避开夏季高温和台风影响,使鲍鱼安全度夏。

(2)高温时段,采用下沉养殖网箱的方法,减轻高温对鲍鱼影响。

(3)高温时段减少鲍鱼饵料投放。

(4)降低养殖网箱内鲍鱼养殖密度,增加水体交换,改善水质。

(5)高温期及时清除网笼的污损生物,对已经死亡的鲍鱼,应集中进行无害化处理,避免病害感染蔓延。

(三)台风暴雨

1. 灾害指标

8 级以上台风带来的大风大浪就会影响渔排鲍鱼养殖,12 级以上大风就会将养殖渔排打散打烂,造成鲍鱼逃逸或死亡。

2. 主要危害

台风天气,出现大风大浪,容易将养殖渔排打散打烂,海浪将鲍鱼卷走;同时造成水温急剧下降,光照减弱,引起水中微生物死亡,使鲍鱼产生应激反应,生长缓慢或影响质量。

3. 灾害个例

2010 年 10 月 23 日,超强台风"鲇鱼"在漳浦县六鳌镇沿海再次登陆,登陆时为台风强度,近中心附近最大风力 13 级。受其影响,台风把漳浦县古雷镇鲍鱼养殖渔排吹散,渔排上的浮筒和渔排构件散落在沙滩上,汕尾村 2 万排渔排有接近一半被台风全部摧毁,海水中养殖的鲍鱼全部逃失,余下接近成熟期的鲍鱼全部死亡。

2015 年 8 月 8 日,13 号台风"苏迪罗"在莆田市登陆,海浪高超过 20 m,造成莆田市秀屿区南日岛镇的鲍鱼养殖业损失惨重,海上养殖场的大量渔排被摧毁,部分防护堤被风浪冲垮;陆上的鲍鱼养殖场也未能幸免,不少养殖场顶棚被掀翻,脚手架断裂,输氧管道被砸断,导致鲍鱼及鲍鱼苗大量因缺氧而死亡,损失严重。

4. 防御措施

(1)台风来临前,加固鲍鱼养殖渔排。

(2)台风来临前,及时转移鲍鱼养殖网箱至安全避风海域。

(3)在陆上建设工厂化鲍鱼养殖场。

(4)台风来临前,提前捕捞可上市鲍鱼,减少损失。

(5)开展鲍鱼养殖保险。

第六节 对虾

一、概况

对虾,属于节肢动物门、软甲纲、十足目、对虾科、对虾属。我国养殖的对虾主要有中国对虾(又称明虾、东方对虾)、斑节对虾(俗称草虾、鬼虾、角虾、虎虾、黑虾)、长毛对虾(俗称明虾、红夏)、日本对虾(又称九节虾、斑节虾、花虾、蓝尾虾、沙虾)、南美白对虾(又称白对虾、白虾)等。福建省对虾养殖始于 20 世纪 70 年代末,21 世纪后逐渐以养殖南美白对虾为主,养殖方式有海水养殖和淡水养殖;除南美白对虾外,海水养殖的对虾品种还有中国对虾、斑节对虾和日本对虾。

南美白对虾,学名凡纳对虾,俗称白肢虾,原产于南美洲太平洋沿岸,外形酷似中国对虾,是广温、广盐性热带虾类,具有生长快,抗病力强,产量高的优良特点。南美白对虾自然状态生活在咸水中,通过淡化后,可在淡水池塘中养殖。

2018 年福建对虾养殖产量 15.1 万 t,产量从高到低的排序是:福州市＞漳州市＞宁德市＞泉州市＞莆田市＞平潭综合实验区＞厦门市,产量最高的是福州市,达 7.1 万 t,占全省对虾总产量的 47.1%,产量最高的县(区)为长乐区,达 2.9 万 t,占全省对虾总产量的 19.3%,其余依次为福清市、漳浦县、罗源县、龙海区、连江县、霞浦县、惠安县、秀屿区等[1]。

福建对虾养殖集中在沿海地区,主要分布在福州市、漳州市、宁德市,主要养殖模式包括室内水泥池养殖模式、地膜高位池养殖模式、土池养殖模式。福建气候环境复杂,特别是春、夏季,暴雨、台风频发,而福建对虾养殖主要以集约化、高密度养殖为主,容易受到气候变化的影响,导致对虾出现应激反应而死亡。

二、主要气象灾害

(一)暴雨

1. 危害指标

日降水量≥50 mm 时,暴雨就会影响虾池水质,易造成对虾产生应激反应,导致病害发生;暴雨强度越强,危害越大,严重时造成虾池冲毁。

2. 主要危害

暴雨强度大,常造成洪涝灾害,导致淡水养殖场和海水养殖场的塘水漫顶跑虾、塘池漏水或决堤;暴雨对海水养殖的危害尤其明显,常引起山洪冲入内湾养殖区,浑浊的泥水造成对虾呼吸困难,养虾场地雨水进入,使海水表层盐度下降,造成虾苗幼体发育畸形,甚至死亡;暴雨还会导致虾池的水温、盐度、水质、浮游生物等养殖水环境急剧变化,极易造成对虾病害暴发;暴雨后若无增氧机增氧、搅动,雨水在表层,出现虾池溶解氧分层,上下水层溶解氧无法交换,会造成底层氧气不足,产生虾浮头现象,严重时底层缺氧,引起对虾死亡;此外,暴雨过程会造成池塘某些浮游动物暴发性繁殖,大量摄食池中的浮游植物,从而使池中浮游植物迅速减少,使水色变浅,透明度加大,或使养殖水体变浑浊,导致水质恶化,从而引起虾病;暴雨过后,会使养殖池塘水体的氨氮浓度明显增高,导致对虾易感染病害。

3. 灾害个例

2012 年 8 月 2 日,第 9 号强台风"苏拉"在台湾花莲秀林乡登陆,登陆时中心附近最大风力 14 级,8 月 3 日再次在福鼎市秦屿镇登陆,登陆时中心附近最大风力 10 级,全省普降大雨至大暴雨,局部特大暴雨。受其影响,连江县普降暴雨,导致浦口镇蕉尾村虾塘堤坝被冲垮,养殖的对虾全部被冲走,损失惨重。

4. 防御措施

(1)暴雨来临前,及时疏通对虾养殖池塘周围的排洪沟,避免池外的雨水入池,防止盐度、pH、溶解氧、水温等水质突变,保持虾池水质稳定。

(2)加强巡池检查,检查堤坝、保持水位,防止暴雨引起盐度突降,避免水位过高造成决堤、因缺氧造成的对虾浮头等情况。

(3)暴雨会造成对虾养殖池中含氧量明显降低,应不停顿地开增氧机,打破水体的水温与盐度分层现象,增加氧气供应,维持虾的正常生长和水体生态平衡,减少对虾产生应激反应。

(4)暴雨天停止投喂对虾。

(5)海水养殖对虾,在遭遇暴雨之前,可将网箱降至海平面以下,避开淡水层对水产生物的影响。

(6)暴雨过后,适当投放沸石粉、葡萄糖和维生素 C,增加含氧量,提高对虾抗病性,采取施肥等措施改良底质和水质。

(7)暴雨过后,及时用生石灰调节池水 pH,排出池塘表层水,开动增氧机,避免水体分层而造成对虾缺氧。

(8)暴雨过后,对虾养殖池要及时进行消毒。

(二)台风

1. 危害指标

台风风力达到 6 级以上时,对虾浮头略有影响,风力达到 8 级以上时,大风叠加暴雨影响,容易造成对虾缺氧浮头、病害发生,严重时虾池被冲毁。

2. 主要危害

台风除严重破坏对虾养殖设施,使池塘堤坝、闸门等受破坏,造成堤崩虾逃,损失严重之外;更多是台风造成波浪拍击,易导致虾苗死伤,还会破坏虾池水环境,大量雨水注入,会使虾池盐度、pH、水温等急剧下降,造成水体分层缺氧,对虾会受到巨大影响,导致直接死亡或致病;同时污水还会造成虾池污染,增加对虾生病概率。台风造成风大浪高,翻动池底,使养殖区域的底质有害物质危害对虾生存,还会引起虾池水浑浊,水质发生巨大变化,导致虾产生应激性反应;台风过后,会使池塘水体的氨氮浓度明显增高,导致对虾免疫力降低,易感染病害。

3. 灾害个例

2010 年 10 月 23 日,第 13 号台风"鲇鱼"在漳浦县六鳌镇登陆,为 1949 年以来登陆福建省最晚的台风,登陆时中心附近最大风力有 13 级,中南部沿海地区出现较大范围的暴雨至大暴雨,其中以漳浦县日雨量 188.8 mm 为最大,位居该县 1961 年以来历史同期日降水排行第 2 位,导致六鳌镇对虾养殖区外围的河涌水位超过 4 m,大量淡水漫堤灌入养殖区,3000 亩"海虾"惨变"河虾",对生长在海水中的对虾来说,淡水是它们的克星,短短 2 h 的强降水,使得对虾被淡水泡过后出现死亡。

2013 年 8 月 22 日,第 12 号台风"潭美"在福清市登陆,给福建沿海地区带来强风暴雨大潮,全省出现大范围的暴雨到大暴雨天气,局部出现特大暴雨,对沿海水产养殖造成较为严重危害,强降雨致使福清市三山镇沁前村 200 多亩养虾场全部被大水淹没,虾场全都"泡了汤",给当地养殖户造成严重损失。

2015 年 9 月 29 日,第 21 号台风"杜鹃"在莆田市秀屿区沿海登陆,登陆时近中心最大风力达 12 级,台风"杜鹃"影响期间恰逢天文大潮,导致强"风、雨、潮"三碰头,沿海潮位普遍超警戒潮位,台风暴雨造成对虾养殖池塘水位增加,沿岸堤坝被毁,养殖场停电,增氧机损坏,导致莆田市、福州市和宁德市沿海 1 万多亩虾塘受灾,占对虾养殖面积的 70%。

4. 防御措施

(1)台风天气过程,对虾养殖池塘用增氧机进行增氧,避免由于低气压而导致对虾缺氧。

(2)台风天气过程,对虾要少投喂或不投喂。

(3)台风来临前,做好虾池养殖设施的加固。

(4)台风过后,及时检查对虾养殖池塘,排除溃坝逃虾隐患,及时处理死虾及池塘内杂物等,注意消毒杀菌,避免对虾病害发生蔓延。

(5)台风过后,对虾养殖水体应适时泼洒抗应激药物,适量拌料补充营养,提高水体溶氧,增强对虾体质。

(三)高温

1. 危害指标

南美白对虾在水温≥28 ℃时不进食;水温≥35 ℃,对虾容易得病死亡,能忍受的高温极限阈值为 43 ℃。

中国对虾在水温≥35 ℃会引起不适;水温≥39 ℃,对虾死亡。

斑节对虾、日本对虾在水温≥35 ℃,容易得病死亡。

长毛对虾在水温≥35 ℃会引起不适;水温≥40 ℃,对虾死亡。

2. 主要危害

水温高于 35 ℃,容易导致对虾缺氧,引起摄食量下降、生长缓慢、病害发生和浮头死亡;持续高温天气会导致虾塘藻类快速老化,藻类旺盛生长,藻类浓度迅速增加,出现藻浓藻老、频繁倒藻现象,造成坏水缺氧,引起对虾应激反应,免疫力下降,易染疾病;还会使养殖水体容易出现温跃层、氧越层等分层现象,导致虾池底层缺氧,底质黑臭,滋生弧菌。高温除造成虾池溶解氧变少外,还会使水体易产生微生物,消耗过多溶解氧和产生有害藻类毒气,导致对虾患病或中毒。

3. 灾害个例

1994 年 6 月下旬,连江县大官坂垦区对虾养殖基地因 6 月 24 日天气转晴,气温骤增至 36～37 ℃,导致 2200 多亩虾池的对虾发病。

4. 防御措施

(1)高温季节每天早晚巡塘,开启对虾池塘增氧机,延长增氧机开机时间,中午高温时段,多开增氧机,减少养殖水体上下层水温差异,或采用泼洒增氧剂,防止对虾浮头死亡。

(2)高温时段引水入塘,勤于换水,增加水深,做好虾池以水控温工作。

(3)在早、晚时段投饵,减少中午高温时段投喂;天气闷热时少喂或不喂。

(4)通过补肥补菌和去除老化藻类,保持虾塘藻类活力旺盛,溶氧充足。

(5)加强高温期虾塘的底质管理,定期使用强氧化型底改,氧化底层污染物。

(6)温室大棚养殖对虾,高温季节可采用遮阳网覆盖等方法降低水温。

(7)高温季节适当降低对虾养殖密度,保证虾群有充足的活动空间。

(四)低温

1. 危害指标

通常当水温低于 20 ℃时,对虾幼体发育不良;低于 18 ℃时,对虾停止摄食,消耗体内能量,出现负生长,影响对虾脱壳时间;低于 15 ℃,对虾易出现昏迷状态,死亡率高;低于 12 ℃,对虾进入“冬眠”,很少游动;低于 9 ℃,对虾会出现死亡。

不同品种对虾对低温的耐受力有所差异,中国对虾属广温型虾类,可耐 5～6 ℃的低水温,水温低于 4 ℃出现死亡;斑节对虾属南方系大型虾类,不耐低温,水温在 12～14 ℃时,就开始出现死亡;日本对虾属广温型虾类,可耐 5 ℃左右的低水温;南美白对虾能在 10～40 ℃的水温环境下存活,水温低于 10 ℃,对虾会出现死亡。

2. 主要危害

通常 18 ℃以下的水温会影响对虾摄食,造成对虾生长慢、周期长,活力下降,水温低于各种类对虾临界低温阈值时,会造成对虾死亡。冬季温度低、光照弱,对虾容易出现应激反应,导致软壳或退壳不遂;同时会造成虾池藻类光合作用差,导致水质浑浊,水体分层,水中溶氧不足和池底缺氧,水体氨氮及亚硝酸盐等有害物质增多,对虾容易出现缺氧和中毒症状。

3. 灾害个例

2008 年 1 月 5—8 日,受强冷空气影响,福建各地气温明显下降,水温较低,造成南美白对虾被冻死,露天养殖的损失尤为严重,温棚养殖的损失相对较少。

2016 年 1 月 22—26 日,受强冷空气影响,福建出现大范围低温雨(雪)天气,导致大多数对虾吃料慢,部分死亡。

4. 防御措施

(1)水温过低时,提高对虾养殖池水位,增加供氧,确保水体溶氧足够。

(2)冬季采用温室大棚养殖,注意做好薄膜覆盖等保温工作,以防止水温降低,影响对虾生长。

(3)冬季低温期,应严格控制对虾投喂量,坚持“少量多次、日少夜多,水温较高多投、水温较低少投或不投”的原则,避免剩余饲料败坏水质。

(4)虾池溶氧不足时,尽量少用增氧机,多使用增氧产品,减少热量损失。

(5)虾池水温下降到 15 ℃以下时,提前捕捞可上市对虾。

（五）大雾

1. 危害指标

水平能见度小于 1000 m 时,即出现大雾,可导致对虾养殖水体溶解氧含量减少,连续出现 2 d 以上大雾天气,会致使对虾养殖池溶解氧极低,造成对虾出现摄食减少、缺氧浮头、蜕壳不遂等现象。

2. 主要危害

雾天会使空气中大量的雾珠溶解部分氧气,导致空气中的含氧量降低,直接影响增氧机的增氧效果,致使进入到养殖水体中的氧气减少;雾天光照强度降低,藻类光合作用减弱,产氧减少,水体中含氧量持续降低;同时雾天空气湿度大,养殖水体表面形成一层水雾,致使空气中的氧气很难溶解进入水体当中,来弥补水体氧气的消耗;大雾还常伴随较低气压,使水体溶解氧含量减少,特别是连续出现 2 d 以上大雾天气,会致使养殖池溶解氧极低;因此,大雾导致的水体溶解氧含量减少,会造成对虾出现摄食减少、缺氧浮头、起跳等现象。

3. 灾害个例

2019 年 4 月 8 日,福建沿海出现浓雾天气,局地能见度不足 100 m,导致养殖的对虾缺氧,影响正常摄食等。

4. 防御措施

(1)雾天对虾养殖池塘开启增氧机,适当使用增氧剂,预防对虾缺氧。

(2)雾天对虾池塘避免使用耗氧药物。

(3)雾天适当减少对虾投喂料。

(4)雾天多使用微生物制剂保持水质,增强对虾免疫力。

第七节　牡蛎

一、概况

牡蛎,别名又叫生蚝,属软体动物门、瓣鳃纲、牡蛎科、牡蛎属,主要分布在温带热带海域。中国牡蛎产量世界最高,占全球牡蛎养殖总量的 1/3,福建省是我国最大的牡蛎养殖省份,占全国牡蛎养殖产量的 37% 左右。福建省牡蛎养殖区主要集中在漳州市、莆田市、福州市等沿海地市,养殖种类主要有太平洋牡蛎(长牡蛎)、葡萄牙牡蛎、熊本牡蛎和香港牡蛎;养殖方式绝大部分为垂下式养殖,即棚架式、浮筏式和延绳式养殖,养殖海域也逐渐由内湾向外湾海区扩张。

2018 年福建牡蛎养殖产量 189.4 万 t,产量从高到低的排序是:漳州市＞福州市＞莆田市＞泉州市＞宁德市＞平潭综合实验区＞厦门市,产量最高的是漳州市,达 61.4 万 t,占全省牡蛎总产量的 32.4%,产量最高的县(区)为秀屿区,达 27.4 万 t,占全省牡蛎总产量的 14.4%,其次是诏安县,达 25.4 万 t,占全省牡蛎总产量的 13.4%,其余依次为福清市、连江县、龙海区、漳浦县、东山县、惠安县、霞浦县、云霄县等[1]。

福建长牡蛎垂下式养殖 10～12 个月可达商品规格,秋苗 9—11 月出池下海暂养到次年 4 月,分散养成,第一次在 9 月性腺成熟之前收成,第二次在 11—12 月排放精卵后恢复肥满期收成;褶牡蛎采用夏苗养殖的,附苗后经 10 个月左右养殖,可达商品规格,采用秋苗养殖的要经一年半左右养殖,到次年底或第 3 年初收成;近江牡蛎一般经 2～3 年养殖,达到商品规格即可收成[142]。

二、主要气象灾害

（一）高温

1. 危害指标

水温过高或较长时间超过 28 ℃,会造成牡蛎死亡;同时,水温过高还会增加其他化学物质毒性,加剧牡蛎死亡程度。

2. 主要危害

夏季长时间高温,不仅对牡蛎死亡有直接影响,而且还会增加其他化学物质的毒性,促使微生物的繁殖,从而加剧牡蛎死亡程度。

3. 防御措施

（1）夏季,潮间带牡蛎应避免长时间暴露于烈日下,以免引起牡蛎死亡。

（2）牡蛎尽量选择在较靠下的潮区养殖,以减轻夏季高温期间落潮时的高温影响。

（3）水温高于 32 ℃时,牡蛎应少投喂或不投喂。

（二）台风

1. 危害指标

8 级以上的台风大风以及台风暴雨,就会对沿海牡蛎养殖设施和牡蛎生长水体环境造成严重影响,尤其是 12 级以上的大风会摧毁牡蛎养殖设施。

2. 主要危害

台风对牡蛎养殖的破坏很大,除可能摧毁养殖设施外,台风带来的风浪会翻起浮泥,覆盖养殖附着器和牡蛎表面,易将牡蛎附着的水泥桩冲倒,使牡蛎深陷泥中,导致牡蛎窒息死亡;同时台风暴雨还会造成牡蛎生长环境剧烈变化,容易使牡蛎产生应激性反应,不利生长。

3. 灾害个例

2010 年 10 月 23 日,第 13 号台风“鲇鱼”在漳浦县六鳌镇登陆,受其影响,诏安县 2000 多亩牡蛎养殖延绳、木桩被刮断,牡蛎沉入水底。

2017 年 7 月 30 日,第 9 号台风“纳沙”再次在福清沿海登陆,登陆时中心附近最大风力 12级,受其影响,莆田市秀屿区采用筏式养殖、普通泡沫浮球浮力养殖的设施被破坏,部分牡蛎遭受损失。

2016 年 9 月 15 日,第 14 号超强台风“莫兰蒂”在厦门市翔安区沿海登陆,登陆时中心附近最大风力 15 级,导致厦门市翔安区阳塘社区近 2700 亩的海蛎被刮走,损失严重。

4. 防御措施

（1）合理布局牡蛎养殖区,选择在避风的海域开展养殖。

（2）台风季节,把牡蛎放在台风影响较小的中潮区,台风季节过后移到低潮区肥育。

（3）对浮筏、延绳筏式养殖,台风来临前,适量减少浮筒吊挂数量,减少浮力,并用长 2 m的备用绳垂直挂,以减少接触面,使养殖台床沉入水下 1.5～2 m 的深度,以减少台风、巨浪对养成器的破坏,避免大风大浪激烈摇摆而造成牡蛎脱落;台风过后要及时加好浮力,使蛎串恢复到原来的养殖水层(水面下 0.6～1 m 水层)。

（4）台风来临前，检查木桩、缆绳、浮绠绳，做好牡蛎养殖设施加固、转移工作。

（5）台风来临前，能收成的牡蛎应尽量提前抢收，以减少损失。

（6）台风过后，及时下海突击护理，扶植倒伏的水泥柱，修复栅架，以免牡蛎被淤泥覆盖而窒息死亡。

（三）暴雨

1. 危害指标

暴雨过程会造成牡蛎养殖水体环境受到影响，严重时导致牡蛎死亡。

2. 主要危害

暴雨会造成牡蛎养殖水域水质浑浊，影响附苗；还会导致大量淡水注入养殖区，使牡蛎养殖环境的盐度迅速下降，牡蛎无法在短时间内适应，极易造成牡蛎死亡；暴雨强度大时，还会摧毁牡蛎养殖设施。

3. 灾害个例

2013 年 7 月 18 日，第 8 号台风"西马仑"在漳浦县沿海登陆，受其影响，漳浦县佛昙镇岱嵩村的吊养牡蛎遭受大风和暴雨双重袭击，损失严重。

4. 防御措施

（1）合理布局牡蛎养殖区，选择不易受洪水直接危害的海区进行养殖。

（2）暴雨来临前，及时做好牡蛎养殖设施的加固工作。

（3）暴雨来临前，将牡蛎及时转移至深水区。

（4）暴雨过后，及时突击下涂抢修蛎滩，扶直倒伏的水泥柱，以减少灾害损失。

第八节　海带

一、概况

海带，又称江白菜、纶布、昆布，是一种在低温海水中生长的大型海生褐藻植物，属于褐藻门、褐藻纲、海带目、海带科，为大叶藻科植物，因其生长在海水，柔韧似带而得名。海带原产于北方高纬度海域，20 世纪 70 年代，种海带在福建成功度夏并培育出夏苗；21 世纪初，福建鲍鱼、海参等新兴海产养殖业的发展对鲜海带饵料提出需求，进一步带动了海带养殖业发展，2009 年霞浦县被中国水产流通与加工协会授予"中国海带之乡"称号，"霞浦海带"被原国家工商行政管理总局①认定为"中国驰名商标"；中国藻业协会在 2016 年授予福州市"中国海带之都"称号，在 2017 年授予连江县"中国海带之乡"称号。福建海带产品创立了"官坞""现龙""浪涛""海民""东洛岛"等多个名优品牌[143]。

福建海带养殖区域主要分布在沿海地市，2018 年福建海带养殖产量 76.8 万 t，产量从高到低的排序是：福州市＞宁德市＞莆田市＞平潭综合实验区＞漳州市＞泉州市＞厦门市，产量最高的是福州市，达 31.5 万 t，占全省海带总产量的 41.0%，产量最高的县（区）为连江县，达 25.6 万 t，占全省海带总产量的 33.3%，其次是秀屿区，达 17.6 万 t，占全省海带总产量的

① 国家工商行政管理总局于 2018 年更名为国家市场监督管理总局。

22.9%,其余依次为霞浦县、福清市、罗源县、漳浦县、蕉城区、福鼎市、东山县等[1]。

福建海带养殖海域多以沿海内湾和近岸海域为主,养殖方式为筏式平养模式;海带品种主要有"连杂 1 号""黄官""三海""东方 6 号""福建种"等。海带养殖过程分为夏苗培育与海上养成 2 个阶段,福建海域年平均水温高,一般是在 8 月上旬将种海带移至室内进行保种,在室内促使种海带发生孢子囊,在 9 月中旬至 10 月下旬采苗,在水温降至 19 ℃以下、气温下降到 20 ℃以下,夏苗长度 2 cm 左右时,将苗帘移至海上进行幼苗暂养(11 月);当幼苗长成10～20 cm 分苗;采用平养法进行养成管理,即将浮筏设置与海流平行,连接相邻两行浮筏之间的苗绳,苗绳平挂于海水中,使海带受光均匀,促进海带生长;至次年 3—6 月收获。

二、主要气象灾害

(一)高温

1. 危害指标

水温>14 ℃对海带采苗不利;海带小苗分养后,若水温>20 ℃,会发生烂苗;小苗期水温>23 ℃,会导致配子体死亡率高,易出现烂尾;水温>26 ℃,种带容易烂在海里。

2. 主要危害

夏季水温不超过 27 ℃的海区,海带大孢子体才能越夏进行繁殖,若海温超过 27 ℃,采下的孢子活力不大,附着力小,还有死孢子,出现烂苗多,采苗往往失败。海带小苗分养后,若遇"十月小阳春",水温高于 20 ℃,海带苗会停止生长,并出现腐烂。

3. 灾害个例

1968 年 11—12 月,平潭综合实验区海带分苗期出现长达 21 d 水温≥20 ℃的天气,海带出现严重烂苗。

1987 年 11 月下旬,闽东渔场海带出厂 1 周后,出现小阳春天气,27 日气温突然回升至30.5 ℃,使暂养在海带养殖场的幼苗烂掉 30%[144]。

1988 年 7 月下旬,闽东渔场出现≥35 ℃的高温天气,使海水表层温度升到 28 ℃以上,海带出现烂根[144]。

2019 年 3 月,莆田市近岸海域的海水温度异常升高,盐度持续较低,连续阴天光照不足,海带先是尾部烂孔,而后逐渐向根部蔓延,孔洞相连后海带脱落,导致海带大规模烂孔,约有7 km² 养殖面积的海带发病,造成较大损失[145]。

4. 防御措施

(1)培育和养殖耐高温的海带品种。

(2)水温上升至 25～26 ℃时,将种海带移入室内进行培育。

(3)水温降至 20 ℃以下时,进行海带幼苗暂养和分苗。

(4)海带分苗后遇到小阳春天气,可将海带幼苗养殖苗片下降 50 cm,而且尽量拉大苗片之间距离,增加海水流通,减轻高温影响。

(5)及时收获种带,避免种带受高温危害。

(二)连阴雨

1. 危害指标

海带收成期出现连续 3 d 以上的连阴雨天气,就会影响海带收晒,严重者造成海带腐烂。

2. 主要危害

海带收成期遇连阴雨天气,影响海带晾晒,造成色素变白变黄,使海带质量变差,甚至烂掉。

3. 灾害个例

1973 年 5 月 1 日至 6 月 6 日,平潭综合实验区出现连续 37 d 连阴雨天气,导致养殖的几百亩海带霉烂。

2005 年 4—5 月,霞浦县出现多过程连续降雨天气,导致海带主要产区之一的溪南镇海带遭受重大损失,全县有 20 万 t 以上的海带烂在海里。

2010 年 5—6 月,霞浦县出现连阴雨天气,造成海带无法及时晒干,截至 6 月,内湾有近一半的海带未收成,外湾有近 60% 海带未收成,且拖至 6 月仍未收获的海带,又遇海区水温升高至 24 ℃,致使海带出现烂尾现象,产量比常年减少 1/3,损失严重。

2013 年 5 月下旬,厦门市翔安区遭遇连日大雨,导致大嶝等海带养殖区没有及时收获海带,有的海带脱离绳索,有的海带太老,损失较为严重。

2014 年 5 月下旬,莆田市秀屿区出现连阴雨天气,导致全区海带收获进度慢,部分海带烂在海里,收获上来的海带,由于没有阳光晾晒,也很快烂掉。

4. 防御措施

(1)根据短期天气预报,抢晴收晒海带。

(2)抓住连续 3 d 以上晴好天气过程,完成海带收晒。

(三)台风、大风

1. 危害指标

8 级以上大风大浪,就会造成沿海海带养殖的固定木桩被拔出,海带苗绳和吊绳损毁,海带逃架。

2. 主要危害

台风大风,尤其是强烈阵风,极易造成海带养殖的固定木桩被拔出、海带苗绳和吊绳损毁、海带逃架等现象;大风还会造成海带养殖台绳折断,浮筒流失。台风进入海带度夏区,台风风暴潮席卷种带,会使种带毁于一旦。

3. 防御措施

(1)选择远离河口内湾,靠近外海四周有岛屿环境、风浪较小的海域养殖海带,并可避免台风暴雨带来的淡水侵袭。

(2)台风来临前,加固海带养殖设施。

(3)种带度夏海区在台风来临前,应及时抢收种带或移至安全区域。

第九节　紫菜

一、概况

紫菜,是海中互生藻类的统称,属于红藻门、红藻纲、红毛菜亚纲、紫球藻目、紫球藻科、紫菜属,具有耐干性强、光饱和点高、光补偿点低的特点,属高产作物。紫菜被称为"海洋蔬菜",生长于浅海潮间带的岩石上,喜风浪大、潮流通畅、营养盐丰富的海区,颜色有红紫、绿紫及黑紫的区别,但干燥后均呈紫色。紫菜种类多,主要有坛紫菜、条斑紫菜、甘紫菜等,20 世纪 70 年代中国沿海地区已进行人工栽培,品种是条斑紫菜和坛紫菜;福建养殖的紫菜品种主要以坛紫菜为主。

2018 年福建紫菜养殖产量 7.5 万 t,产量从高到低的排序是:宁德市＞平潭综合实验区＞福州市＞漳州市＞泉州市＞莆田市＞厦门市,产量最高的是宁德市,达 2.5 万 t,占全省紫菜总产量的 34.1％,产量最高的县(区)为福鼎市,达 1.2 万 t,占全省紫菜总产量的 16.4％,其次是霞浦县,达 1.2 万 t,占全省紫菜总产量的 15.8％,其余依次为连江县、漳浦县、秀屿区、福清市等。

福建坛紫菜苗培育期通常在每年的 1—8 月,9 月中旬至 10 月上旬开始采苗种植,紫菜苗投海养殖后,经 40~60 d 海水养殖,一般在 10 月中旬至 11 月上旬,紫菜长到 10~20 cm 就开始收头水紫菜,以后每 10~15 d 可收割 1 次,采收期直至次年 4 月结束,正常年景收割 6~10 次。

紫菜养殖方式主要有支柱式、半浮动筏式、浮流式和悬浮式养殖。支柱式养殖是将木桩或竹桩固定在适宜养紫菜的潮间带,网帘不随潮水涨落浮动;半浮动筏式养殖的特点是涨潮时筏架漂浮在海水表面,接受更多的光照,退潮后靠支腿平稳地竖立在海滩上,使网帘有一定的干露时间,是普遍采用的养殖方式;浮流式养殖是将紫菜养殖区域从原来的潮间带养殖外移到浅海区养殖,又称深水养殖,其特点是适用于不干露的浅海区,筏架随潮水升降,网帘一直浸在海水中,无干露时间或靠人工办法控制干露时间;悬浮式养殖是在潮间带或浅海,采用毛竹等作固定桩,筏架采用缆绳连接在固定桩上,苗帘水平张挂在筏架框内,筏架涨潮时随潮水浮于水面,退潮后靠固定桩将紫菜苗帘限定悬挂,苗帘可随意调整养殖水层和干露时间[146]。

二、主要气象灾害

(一)高温

1. 危害指标

水温超过 25 ℃,若氧气供应不足,坛紫菜生长将受到抑制,将导致烂菜或脱苗等现象;坛紫菜在海水温度高于 28 ℃时,会导致坛紫菜严重烂苗。11—12 月出现连续 4 d 以上日平均气温≥20 ℃的天气,也会导致紫菜烂苗。

2. 主要危害

紫菜在潮间带养殖,靠潮起潮落补充营养物质而生长,最适宜生长的海水温度为 15~21 ℃。下苗时怕高温暴晒,没有冷空气影响或冷空气持续时间短,不适宜紫菜孢子放散或放散后被晒死。秋季高温会导致紫菜生长速度缓慢,头水紫菜上市时间推迟;严重者导致紫菜出现烂苗。若久旱未雨,海水比重升高,海水中的氮、磷含量降低,紫菜会因缺乏营养盐而发生"绿变病"。

3. 灾害个例

1975 年平潭综合实验区出现伏秋高温,导致紫菜附苗不好,有的晒死。

1982 年 11 月上旬至 12 月上旬,平潭综合实验区出现 15 d 日平均气温≥20 ℃的天气,导致紫菜收割 1~2 水后,出现烂掉脱落,普遍减产。

2008 年 10 月上旬,受 9 月中旬以来秋季高温天气及前期台风影响,福建局部海域生态环境短期内发生变化,加上海区紫菜养殖密度过大,养殖筏架人为设置密度过高,海水交换不畅,导致福建全省大部分紫菜养殖区出现不同程度的烂苗现象和大面积生长障碍,福鼎市 5 万多亩紫菜几乎绝收[147]。

2014 年 9—10 月,福州市、宁德市的沿海地区紫菜采苗和下海期出现高温少雨天气,使得海水温度较往年偏高 1～2 ℃,导致连江县、莆田市、福鼎市、霞浦县等地紫菜生长速度较慢,泡水太久,烂苗多,紫菜出现大面积绝收,损失严重,其中连江县约 7 成紫菜绝收。

4. 防御措施

(1)做好秋季降温预报,合理安排紫菜采苗时间,坛紫菜可待海水水温下降到 27 ℃以下时进行采苗,条斑紫菜可待海水水温降到 22 ℃以下时采苗,以避免高温影响。

(2)紫菜下苗期应避开高温时段,安排在秋末有较强冷空气的时段,以利孢子萌发。

(3)紫菜幼苗耐高温能力较差,应注意调节水层,减少干露时间,每 2～4 d 干露 1～2 h,防止小苗死亡。

(4)紫菜成菜期遇高温,可将紫菜苗帘吊离水面,悬空干露,避免对藻体的侵害;也可降低水层,或采用短时间沉台的办法,以减弱光合作用,保持藻体正常生长,待情况正常后,再恢复至海面。

(5)小汛期间,风平浪静的晴天,用小船造浪、冲水等方式,补充海水中的二氧化碳,保证紫菜正常光合作用。

(6)培育和养殖耐高温的紫菜品种。

(二)台风、大风

1. 危害指标
8 级以上的大风,会导致紫菜养殖网帘受损,紫菜苗被打落,并不利成熟紫菜收晒。

2. 主要危害
大风尤其是强烈阵风,会导致紫菜受损,搅起的泥沙会破坏养殖环境,不利紫菜生长,还会影响到网帘固定,造成损失;晚台风引起的巨浪,会导致紫菜苗被打落,无法长成,甚至造成养殖网帘被冲跑,同时台风暴雨会导致海水浑浊度高,网帘附着污泥多,对紫菜幼苗生长十分不利,易造成刚出的小苗出现烂苗。

3. 灾害个例
2013 年 10 月 7 日,第 23 号强台风"菲特"在福鼎市沙埕镇沿海登陆,登陆时中心附近最大风力达 14 级,受其影响,福建中北部沿海出现大风大浪天气,霞浦县三沙镇海域 2.5 万亩的紫菜损失近半,全县有 5 万亩紫菜绝收。

2015 年 9 月 29 日,第 21 号台风"杜鹃"在莆田市秀屿区沿海登陆,登陆时中心附近最大风力达 12 级,台风"杜鹃"影响期间恰逢天文大潮。受其影响,10 月上旬沿海海域水质变得浑浊,浮泥附着,且台风过后出现连续阴雨天气,导致霞浦县牙城湾、三沙、福宁湾、外海湖、罗湖等海区的紫菜发生不同程度的烂菜现象,特别是牙城湾、三沙柳州湾烂菜面积达到 90%左右,全县紫菜烂菜面积超过 2 万亩;平潭综合实验区建民村海堤被潮水撕开裂口,养殖设施被冲毁,2000 多亩紫菜田受损,几乎绝收;福鼎市、福安市、莆田市、惠安县等地沿海紫菜养殖区,也出现大面积烂菜现象。

2016 年 9 月 15 日,第 14 号台风"莫兰蒂"在厦门市翔安沿海登陆,带来的狂风暴雨造成南安市昌源渔业公司的紫菜养殖产房及设备损坏,人工培育的 4000 亩壳孢子紫菜苗全部死亡,损失惨重。

2016年9月28日,第17号台风"鲇鱼"在惠安县沿海登陆,登陆时中心附近最大风力达12级,受其影响,中北部沿海出现12～13级大风,平潭综合实验区沿海出现大风大浪,海水浑浊,导致敖东镇建新村3000多亩紫菜养殖基地严重受损,第1拨紫菜没来得及采收就损失殆尽,几乎绝收;莆田市南日岛紫菜受灾惨重。

4. 防御措施

(1)台风登陆前,将紫菜帘架移至安全地带或室内,保持帘子湿润,待台风过后再搬下海。

(2)台风影响前,加固紫菜养殖帘架,拉紧绳索,防止紫菜支架被风刮倒,减轻台风造成的危害。

(3)因地制宜设置紫菜养殖台架高度,减少退潮后苗帘上附着浮泥和其他杂物,减轻紫菜烂苗现象。

(4)台风暴雨过后一段时间内,应避免紫菜采苗。

(5)台风过后,迅速下海检查,及时修复损坏的养殖设施,扶起固定被台风刮倒的支架,及时进行冲洗网帘,去除附着在紫菜苗帘上的浮泥。

(三)连阴雨

1. 危害指标

持续3 d以上的连阴雨,会影响紫菜生长发育,并影响收晒;连续5～7 d连阴雨,会发生传染性烂菜。

2. 主要危害

连阴雨天气会造成表层海水盐度变化大,紫菜抗病力减弱,细菌侵入机体,使藻体上出现针点状褪色小点,并逐渐扩大成白色圆斑,即斑烂病;同时紫菜收割期怕连阴雨,阴雨天气会使紫菜色素变差,或发生霉烂。

3. 防御措施

(1)紫菜养殖中后期,在小潮期间,适当把紫菜台架移到中高潮区养殖,增加干露时间,减少病害发生。

(2)紫菜养殖太密集的网帘要适当拔疏,促使潮流畅通,加速水体交换,减少病害发生。

(3)根据短期天气预报,抓住3 d以上的晴好天气时段及时收割紫菜。

(四)大雾

1. 危害指标

持续3 d以上的大雾,会导致紫菜出现腐烂、脱苗等现象,并影响紫菜收晒。

2. 主要危害

紫菜生长期怕大雾,受雾刺激色素变淡,出现白黄色甚至脱落;坛紫菜成熟期,若海上有大雾生成,尤其是出现连续几天的大雾,将会导致紫菜腐烂、脱苗等现象发生,造成紫菜质量和产量的下降;大雾时空气湿度大,对紫菜收晒会产生不利影响,会把紫菜"泡烂"。

3. 防御措施

(1)成熟期紫菜,可避开大雾影响时段,提前收割,减少损失。

(2)遇大雾同时又逢潮水退潮,紫菜干出时,要迅速加长吊绳,把帘架拖进海水中,以免紫菜烂死。

第十节 花蛤

一、概况

菲律宾蛤仔，俗称花蛤、蛤仔，是我国重要的经济贝类，也是福建"四大养殖"贝类之一，其中，莆田市的菲律宾蛤仔育苗占全国总产量的一半。花蛤属于软体动物门、双壳纲、古列齿亚纲、帘蛤目、帘蛤科、蛤仔属，因贝壳表面光滑并布有美丽花纹而得名。花蛤大多栖息在风浪较小的内湾，且有适量淡水注入的中、低潮区，其生长迅速，养殖周期短，适应性强，离水存活时间长，是一种适合人工高密度养殖的优良贝类。

2018 年福建花蛤养殖产量 43.4 万 t，产量从高到低的排序是：漳州市＞福州市＞平潭综合实验区＞莆田市＞泉州市＞宁德市＞厦门市，产量最高的是漳州市，达 19.4 万 t，占全省花蛤总产量的 44.7%，产量最高的县（区）为云霄县，达 10.4 万 t，占全省花蛤总产量的 24.0%，其次是福清市，达 6.9 万 t，占全省花蛤总产量的 15.8%，其余依次为连江县、东山县、漳浦县、诏安县、秀屿区、晋江市、荔城区等。

福建花蛤养殖方式主要有滩涂养殖、土池养殖等；养殖场地通常选择在交通方便、远离污染源且风浪平静、潮流畅通、地势平坦、退潮时干露时间不超过 4 h、底质稳定、含沙量为 70%～90% 的中低潮区滩涂，或底质、水质条件适宜围垦区内的池塘、滩地。福建花蛤繁殖产卵期一般在 9 月中旬至 11 月，繁殖盛期介于"寒露""霜降"和"立冬"3 个节气之间，每年 9—12 月为幼苗培育季节，从稚贝附着培育到商品苗，需要 3～6 个月，并在 12 月至次年 1 月稚贝长至 2 mm 左右，出产砂苗、砂粒苗，后移殖疏养至适宜海区进行中间培育，次年 3—7 月出产成品苗（白苗，中苗，大苗），并进行成品苗投放播种，花蛤苗的播种季节因蛤苗种类的不同而异，白苗播种时间通常在 2—5 月，最迟至 6 月，中苗播种时间在 9 月至次年 2 月，有些地方延迟到 3—4 月，大苗播种时间在 9 月；投苗后经过 8～10 个月的养成，体长 3 cm 以上时，即可收获，收获期从 2—4 月开始，直到 9 月花蛤繁殖期前结束。

二、主要气象灾害

（一）高温

1. 危害指标

花蛤属于广温性的贝类，适应性广，水温 5～35 ℃时生长正常，其中，以 18～30 ℃生长最快；水温高于 35 ℃，花蛤成活率低；水温升至 44 ℃，花蛤死亡率达 50%；水温升至 45 ℃时，花蛤全部死亡。

2. 主要危害

高温会导致水量蒸发加快，造成盐度上升，改变花蛤生长环境，易导致花蛤病害发生，同时引起花蛤养殖密度增加，容易死亡。夏季滩涂不平、有滞水的地方最易发生高温，易造成花蛤死亡；位于较高潮区的蛤苗，在高温烈日曝晒下，会导致死亡，尤其是在小潮期，在埕地长时间暴晒之后，若又遇雷阵雨或暴雨，则较高温度的雨水灌入蛤仔洞穴中，往往造成蛤苗的大量死亡；突然汇入的淡水极易使花蛤产生应激反应；同时高温期间死亡的花蛤腐败后，容易引起相互感染，导致周围花蛤大批死亡。

3. 灾害个例

2013年7月30日至8月10日,福清市出现多日35℃以上的高温天气,导致当地花蛤养殖场大部分花蛤被热死。

4. 防御措施

(1)花蛤苗种移植撒播,要避开高温烈日时段进行。

(2)高温季节,花蛤围养区应加深水层,池水维持在120～150 cm,以降低水温。

(3)夏季高温季节,将埕地较高的蛤苗移植到潮区较低处,将花蛤移植至沙多泥少、贮水量大的滩涂,在较低温度养殖区养殖,不易晒死蛤苗。

(4)土池养殖的,高温期间每天应进行大量换水,每次换水在40%左右,以保持水质清新。

(5)及时疏通埕面低畦,防止积水而导致花蛤被烫死。

(二)台风

1. 危害指标

台风带来的大风、暴雨,会导致花蛤被泥浆冲淹,易出现死亡,并造成养殖池塘受损,养殖花蛤被冲走。

2. 主要危害

花蛤下种时遇暴雨,会被泥浆冲淹,易导致死亡;暴雨还会使江河口的盐度下降,溶解氧减少,暴雨带来的山洪产生大量泥沙,也使海水长时间处于浑浊状态,影响花蛤的呼吸和摄食,造成花蛤死亡;台风还会引起养殖池塘防护网破损,导致花蛤被冲走或敌害侵入。

3. 灾害个例

2016年9月15日,第14号台风"莫兰蒂"在厦门市翔安沿海登陆,台风带来的狂风暴雨将石狮市沿海淤泥和沙子卷起,把石狮市龙江海产养殖合作社养殖的约50亩来不及收成的花蛤淹没,花蛤长时间埋在淤泥和沙子里,无法呼吸而死亡,花蛤死亡率达80%,损失惨重。

4. 防御措施

(1)易受台风袭击的埕地,应争取在台风来临之前,将花蛤移植到安全地带。

(2)台风来临前,加固花蛤养殖区埕边的防逃设施。

(3)台风来临前,提早采收可上市的花蛤。

(4)台风暴雨过后,花蛤养殖土池应及时添换新水,以防淡水过多,盐度降低,影响花蛤生长。

(5)受灾的花蛤,必须及时抢救,清除覆盖埕面的泥沙,集拢散失的蛤仔,以减少损失。

(三)暴雨

1. 危害指标

暴雨,尤其是大暴雨,会导致海水浑浊,影响花蛤呼吸和摄食,严重时造成花蛤死亡、养殖池塘被淹或冲毁。

2. 主要危害

花蛤下种时遇暴雨,会被泥浆冲淹,易导致死亡;暴雨还会使江河口的盐度下降,溶解氧减少,暴雨带来的山洪夹带大量泥沙,会覆盖花蛤养殖埕面,也会使海水长时间处于浑浊状态,影响花蛤的呼吸和摄食,造成花蛤死亡;暴雨还会引起养殖池塘防护网破损,导致花蛤被冲走或敌害侵入。

3. 防御措施

(1)暴雨来临之前,将易受灾花蛤埕地的花蛤转移到安全地带。

(2)暴雨来临前,提早采收可上市的花蛤。

(3)暴雨过后,养殖池塘及时添换新水,以防淡水过多,盐度降低,影响花蛤生长。

(4)暴雨过后,受灾花蛤应及时抢救,清除埕面覆盖的泥沙,集拢被冲散的蛤仔,以减少损失。

参 考 文 献

[1]   福建省统计局.福建农村统计年鉴[M].北京:中国统计出版社,2019.

[2]   张雯婧.福建省温室大棚发展现状与对策分析[J].福建农业科技,2016(2):71-73.

[3]   鹿世瑾,王岩.福建气候[M].北京:气象出版社,2012.

[4]   汤浩,翁定河,杨立明,等.福建冬种马铃薯生产技术研究[J].福建农业学报,2006,21(3):198-202.

[5]   薛凌英,林丽萱,郑中凯.2016年长乐市低温冻害对马铃薯减产的影响分析[J].南方农机,2016(8):
      28-29.

[6]   薛徐燕,沈久聪.强寒潮后屏南县茶园冻害情况调查[J].中国茶叶,2017(5):40-41.

[7]   尤志明,杨如兴,张文锦,等.不同农艺措施对茶树冻害后产量恢复的影响初报[J].茶叶科学技术,2010
      (2):1-2.

[8]   高水练.不良天气对乌龙茶产业的影响及其补偿措施[J].亚热带农业研究,2011,7(4):261-265.

[9]   吴卫东.福建省蔬菜生产现状与展望[J].中国蔬菜,2014(11):63-66.

[10] 林本喜,柯珊珊.福建省蔬菜出口竞争力研究[J].台湾农业探索,2011(6):47-52.

[11] 张佳华.冰雹灾害对松溪县烤烟生产的影响及对策[J].福建农业科技,2018(12):18-20.

[12] 袁亚芳.宁德市龙眼冻害调查分析[J].福建果树,2000(2):24-25.

[13] 郑少泉,张泽煌,许家辉,等.福建宁德地区1999年龙眼冻害调查及今后发展的思考[J].中国南方果树,
      2000,29(6):25-27.

[14] 袁韬.福建宁德市龙眼冻害调查及冻后管理技术[J].福建果树,2011(2):26-28.

[15] 戴金电.龙眼产量与气象条件的关系[J].福建果树,2002(3):15-16.

[16] 陈益鎏.台风对果树的影响及灾后管理措施[J].东南园艺,2016(3):40-42.

[17] 吴少华,杨国永,方海峰,等.1999年漳州荔枝冻害调查与分析[J].福建农业科技,2000(3):7-9.

[18] 宋泉霖,李清寿.气象因素对荔枝生长的影响及其在生产上的应用[J].福建农业科技,1999(3):7-8.

[19] 吕申华.1991年漳州市气象条件对漳州荔枝不同品种产量影响的分析[J].福建热作科技,1993(1):
      26,36.

[20] 曾瑞涛,陈福梓.福建省香蕉栽培的农业气象问题浅析[J].福建热作科技,1988(3):1-5.

[21] 陈尚谟,黄寿波,温福光.果树气象学[M].北京:气象出版社,1988.

[22] 范新单,罗应贵,詹兴堆.三明市果树冻害情况调查及防冻措施[J].福建果树,2004(2):23-24.

[23] 李健,谢文龙,施清,等.南方果树春季冻灾罕例调查[J].福建农林大学学报(自然科学版),2011,40(2):
      128-132.

[24] 张名福.70年代以来柑橘灾害性天气综述及防御措施[J].生态学杂志,2001,20(4):79-80.

[25] 廖炜原,张名福,邱泉成.柑橘花蕾期霜冻骤袭的冻害特征及对果实发育的影响[J].中国南方果树,
      2011,4(1):54-55.

[26] 应薛养,谢福鑫,陈承福,等.闽北葡萄2010年春季冻害调查及冻后补救措施[J].中国南方果树,2010,
      39(5):90-91.

[27] 叶永茂.高海拔地区(屏南)冬春季葡萄园冻害严重原因分析及防御措施[J].农业科技通讯,2018(11):
      308-309.

[28] 陈婷,雷龑,刘鑫铭,等.2015年"苏迪罗"台风对福建葡萄产业的影响与分析[J].东南园艺,2015(6):
      29-32.

[29] 李健,李美桂.1999年冬季福建果树冻害及其特点[J].福建农林大学学报(自然科学版),2002,31(3):

342-346.

[30] 黄金松.亚热带果树受冻后的补救措施与预防[J].福建果树,2000(1):52-54.

[31] 陈其凤,苏文伟.枇杷受冻的原因及对策分析——以永春枇杷为例[J].植物医生,2008,21(5):22-23.

[32] 吴在林,黄征槐.连城县早熟枇杷种植存在的问题与对策[J].福建果树,2005(3):52-53.

[33] 陈玉珍,蔡斯明.莆田市果树冻害调查分析[J].福建果树,2004(4):11-12.

[34] 翁志辉.浅析福建省枇杷幼果的冻害情况及预防与补救措施[J].福建农业科技,2005(1):15-18.

[35] 谢兆美.浅谈气象灾害与橄榄生长[J].福建气象,2003(3):23-24.

[36] 刘义旺,黄珠英.橄榄强霜冻害的发生类型与应对措施[J].福建果树,2003(3):13-14.

[37] 杨晓红,汤树钦,刘福喜.2004年上杭县稔田镇库区橄榄冻害的调查分析[J].福建气象,2005(4):44-45.

[38] 黄吉明.闽江上游北岸橄榄冻害及其预防[J].现代园艺,2006(3):37-38.

[39] 刘福喜.橄榄冻害综合防治措施[J].中国热带农业,2005,(4):39-40.

[40] 杜鹏,李世奎.珠江三角洲主要热带果树农业气象灾害风险分析[J].应用气象学报,1995,6(增刊):26-32.

[41] 张劲梅,叶昌儒,何冰,等.利用山区气候资源实现橄榄稳产高产[J].中国农业气象,2003,24(4):61-63.

[42] 林更生.福建引进台湾农业良种的教训[J].海峡科技与产业,2000(5):21-22.

[43] 林俩法,邓逸民,黄宝标.漳州市番木瓜寒害气候评估[J].福建热作科技,2009,34(1):40-43.

[44] 陈源高,俞成标,汤巧秀,等.2010—2011年度福清市番木瓜冻害调查及其评价[J].亚热带农业研究,2012,8(2):86-89.

[45] 黄光民,刘蔚,王广伦.低温对广东果树、花卉形态及花期的影响[J].广东气象,2010,32(5):39-41.

[46] 林飞燕.台湾番石榴优质丰产栽培技术[J].中国南方果树,2006,35(6):29-30.

[47] 陈益鎏.台风对果树的影响及灾后管理措施[J].东南园艺,2016(3):40-42.

[48] 齐清琳.不同品种火龙果引种栽培比较试验[J].福建林业科技,2004,31(4):48-50.

[49] 郑小琴,许乾杰.漳州市火龙果低温冻害及其气候分析[J].福建农业科技,2008(2):79-80.

[50] 何秀恋,沈耀文,童怀忠.诏安县火龙果低温寒害气候分析及防御建议[J].福建热作科技,2015,40(3):48-50.

[51] 刘涛,杨丽娜,应建平,等.低温对火龙果种植的影响及其防御措施[J].安徽农业科学,2016,44(10):40-42,53.

[52] 黄小猛,陈汝顶,刘春冬,等.红星火龙果的高产优质栽培技术要点[J].福建农业科技,2009(5):15-16.

[53] 刘友接,黄雄峰,熊月明,等.火龙果渍涝果园灾后生产管理技术[J].东南园艺,2019(6):41-43.

[54] 刘友接,傅加兴,陈胜枝,等."吉夫纳"番荔枝引种表现及关键栽培技术[J].中国南方果树,2011,40(6):71-73.

[55] 刘友接,陈清淇."台东2号"番荔枝引种及其栽培技术[J].中国热带农业,2012(4):39-41.

[56] 李丽容,姚素香,陈福梓,等.凤梨释迦低温寒(冻)害指标初探[J].中国南方果树,2016,45(2):106-109.

[57] 李丽容,郑陈婷,祝秋萍,等.凤梨释迦生物学特性及其在漳州的种植区划[J].福建热作科技,2012,37(1):45-48.

[58] 李文金.台湾番荔枝在莆田市的引种表现及栽培技术[J].现代农业科技,2010(21):139-140.

[59] 刘友接,刘荣章.福建省番荔枝产业发展现状及展望[J].东南园艺,2018(6):45-47.

[60] 黄卫国,李丽容,陈福梓.台湾凤梨释迦主要生育期的气象条件分析[J].福建热作科技,2019,44(2):4-7.

[61] 郑小琴,李丽容,庄文晶.长泰区莲雾冻(寒)指标初探及气候区划[J].福建热作科技,2014,39(2):61-63.

[62] 许玲,章希娟,魏秀清,等.2016年福建莲雾冻害调查及灾后管理技术[J].中国果树,2016(4):95-98.

[63] 郑小琴,李丽容,锡琼,等.灾害天气对长泰区莲雾生产的影响及防御[J].亚热带农业研究,2014,10(1):

48-50.

[64] 杨金文,郑小琴.闽南地区台湾软枝杨桃主要气象灾害分析[J].气象与环境科学,2008,31(增刊):58-60

[65] 黄光民,刘尉,王广伦.低温对广东果树、花卉形态及花期的影响[J].广东气象,2010,32(5):39-41.

[66] 李健,李美桂.1999年冬季福建果树冻害及其特点[J].福建农林大学学报(自然科学版),2002,31(3):342-346.

[67] 卢扬荣.台湾青枣栽培技术总结[J].中国南方果树,2001,30(4):62-63.

[68] 陈国建.台湾青枣高朗1号及其栽培技术[J].福建果树,2002(S1):51-52.

[69] 饶建新,余平溪,陈益忠.紫香1号百香果特性及栽培技术[J].现代园艺,2012(21):15-16.

[70] 林夏慧,吴少华,施清,等.福建西番莲种植模式及关键配套技术研究[J].东南园艺,2018(4):16-21.

[71] 连成木.百香果丰产高效栽培技术[J].福建农业科技,2017(11):32-33.

[72] 韦晓霞,潘少霖,陈文光,等.百香果等6种西番莲属植物抗寒性调查[J].中国南方果树,2019,48(1):53-55.

[73] 郑小琴,魏方稳.不利气象条件对黄金百香果生产的影响[J].福建热作科技,2018,43(2):34-36.

[74] 牛先前,林秋金,苏金强,等.黄金百香果栽培关键技术[J].福建热作科技,2019,44(3):41-43.

[75] 李政,苏永秀,王莹,等.芒果寒(冻)害等级划分及低温指标确定[J].灾害学,2017,32(3):18-22.

[76] 钟连生,叶水兴,汤龙泉.长泰区热带、亚热带果树寒害调查[J].福建果树,2000(4):21-22.

[77] 黄育宗,黄绿林,周福龙,等.福建平和果树冻害调查[J].亚热带植物通讯,2000,29(3):34-38.

[78] 林维耀,张立杰,张小艳.福建省蓝莓产业现状及发展对策[J].福建农业科技,2018(1):41-43.

[79] 林秀香,林秋金,苏金强,等.福建省杨梅种质资源概况[J].福建热作科技,2007,32(4):18-20.

[80] 金志凤,邓睿,黄敬峰.基于GIS的浙江杨梅种植区划[J].农业工程学报,2008,24(8):214-218.

[81] 郑惠章,李健.关于发展福建省优质早熟梨问题的若干思考[J].福建果树,2002(1):31-33.

[82] 范新单.果树春季冻害调查及防冻与灾后救护[J].中国南方果树,2010,39(5):92-94.

[83] 黄若展,徐才华.2006年德化早熟梨减产的气候原因分析[J].现代农业科技,2008(5):12,15.

[84] 王连延.福建省古田县果树的霜冻灾害[J].落叶果树,2012,44(3):48-49.

[85] 林雄杰,王贤达,胡蔼青,等.芙蓉李炭疽病的病原鉴定及生物学特性[J].中国南方果树,2016,45(4):28-34.

[86] 汤碧婴.古田芙蓉李大小年现象分析及对策[J].福建农业科技,2015(8):55-57.

[87] 曾洪挺.福建永泰主要李种质资源及其利用[J].中国果树,2012(6):35-37.

[88] 李闯.欧洲李生物学特性及栽培技术研究[D].济南:山东农业大学,2005.

[89] 罗水鑫.李、奈冻害调查及灾后管理技术要点[J].落叶果树,2011(2):53-54.

[90] 章智勤.李果产量与气候条件分析[J].广西热带农业,2002(3):20-21.

[91] 陈坚,郑益平,郭文杰,等.福建省草莓主栽与引进品种的SSR分子标记鉴定[J].福建农业学报,2018,33(2):150-153.

[92] 张德林,李军,蒋其根,等.大棚草莓农业气象灾害预警指标研[J].上海农业学报,2015,31(5):56-60.

[93] 陆志平,钟灼仔,郑其春,等.五个草莓品种抗性比较试验[J].荆楚理工学院学报,2009,24(11):5-8.

[94] 陈晟,吴宇芬,赵依杰,等.福建省西瓜甜瓜产业现状与发展对策[J].中国瓜菜,2014,27(增刊):175-176.

[95] 林碧英.高山优质薄皮甜瓜新品系"M*8"[J].福建果树,2004(131):17-18.

[96] 陈晟,吴宇芬,赵依杰,等.福建设施甜瓜生产栽培技术[J].福建农业科技,2016(11):65-66.

[97] 黄发茂.提高大棚厚皮甜瓜坐果率的若干措施[J].福建农业科技,2006(1):25.

[98] 朱萍.福建赤壁金线莲高效繁殖与栽培技术研究[D].福州:福建农林大学,2014.

[99] 施满容,陆志平,钟幼雄,等.闽东野生金线莲资源调查研究[J].广东农业科学,2016,43(1):30-35.

[100] 卓秀媛,陈铳,陈福梓.宁德蕉城金线莲种植气候条件分析[J].福建热作科技,2019,44(1):56-58.

[101] 符策,陆祖正,赵静,等.金线莲平地栽培技术初探[J].农业与技术,2014(3):124-125.

[102] 林建丽.福建省野生石斛属植物分布及生境调查研究[J].林业勘察设计,2009(2):13-16.

[103] 林文亮.铁皮石斛栽培条件对品质的影响及栽培技术规范研究[D].厦门:集美大学,2019.

[104] 陈福梓,李丽容,庄文晶,等.漳州市仿野生种植铁皮石斛的气候条件分析[J].福建热作科技,2016,41
(1):8-11.

[105] 陈体强,李开本,林兴生,等.福建灵芝科真菌资源及担孢子形态结构数据库研究[J].福建农业学报,
2002,17(1):40-44.

[106] 连晨蕾.闽产硬孔灵芝和赤芝的化学成分及其生物活性功能的探寻[D].泉州:华侨大学,2018.

[107] 杨华义.段木灵芝高产栽培技术[J].现代园艺,2005(5):40-41.

[108] 张海娟,曹隆枢,叶少青.段木灵芝优质高产栽培技术[J].浙江农业科学,2004(3):136-138.

[109] 吴伯文.灵芝高产、优质杂交菌株的筛选[D].福州:福建农林大学,2012.

[110] 杨恒明.宁德市太子参产业现状及发展对策[J].现代农业科技,2013(17):338-339.

[111] 张菊珠.太子参林下无公害栽培技术[J].北京农业,2015(6):61-62.

[112] 余娟,袁李明,胡伦善.2014—2016年柘荣县太子参膨大期气象要素分析[J].种子科技,2019(6):
157,159.

[113] 游火龙,朱会芸,余春华,等.建莲生长发育的气象条件、产量模型及栽培建议[J].福建农业科技,2010
(4):80-82.

[114] 罗银华.建莲死花死蕾原因及防治措施[J].中国蔬菜,2009(21):22-23.

[115] 陈菁瑛,苏海兰,黄玉吉,等.泽泻不同种质资源特性比较研究[J].2009,34(21):2713-2717.

[116] 周永辉,邓鹏飞,饶秋生.中草药泽泻生长发育与气象条件关系初探[J].科技传播,2011(5):106-107.

[117] 龚荣友.元胡的特性及栽培技术[J].福建农业科技,2007(5):20-21.

[118] 苏海兰,郑梅霞,朱育菁,等.不同种植模式七叶一枝花土壤芽孢杆菌多样性研究[J].福建农业学报,
2019,34(8):974-984.

[119] 田启建,陈功锡,刘冰,等.人工栽培七叶一枝花的生物学特征及物候期研究[J].湖南农业科学,2010
(13):18-20.

[120] 李永清,乔锋.华重楼种苗繁殖与仿野生栽培试验[J].福建农业科技,2019(1):56-58.

[121] 黄传忠,周敏,李贞猷.兰花的栽培与管理[J].林业勘察设计,2001(1):92-94.

[122] 黄宝珠.兰花栽培管理对气象条件的要求[J].中国科技信息,2009(5):74-75.

[123] 赵跃宾,李景祥,柯婉茹.南靖县兰花栽培的小气候调控[J].福建热作科技,2017,42(4):31-33.

[124] 蔡宣梅,郑大江,方少忠.福建地区东方百合切花促成栽培[J].中国花卉园艺,2010(4):18-19.

[125] 吕秀华,吴小玲,林惠荣.南平市百合花生产现状与发展对策[J].林业勘察设计,2003(2):99-101.

[126] 孙宪芝,郭俊娥,郑成淑.菊花的高温伤害及生长恢复研究[J].山东农业大学学报(自然科学版),2013,
44(1):6-11.

[127] 吴文新,王洪铭.菊花花期调控技术的研究概况及展望[J].福建农业科技,2001(3):21-23.

[128] 谢晓琼,杨芮,李斌奇,等.高山地区红掌品种筛选及其栽培基质的优化[J].莆田学院学报,2017,24
(2):13-17.

[129] 陈昌铭.福建高品质红掌盆花养护及管理技术[J].东南园艺,2016(3):43-46.

[130] 林晓红.盆栽红掌产业化栽培技术研究[J].福建热作科技,2011,36(2):30-34.

[131] 苏亚北,张河清,王水琦.漳州水仙花精品栽培技术研究[J].福建热作科技,2015,40(1):32-34.

[132] 何炎森,李瑞美,陈可姗,等.8个多花水仙品种露地栽培的物候期及观赏性状比较[J].福建农业学报,
2016,31(1):31-35.

[133] 林毅雁,姜贺飞,苏亚北,等.不同栽培处理对中国水仙"金盏银台"鳞茎质量的影响[J].栽培生理,2009
(2):355-358.

［134］ 龙思宇,王宇婷,王威,等.福建省茉莉花产业发展的 SWOT 分析［J］.台湾农业探索,2017(4):66-70.

［135］ 张美花,任艳玲,张炜月.金鱼养殖与气象要素关系及服务现状分析［J］.养殖技术,2019(1):22-25.

［136］ 骆月珍,王江明,张竺英.鳗鱼生长与气象关系初探［J］.浙江气象科技,1995,16(1):10-12.

［137］ 翟志宏,黄俊,刘锦銮,等.海水养殖与气象Ⅱ——惠东石斑鱼寒害对气候变暖的响应［J］.中国农学通报,2014,30(8):47-52.

［138］ 李春梅,林黑着,刘锦銮,等.海水养殖与气象Ⅰ——石斑鱼低温寒害指标试验研究［J］.中国农学通报,2014,30(8):42-46.

［139］ 陈波,罗海忠,付荣兵.青石斑鱼生物学特性及其人工繁育技术［J］.河北渔业,2006(2):29-31.

［140］ 林来春,郑锦斌,刘爱容.气温对点带石斑鱼生长速度和越冬影响的研究［J］.海水养殖,2016(3):45-46.

［141］ 杨火盛.福建省鲍的养殖生产及病害流行情况调查［J］.福建水产,2008(4):43-47.

［142］ 邱文仁,齐秋贞,高如承,等.海水养殖"四大贝类"综合标准［J］.福建水产,1993(2):68-84.

［143］ 翁祖桐.福建海带产业发展形势分析［J］.中国水产,2018(12):75-78.

［144］ 杨春庭.闽东渔场海带育苗的气象服务［J］.气象,1991,17(3):37-39.

［145］ 张丽.莆田近岸海域海带烂孔病起因的初步研究［J］.应用海洋学学报,2019,38(3):433-439.

［146］ 宋武林.坛紫菜新品系"申福1、2号"规模化养殖技术研究［J］.福建水产,2010(4):29-34.

［147］ 刘瑞棠.福建坛紫菜养殖烂苗原因分析与几项预防措施［J］.现代渔业信息,2011,26(4):18-19.

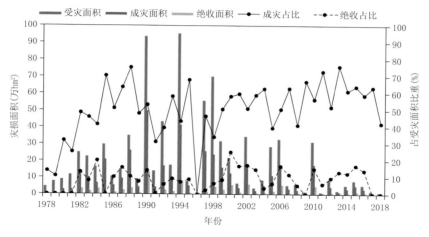

彩图 2.8　1978—2018 年福建省前汛期水灾不同强度灾损占比

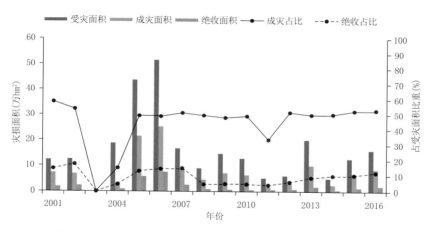

彩图 2.12　2001—2016 年福建省台风灾害不同强度灾损占比

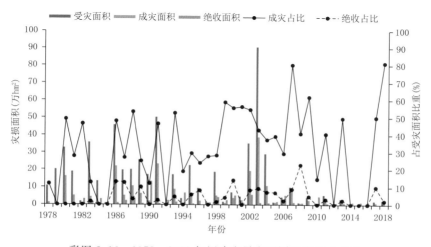

彩图 2.16　1978—2018 年福建省旱灾不同强度灾损占比

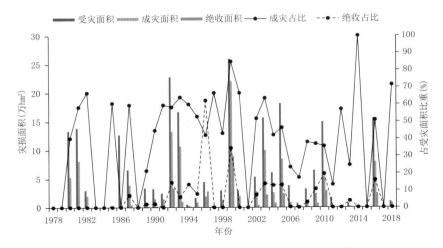

彩图 2.20　1978—2018 年福建省寒冻害不同强度灾损占比

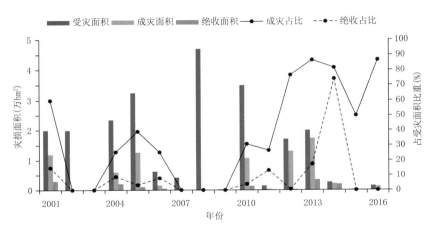

彩图 2.24　2001—2016 年福建省风雹不同强度灾损占比

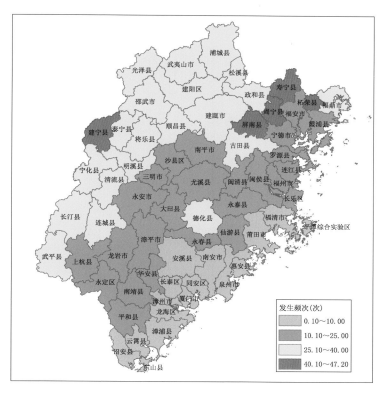

彩图 2.25　1972—2011 年福建省冬季轻度寒冻害年平均发生频次

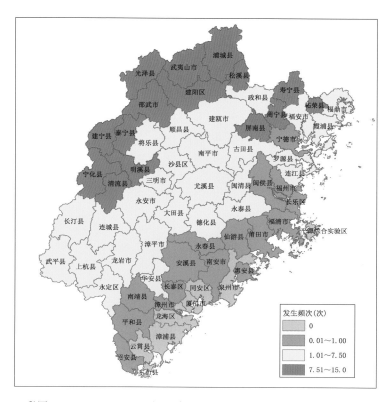

彩图 2.26　1972—2011 年福建省冬季中度寒冻害年平均发生频次

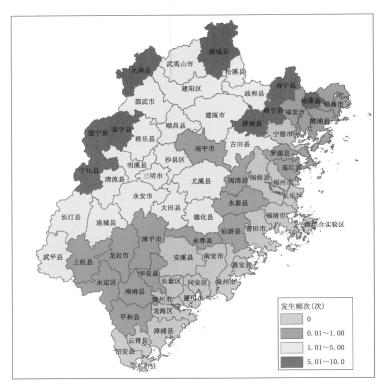

彩图 2.27　1972—2011 年福建省冬季重度寒冻害年平均发生频次

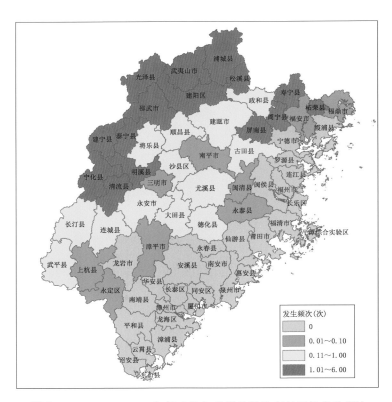

彩图 2.28　1972—2011 年福建省冬季严重寒冻害年平均发生频次

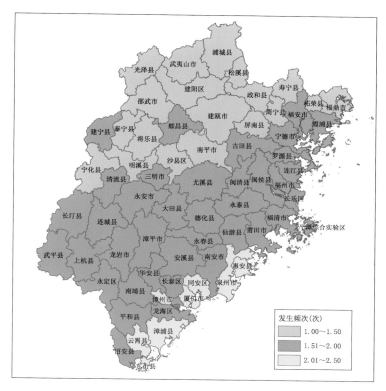

彩图 2.29 1972—2011年福建省轻度干旱年平均发生频次

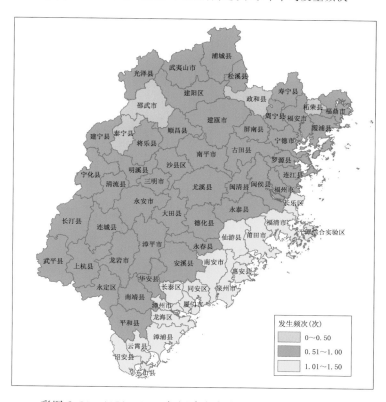

彩图 2.30 1972—2011年福建省中度干旱年平均发生频次

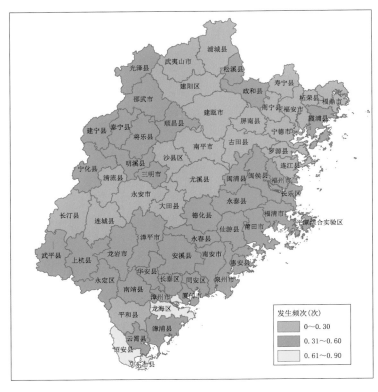

彩图 2.31 1972—2011 年福建省重度干旱年平均发生频次

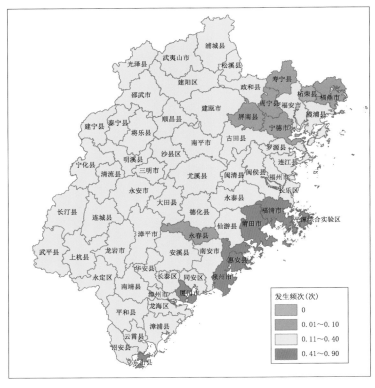

彩图 2.32 1972—2011 年福建省严重干旱年平均发生频次

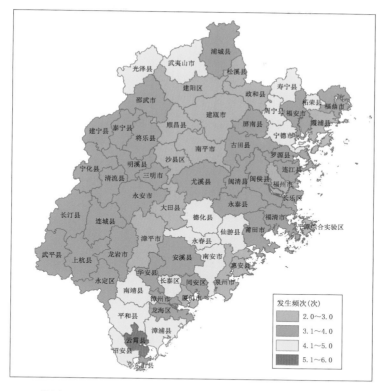

发生频次(次)

2.0～3.0

3.1～4.0

4.1～5.0

5.1～6.0

彩图 2.33 1972—2011 年福建省轻度涝害年平均发生频次

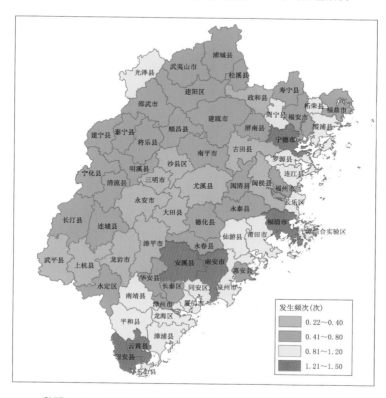

发生频次(次)

0.22～0.40

0.41～0.80

0.81～1.20

1.21～1.50

彩图 2.34 1972—2011 年福建省中度涝害年平均发生频次

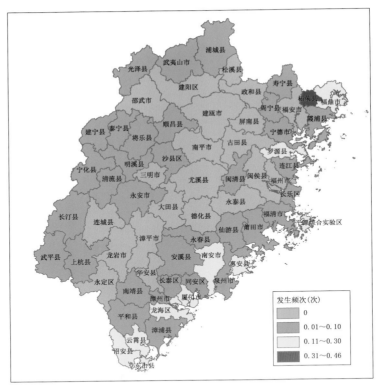

彩图 2.35 1972—2011 年福建省重度涝害年平均发生频次

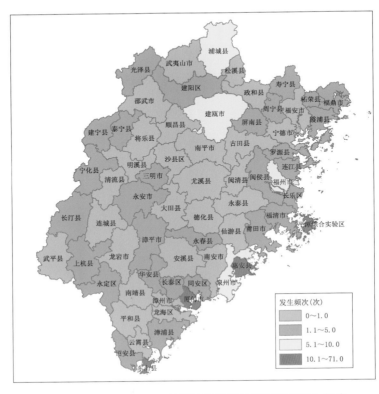

彩图 2.36 1972—2011 年福建省轻度风害年平均发生频次

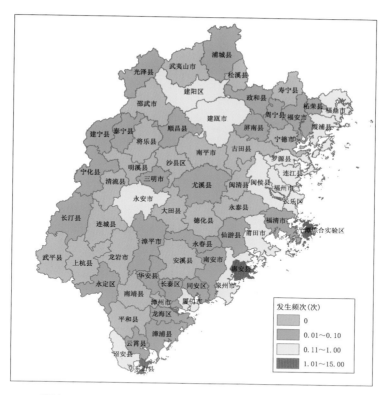

彩图 2.37　1972—2011 年福建省中度风害年平均发生频次

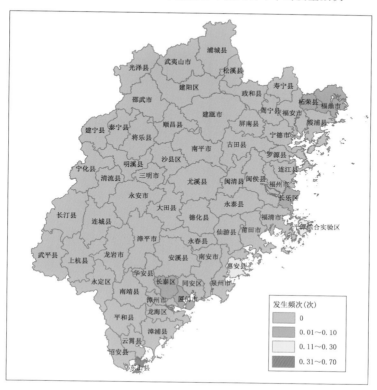

彩图 2.38　1972—2011 年福建省重度风害年平均发生频次

彩图 2.39　1972—2011 年福建省严重风害年平均发生频次

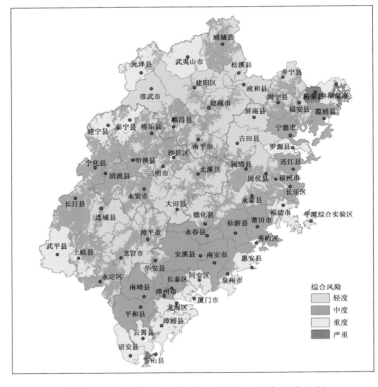

彩图 2.40　福建省重大农业气象灾害综合风险区划

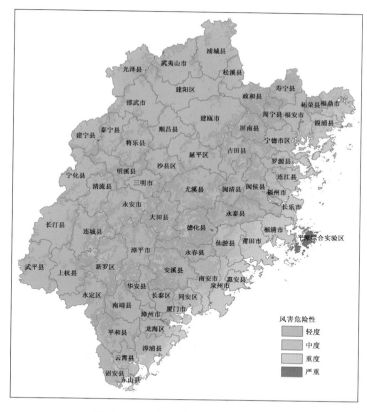

彩图 2.41　福建省风害危险性区划

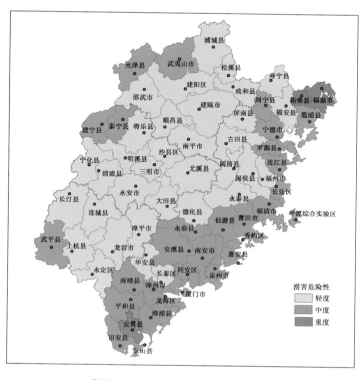

彩图 2.42　福建省涝害危险性区划

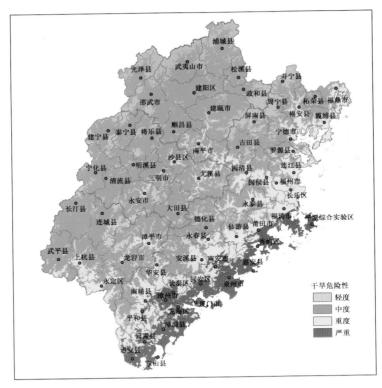

彩图 2.43　福建省干旱危险性区划

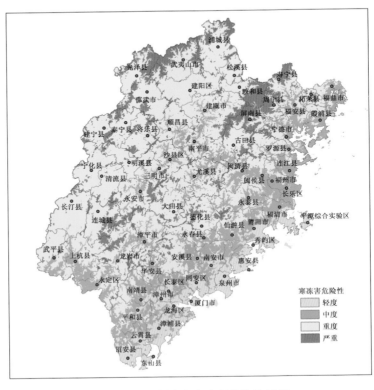

彩图 2.44　福建省寒冻害危险性区划